职业教育示范校创新教材

中等职业教育规划教材

电工基础

袁成华 陈佳彤 主编

董龙 主审

人民邮电出版社

北京

图书在版编目（CIP）数据

电工基础 / 袁成华，陈佳彤主编. -- 北京 ： 人民邮电出版社，2014.4(2024.7重印)
中等职业教育规划教材
ISBN 978-7-115-34564-6

Ⅰ. ①电… Ⅱ. ①袁… ②陈… Ⅲ. ①电工学－中等专业学校－教材 Ⅳ. ①TM1

中国版本图书馆CIP数据核字(2014)第030565号

内 容 提 要

本书是依据教育部最新颁布的《中等职业学校电工技术基础与技能教学大纲》编写的。全书共有 8 个模块，主要内容包括电路基础知识、直流电路、电磁和电磁感应、单相正弦交流电路、三相正弦交流电路、常用电工工具、常用电工仪表和测量、电气安全技术等。本书图文并茂，将电工技术基本理论的学习、基本技能的训练与生产生活的实际应用相结合，符合当前职业教育的教学特点。

本书可作为技工学校、中等职业学校"电工基础"课程的教材，也可作为相应岗位的培训教材。

◆ 主　　编　袁成华　陈佳彤
　主　　审　董　龙
　责任编辑　刘盛平
　责任印制　焦志伟

◆ 人民邮电出版社出版发行　北京市丰台区成寿寺路 11 号
　邮编　100164　　电子邮件　315@ptpress.com.cn
　网址　http://www.ptpress.com.cn
　固安县铭成印刷有限公司印刷

◆ 开本：787×1092　1/16
　印张：11.25　　　　2014 年 4 月第 1 版
　字数：276 千字　　　2024 年 7 月河北第 21 次印刷

定价：26.00 元

读者服务热线：(010)81055256　印装质量热线：(010)81055316
反盗版热线：(010)81055315
广告经营许可证：京东市监广登字20170147号

前　言

电工基础是技工学校、中等职业学校机电类相关专业的重要技术基础课程。主要培养学生典型交直流电路分析能力，电路元器件识别、检测能力，常用电工仪表和电工工具使用能力等。课程的设置是为适应职业教育的要求，为相关专业服务，为学生就业服务，重在培养学生社会能力、和职业岗位能力。本书的编写突出以工作过程为导向的课程体系建设，并将原有理论与实践内容进行重新整合序化，形成一门“教学做”一体化的学习领域课程。

本书根据《中等职业学校电工技术基础与技能教学大纲》以及《电工国家职业标准》中的要求，将“电工基础”课程编写为 8 个教学模块，包括电路基础知识、直流电路、电磁和电磁感应、单相正弦交流电路、三相正弦交流电路、常用电工工具、常用电工仪表和测量、电气安全技术，还包括涉及的 7 个电工实验。每个教学模块内包含多个实验项目和实训项目，每个项目包括基础训练和拓展训练。在课程内容组织方面，做到涉及面广，内容适中，注重实用，并且与初中相关电学知识实现无缝连接。同时将电工基础、电工仪表测量、安全用电知识融入一体。结合每个项目教学，前一个项目教学内容是后一个项目内容的基础，这样由简单到复杂循序渐进，符合学生的认知规律。教学模块可以根据不同的岗位和不同的教学层次进行编排，还可以设置拓展训练，让基础较好的学生进行第二课堂训练。

本书编写具有以下特点。

（1）以模块为单元、学生为主体、典型实用电路为载体，理论教学穿插直流电路、交流电路、磁路等 7 个电工实验项目教学，采用“教学做”一体化教学方式，解决理论与实践脱节、教学内容与岗位要求脱节的问题。

（2）重构课程结构体系，开发教学课题。根据培养目标，将现有的理论教学的模块进行调整和优化，将课程内容分成若干个学习模块。每个模块中包括若干个学习情境，每个学习情境都有具体的理论知识点和技能点要求，将安全用电知识、电工基础、电工测量仪表融入一体，结合每个模块教学。

（3）组织灵活多样的教学方式。将理论教学与实验教学整合在一起，根据所定课题组织教学。以“双师型”教师作支撑，一体化多功能实验室作平台，在具体实施过程中，以实验教学为主、理论教学为辅组织教学，进一步完善“电工基础”一体化教学模式，增强学生的实际动手操作能力，为后续专业课程的学习夯实基础。

（4）结合职业岗位要求，对课堂教学效果的评价模式进行改革，改变一张试卷定成绩的考核方式，在实验课教学过程中强调操作的规范性，注重实验效果的考核，试行“效果+效率+规范”的考核方式，切实提高学生的学习主动性。强化考试的“导教”“导学”“促学”

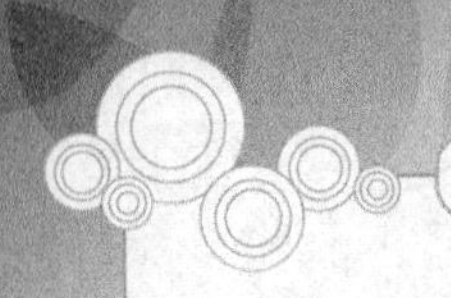

功能。

本书由江苏省徐州技师学院袁成华、陈佳彤任主编，曹玉彦、滕跃、洪杰、王黎明、韦周余和上海铁路局徐州电务段梁羽佳分别编写了相关章节的内容。上海铁路局徐州电务段董龙任主审。

由于编者水平有限，书中难免存在错误和不妥之处，敬请广大读者批评指正。

编　者

2013 年 12 月

目 录

模块一

电路基础知识

自从爱迪生发明了电灯以来，现代生活都离不开电，电是人们生活中不可缺少的东西。在日常生活和生产中，人们要用电就离不开电路。要使电灯发光照明、电炉发热、电动机转动等都必须用导线将电源和负载（用电设备）连接起来，组成电路。随着科学技术的发展，电的应用也越来越广泛，电路的形式也是多种多样，例如，电力系统供电电路、照明电路、通信电路、仪表电路、机床电路、电子电路等。这些电路的形式和功能各不相同，但都是由一些最基本的元器件组成的。

电路是电工技术的主要研究对象，电路理论是电工基础的主要部分，电路的基本概念与基本定律是分析与计算电路的基础。

本章的主要内容：电路的组成及作用，电路的基本物理量，电压、电流的参考方向，电位的基本概念，电路的基本定律及简化分析电路的方法等。学好本章内容会为以后深入分析各章电路问题打下基础。

1.1 电路的基本组成及作用

1.1.1 电路的基本组成

电路其实就是电流流通的路径，它是由各种元器件或设备按一定的方式连接起来组成的总体。一个完整的电路一般由电源、负载、导线、控制装置四部分组成。图 1-1 所示为由电池、灯泡、开关和导线组成的电路。电路最基本的作用：一是进行电能的传输和转换，如照明电路、动力电路等。二是进行信息的传输和处理，如测量电路、扩音机电路、计算机电路等。

1. 电源

电源的作用是将其他形式的能转换成电能，它是为电路提供电能的一种设备。常见的电源有干电池、蓄电池、发电机等。图 1-2 所示为干电池（直流电），它把化学能转化成电能。

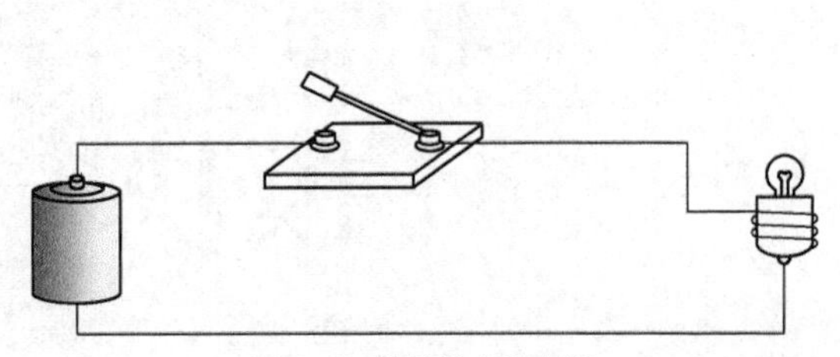

图 1-1 简单的直流电路

图 1-2 干电池

2. **负载**

负载又称用电器，指连接在电路中的电源两端的用电设备，其作用是把电能转换成其他形式的能量，是应用电能的装置。比如，电灯把电能转换成光能，扬声器把电能转换成声能，电动机把电能转换成机械能等。图 1-3 所示为常见的各种负载。

（a）灯泡

（b）扬声器

（c）电动机

图 1-3 常见的负载

3. **导线**

导线把电源、负载和其他设备连接成闭合回路，起到输送和分配电能的作用。常见的导线一般由铜或铝制成，如图 1-4 所示。

图 1-4 常见的导线

4. **控制装置**

控制装置主要作用是控制电路的通断，如开关、继电器等。此外，有些电路还装有保护装置，以确保电路安全可靠地运行，如熔断器、热继电器等，如图 1-5 所示。

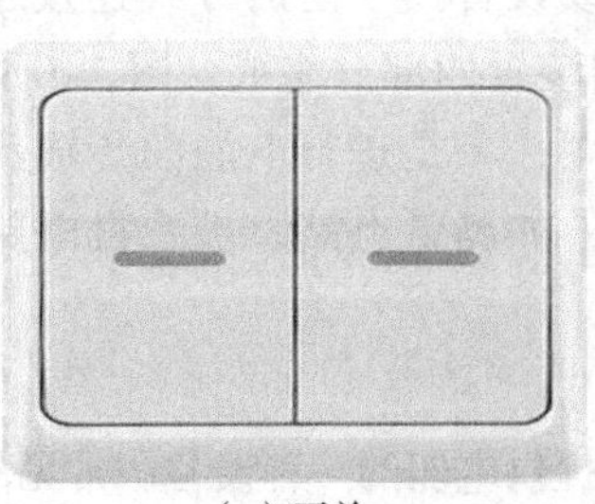

（a）开关

（b）继电器

（c）熔断器

图 1-5 常见的控制和保护装置

1.1.2 电路的作用

电路的基本作用是进行电能与其他形式能量之间的转换。根据其侧重点的不同，主要有以下两方面的功能。

1. 电能的传送、分配与转换

图 1-6 所示为供电系统应用电路。发电厂中发电机发出的电能通过变压器、输电线等送到用电单位，并通过负载将电能转换成其他形式的能量（如热能、机械能等）。

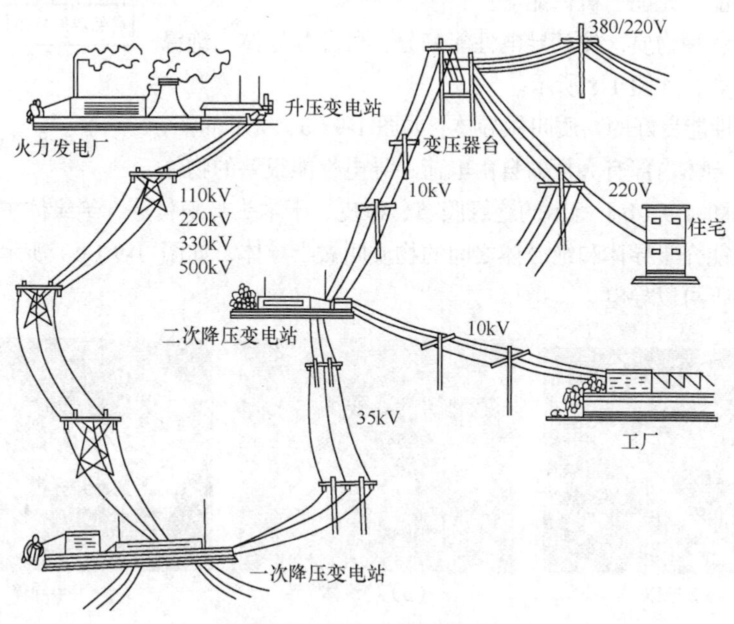

图 1-6 供电系统应用电路

2. 传递和处理信号

图 1-7 所示为电子技术应用电路。通过电路将输入的信号进行转换、传送或加工处理，使之成为满足一定要求的输出信号。电子自动控制设备、测量仪表、电子计算机及收音机、电视机等电子线路都属于这类应用电路。

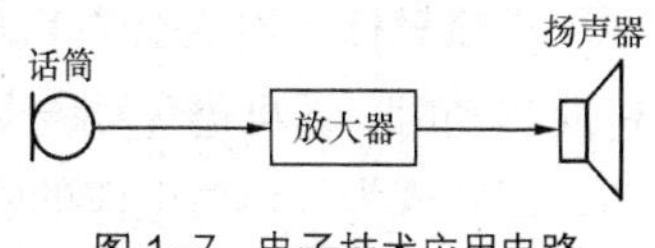

图 1-7 电子技术应用电路

另外，我们经常用到“网络”这个名词，它和“电路”既通用又有区别，网络是电路的泛称。当讨论普遍规律及复杂电路的问题时，常常把电路称作网络，讨论比较简单或者是某一具体电路时，通常不用“网络”，而用“电路”。

1.2 电路的无源元件

1.2.1 电阻元件

1. 概述

电阻元件是实际电路中耗能特性的抽象与反映。耗能是指元件吸收电能转换为其他形式能量的过程，是不可逆的。电阻元件只能吸收和消耗电路中的能量，不可能给出能量，故电阻元件属于无源二端元件。

电学中的电阻元件意义更加广泛，除了电阻器、白炽灯、电热器等可视为电阻元件外，电路中导线和负载上产生的热损耗通常也归结于电阻元件。

因此，电阻元件是反映对电流呈现的阻力、消耗电能的一种理想元件。它的突出作用是耗能。当电流通过电阻元件时，电阻两端沿电流方向会产生电压降，将电能全部转换为热能、光能、机械能等。

自然界中的各种物质，按其导电性能来分，可分为导体、绝缘体、半导体三大类，如图 1-8 所示。

自然界的特质 —导电性→ 导体 / 绝缘体 / 半导体

图 1-8　根据导电性的分类

其中，导电性能良好的物质叫做导体，如图 1-9（a）所示的铜、铁、铝等金属，导体内部有大量的自由电荷；导电性能很差的物体称为绝缘体，如图 1-9（b）所示的绝缘胶布、橡皮、干木头、塑料等，绝缘体中几乎没有自由电荷存在；导电性能介于导体和绝缘体之间的物质叫做半导体，如图 1-9（c）所示的硅、锗等，半导体在一定条件下可以导电。

（a）导体

（b）绝缘体

（c）半导体

图 1-9　导体、绝缘体和半导体

2. 电阻与电阻率

金属导体中有大量自由电子，因而具有导电的能力。但这些自由电子在受电场力作用而做定向移动时，不可避免要与导体内的原子发生碰撞和摩擦，这些碰撞阻碍了自由电子的定向移动，即表现为导体对电流的阻碍作用，这种对电流的阻碍作用称为电阻。

电阻用 R 表示，单位为欧姆，符号为Ω。比较大的电阻单位还有千欧（kΩ）和兆欧（MΩ），它们之间的换算关系为

$$1\text{k}\Omega = 10^3\Omega$$

$$1\text{M}\Omega = 10^3\text{k}\Omega = 10^6\Omega$$

实验证明：在一定温度下，截面均匀的导体的电阻与导体的长度成正比，与导体的截面面积成反比，还与导体的材料有关，如图 1-10 所示，这就是著名的电阻定律。

$$R = \rho \cdot \frac{l}{S}$$

式中，ρ为导体的电阻率，单位为欧·米（Ω·m）；l 为导体的长度，单位为米（m）；S 为导体的横截面积，单位为平方米（m^2），R 为导体的电阻，单位为欧（Ω）。

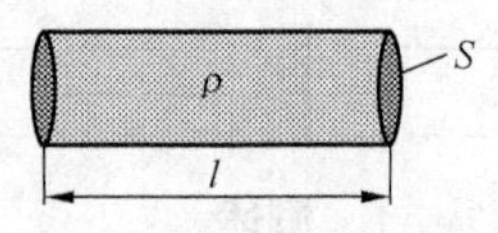

图 1-10　电阻定律示意图

导体的电阻是由它本身的性质所决定的，任何物体都有电阻，且它

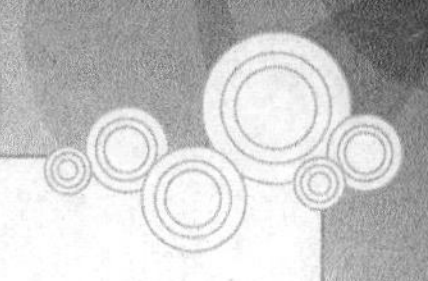

不随导体两端电压大小而变化，即使没有加上电压，导体仍有电阻。

电阻率只与导体材料的性质和所处的条件（如温度等）有关，而与导体的几何尺寸无关。

3. 电阻与温度的关系

几乎所有导体的电阻值都随温度的改变而发生变化，通常情况下几乎所有金属材料的电阻率都随温度的升高而增大，因此当导体温度很高时，电阻的变化也是很显著的；另外，也有些材料（如碳、石墨、电解液等）在温度升高时，导体的电阻值反而减小，利用这种特性可以制成热敏电阻，在一些电气设备中可以起自动调节和补偿的作用；而有些合金，如锰铜合金和镍铜合金的电阻几乎不受温度变化的影响，常用来制作标准电阻。

【例 1-1】 已知一电炉的炉丝是长度为 0.5m，直径为 0.5mm 的镍铬丝，试计算该镍铬丝的电阻为多少？

解：查表得镍铬丝的电阻率 $\rho=1.1\times10^{-6}$（Ω·m）。

$$由\ R=\rho\cdot\frac{l}{S}\ 可得到\ R=\rho\cdot\frac{l}{S}=1.1\times10^{-6}\times\frac{0.5}{3.14\times\left(\frac{0.5}{2\times1000}\right)^2}=2.8\Omega$$

答：该镍铬丝的电阻为 2.8Ω。

1.2.2 电感元件

1. 概述

电感元件是实际电路中建立磁场、储存磁能特性的抽象和反映。电感元件在电路中只进行能量交换，不消耗能量，也属于无源二端元件。

实际电感线圈的绕组是由导线绕制的，除了具有电感外，总有一定的电阻。其理想化电路模型（忽略电阻）称为电感元件简称电感，它的图形符号如图 1-11 所示。

日常生活中常见的电机、变压器等电气设备内部都含有电感线圈，收音机的接收电路、电视机的高频头也都含有电感线圈。表征电感线圈储存磁场能量大小的参数称电感量也称电感。电感 L 的标准单位是亨利（H），实用中比亨利（H）还小的单位有毫亨（mH）、微亨（μH）。它们的换算关系是：

$$1\text{H}=10^3\text{mH}=10^6\mu\text{H}$$

空心电感线圈的电感量 L 为常数，可视为线性电感；铁心线圈的电感量 L 不为常数，可视为非线性电感。本书仅讨论线性电感。

线性电感元件其电流、电压为关联方向时，图形符号如图 1-11 所示。

i L $+$ u $-$

图 1-11 线性电感元件的图形符号

2. 电感元件的伏安（u—i）关系

电感元件两端的电压和通过电感元件的电流为关联参考方向时其伏安关系如下。

$$u=L\frac{\mathrm{d}i}{\mathrm{d}t}$$

电感元件的伏安关系说明，当通入电感元件的电流为稳恒直流电时，电感两端的电压为零，故直流电流作用下电感元件相当于短路；当电压 u 为有限值时，电流的变化率也为有限值，即电感元件的电流只能连续变化，不能跃变。电流变化时必有自感电压产生，且自感电压产生的电流总是阻碍原电流的的变化，故电感元件又称为动态元件。电感线圈具有通直流隔交流的特性。

3. 电感元件的储能

电感线圈是电路中的储能元件，电感线圈中磁场能量可用下式表示：

$$W_{\rm L}=\frac{1}{2}L\cdot i^2$$

式中，电感 L 的单位是亨利（H），电流 i 的单位是安培（A），磁场能 $W_{\rm L}$ 的单位是焦耳（J）。

电感元件总是向电路吸收电能，并把吸收的电能转换成磁场能的形式储存于电感元件周围。

4. 电感元件吸收的功率

在电压和电流关联参考方向下，电感元件吸收的功率为

$$p=iu=iL\frac{{\rm d}i}{{\rm d}t}$$

线圈的电感反映了它所能储存磁场能量的能力。

1.2.3 电容元件

1. 概述

电容元件是实际电路中建立电场、储存电能特性的抽象与反映。与电感元件相似，电容元件在电路中只进行能量交换，不消耗能量，也属于无源二端元件。

凡是两块导体中间夹着绝缘介质构成的整体就是电容器，不同的绝缘介质可构成不同的电容器。电子设备或仪器中有许多电容器，电力系统中也有许多电力电容器。实际电容器的理想化电路模型称为电容元件，它的图形符号如图 1-12 所示。

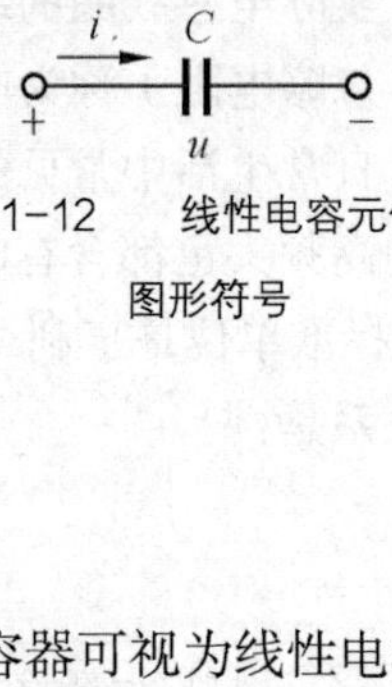

电容元件的参数用电容量 C 表示（简称电容），它反映了电容元件储存电场能量的本领大小，其标准单位是法拉（F），在实用中“法拉”的单位太大，常用微法（μF）、纳法（nF）、皮法（pF）作单位，它们之间的换算关系为

i C + u −

图 1-12 线性电容元件的图形符号

$$1{\rm F}=10^6\,\mu{\rm F}=10^9\,{\rm nF}=10^{12}\,{\rm pF}$$

若电容器的电容量为常数，这样的电容称为线性电容。忽略损耗的电容器可视为线性电容。若电容器的电容量不为常数，这样的电容称为非线性电容。本书仅讨论线性电容。

2. 电容元件的伏安（u—i）关系

当电容元件两端的电压与其支路的电流取关联参考方向时，其充、放电电流与极间电压的关系为

$$i=C\frac{{\rm d}u}{{\rm d}t}$$

电容元件的伏安关系说明，在关联参考方向下电容支路的电流与电容两端电压的变化率成正比。当电容元件两端加直流电压时，电容支路的电流为零，电容元件相当于开路（隔直流作用）；当电流 i 为有限值时，电压的变化率也为有限值，即电容元件的电压只能连续变化，不能跃变。电压变化时必有电流产生，故电容元件又称为动态元件。电容元件具有通交流隔直流

的特性。

3. **电容元件的储能**

电容元件吸收的电能为

$$W_c = \frac{1}{2}Cu^2$$

式中，电容 C 的单位是法拉（F），电压 u 的单位是伏特（V），电场能 W_c 的单位是焦耳（J）。

电容元件总是向电路吸收电能，并把吸收的电能转换成电场能的形式储存于电容器中。

4. **电容元件吸收的功率**

在电压和电流关联参考方向下，电容元件吸收的功率为

$$p = ui = uC\frac{du}{dt}$$

1.3 电路的有源元件

电源是电路中能量的来源，它将其他形式的能转换为电能。实际使用的电源种类繁多，经过分析、归纳及科学抽象，可以得到两种电源模型，即电压源和电流源。

1.3.1 电压源

1. **理想电压源（恒压源）**

理想电压源是从实际电源中抽象出来的一种理想电路元件，以电压方式对外电路供电，它两端的电压是一定时间的函数 u_S 或是一个定值 U_S。干电池、蓄电池、直流发电机、交流发电机、电子稳压器等实际电压源，当输出电压基本不随外电路变化时可抽象为电压源元件。

（1）理想直流电压源的特点

理想直流电压源输出的电压恒定，与流经它的电流大小、方向无关，总保持为给定的值，即 $U = U_S$。

电压源输出的电流由它和外电路的情况共同决定。当外电路断开时，电流的大小为零；当外电路短路时，电流为无穷大。理论上，电流的大小可以是零和无穷大之间的任意值，但无穷大的电流使电源输出功率为无穷大，这是不可能的（将造成外电路的烧毁）。因此，理想电压源的外电路绝不允许短路。

（2）理想直流电压源及其伏安特性曲线

理想直流电压源及其伏安特性曲线如图 1-13 所示，其端电压与电流的大小和方向无关。根据电压源所连接电路的不同，电流的实际方向既可以从它的负极流向正极，也可以从它的正极流向负极，前者起电源的作用，发出功率；后者起负载的作用，吸收功率（如给蓄电池充电）。

当电压源的电压值为零时，其伏安特性曲线与横轴重合，电压源不起作用（电源两端相当于一条短路线）。

图 1-14 所示为两个电压源串联电路的等效电压源。

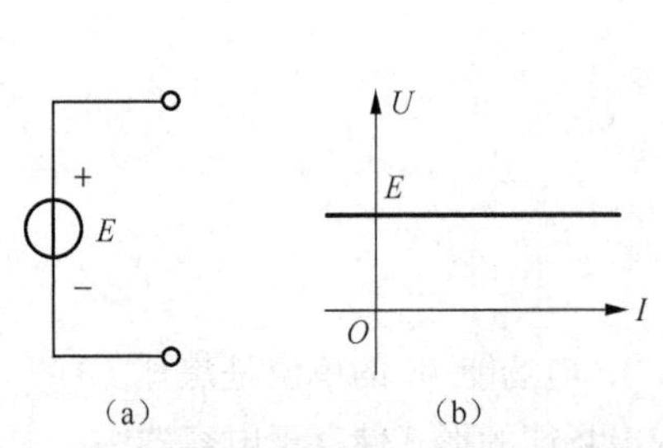

图 1-13 理想直流电压源及其伏安特性

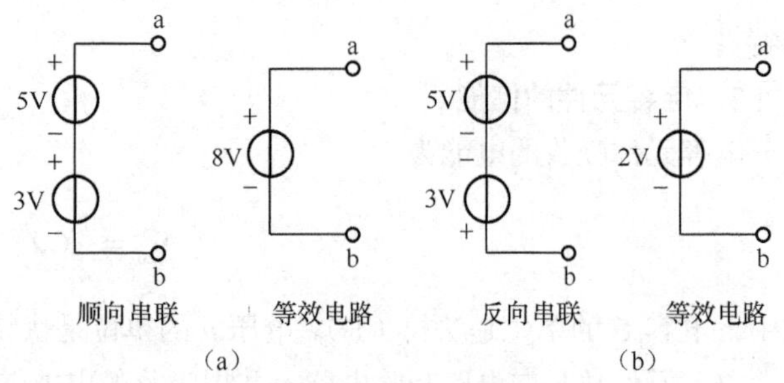

图 1-14 等效电压源示例

2. 实际电压源

（1）实际直流电压源的电路模型

恒压源是一种理想情况。实际电压源随着输出电流的加大，其端电压有所下降，这说明电源内部存在一定的内阻 R_0。当接上负载时，电源中就有电流通过，在电源内阻上必将产生电压降 IR_0，则电源两端的实际输出电压必将下降，电流越大，电源端电压下降越多。因此，干电池、蓄电池及直流发电机等实际直流电压源可以用一个理想电压源 E（恒压源）与内阻 R_0 串联的电路模型表示，如图 1-15（a）所示。

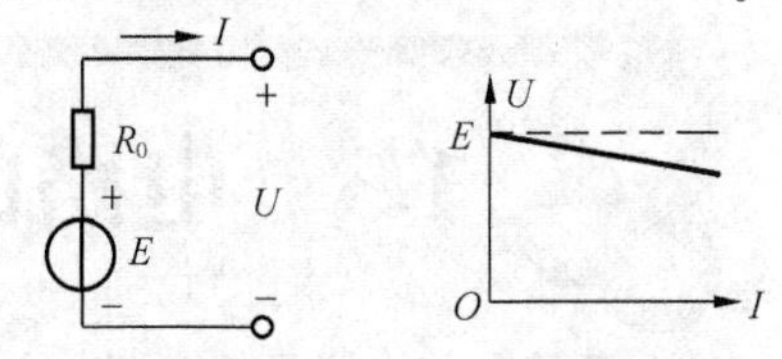

（a）实际直流电压源模型　（b）伏安特性曲线

图 1-15 实际直流电压源模型及伏安特性

（2）实际直流电压源的伏安关系

图 1-15（a）所示的实际直流电压源模型的伏安关系为

$$U = E - IR_0$$

（3）实际直流电压源的伏安特性

图 1-15（a）所示为实际直流电压源模型，它的伏安特性曲线如图 1-15（b）所示。其端电压 U 是随电流 I 的增加呈下降变化趋势的直线。内阻 R_0 越小，越接近理想情况，当 $R_0 = 0$ 时，就是恒压源。

1.3.2 电流源

1. 理想电流源（恒流源）

理想电流源是从实际电路中抽象出来的一种理想电路元件，以电流方式对外电路供电，其输出电流是一定时间的函数 i_S 或是一个定值 I_S。光电池、电子稳流器等实际电流源，当输出电流基本不随外电路变化时可抽象为电流源元件。

（1）理想直流电流源的特点

理想直流电流源输出的电流恒定，与其两端电压的大小、方向无关，总保持为给定的值，即 $I = I_S$。

电流源两端的电压由它和外电路的情况共同决定。当外电路短路时电阻 $R = 0$，电压的大小为零，即 $U = 0$；当外电路开路时电阻 $R = \infty$，电压 $U = \infty$。理论上电压的大小可以是零和无穷大之间的任意值，但无穷大的电压使电源输出功率为无穷大，这是不可能的（将造成外电路的击毁）。因此，理想电流源的外电路绝不允许开路。

（2）理想直流电流源的伏安特性曲线

理想直流电流源及其伏安特性曲线如图 1-16 所示，其输出电流与其两端电压的大小和方向无关。根据电压源所连接电路的不同，电压的实际方向既可以是电流流出端为正极，也可以是电流

流入端为正极，前者起电源的作用，发出功率；后者起负载的作用，吸收功率。

当电流源的电流值为零时，其伏安特性曲线与横轴重合，电流源不起作用（电流源两端相当于开路）。

图 1-17 所示为两个电流源并联电路的等效电流源。

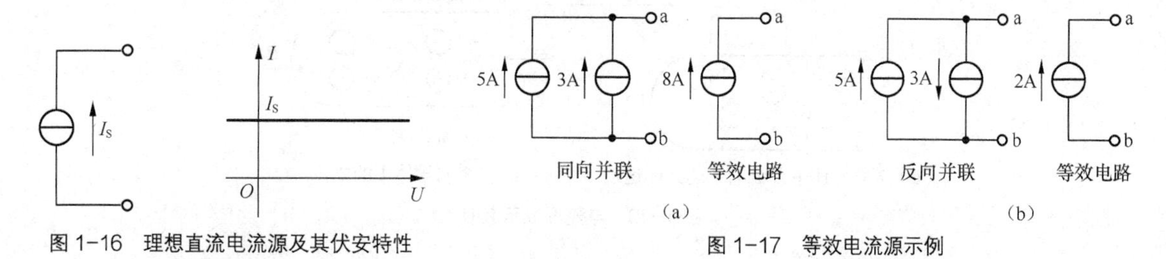

图 1-16　理想直流电流源及其伏安特性

图 1-17　等效电流源示例

2. 实际电流源

（1）实际直流电流源的电路模型

恒流源是一种理想情况。实际电流源随着输出电压的增加，其输出电流不是恒定不变的，而是有所下降。因为任何电流源的内阻 R_S 不可能为无限大，当输出电压增加时，内阻上流过的电流也增加，造成输出电流下降。如光电池、电子稳流器等实际直流电流源可以用恒流源 I_S 与内阻 R_S 并联的电路模型来表示。图 1-18（a）所示为实际直流电流源模型。

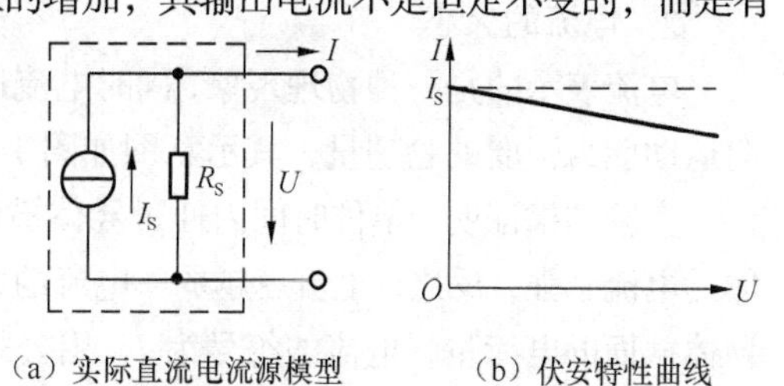

（a）实际直流电流源模型　　（b）伏安特性曲线

图 1-18　实际直流电流源模型及伏安特性

（2）实际直流电流源的伏安关系

实际直流电流源模型的伏安关系为

$$I = I_S - \frac{U}{R_S}$$

（3）实际直流电流源的伏安特性

实际直流电流源的伏安特性曲线如图 1-18（b）所示。其输出电流 I 是随着负载电压的增加呈下降变化趋势的直线。内阻 R_S 越大，曲线下降就越小，越接近理想情况，当 $R_S = \infty$ 时，就是恒流源。

实际使用的电源种类繁多，但都可以用电压源和电流源两种电源模型来表示。

1.4　基本物理量

电路的基本物理量有：电流、电压、电位、电动势、电功率和能量等。电路的作用是进行电能与其他形式能量的转换。这就需要这些物理量来表示电路的状态及电路中各部分能量转换的相互关系。认识了解这些物理量，是分析和计算电路的基础。

1.4.1　电流

1. 电流产生的条件

金属导体中的自由电子是运动的，并且是在做无序不规则的运动。当存在外电场时，金属导体中的自由电子在电场力作用下就会发生定向移动，这就形成了电流，如图 1-19 所示，即电荷在电路中有规则的定向移动就形成了电流。此外，电解液中正负离子在电场力作用下的移动，阴极射线管中的电子流等，都能够形成电流。

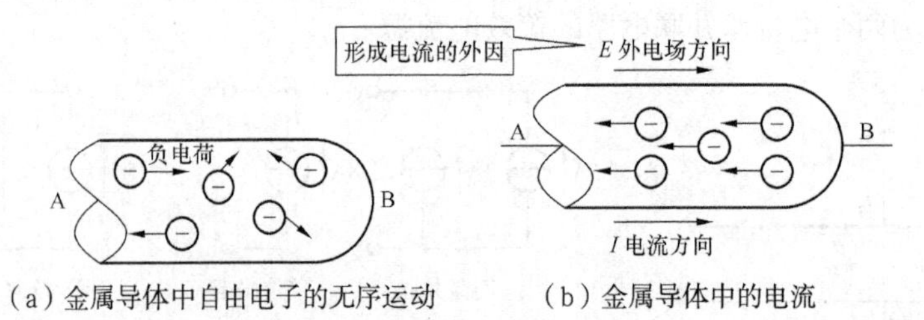

图 1-19　电流形成示意图

因此，产生电流必须具备两个条件。

① 导体内要有做定向移动的自由电荷，这是形成电流的内因。

② 要有使自由电荷做定向移动的电场，这是形成电流的外因。

2. 电流的大小

电流表示的是一种物理现象，同时电流还是一个表示带电粒子定向运动能力强弱的物理量，其示意图如图 1-20 所示。

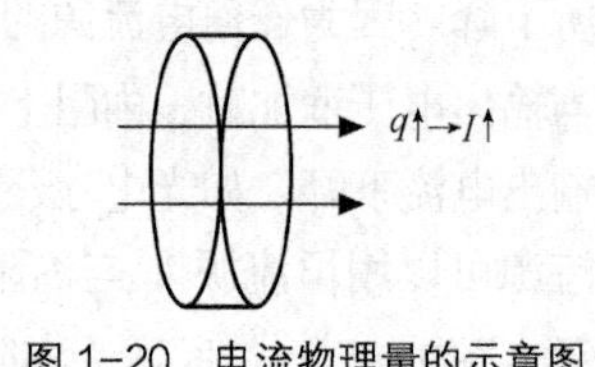

图 1-20　电流物理量的示意图

实验结果证明：单位时间内通过导体横截面的电荷越多，流过导体的电流越强；反之，电流就越弱。电流的大小等于单位时间内通过导体截面的电荷量，电流的符号为 I，用公式表示为

$$I=\frac{q}{t}$$

式中，电流 I 的基本单位是安培，简称安，符号为 A，电量 q 的单位是库仑，符号为 C，时间 t 的单位是秒，符号为 s。

如果在 1 秒（s）内通过导体横截面的电荷是 1 库仑（C），则导体中的电流就是 1 安（A）。

常用的电流单位还有千安（kA）、毫安（mA）、微安（μA）等，它们之间的换算关系如下。

$$1\text{kA}=10^3\text{A}$$

$$1\text{mA}=10^{-3}\text{A}$$

$$1\mu\text{A}=10^{-3}\text{mA}=10^{-6}\text{A}$$

3. 电流的方向

电流不但是有大小，而且还是有方向的。规定正电荷定向运动的方向为电流的方向。对于一段电路来说，其电流的方向是客观存在的，是确定的，但在具体分析电路时，有时很难判断出电流的实际方向。为解决这一问题，引入电流参考方向的概念，其具体分析步骤如下。

① 在分析电路前，可以任意假设一个电流的参考方向，如图 1-21 中 i 的方向。

② 参考方向一经选定，电流就成为一个代数量，有正、负之分。若计算电流结果为正值，则表明电流的设定参考方向与实际方向相同，如图 1-21（a）所示；若计算电流结果为负值，则表明电流的设定参考方向与实际方向相反，如图 1-21（b）所示。

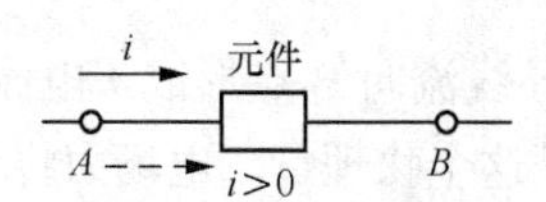

（a）电流参考方向与实际方向相同

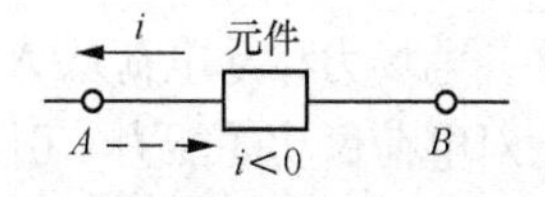

（b）电流参考方向与实际方向相反

图 1-21　电流的参考方向

电流的参考方向除了可以用箭头表示，还可以用双下标表示，如 I_{ab} 表示电流的参考方向由 a 指向 b，而 I_{ba} 表示电流的参考方向由 b 指向 a。

4. 电流的分类

按照随时间变化的情况，电流可以分为两大类。

① 直流电流，即电流的方向不随时间变化，记作 DC，用 I 表示。

② 交流电流，其电流方向随时间变化，记作 AC，用 i 表示。

直流电流中电流的大小随时间变化，而方向不随时间变化的称为脉动直流电流，如正弦波脉动直流和三角波脉动直流电流等。图 1-22 所示为电流的几种类型。

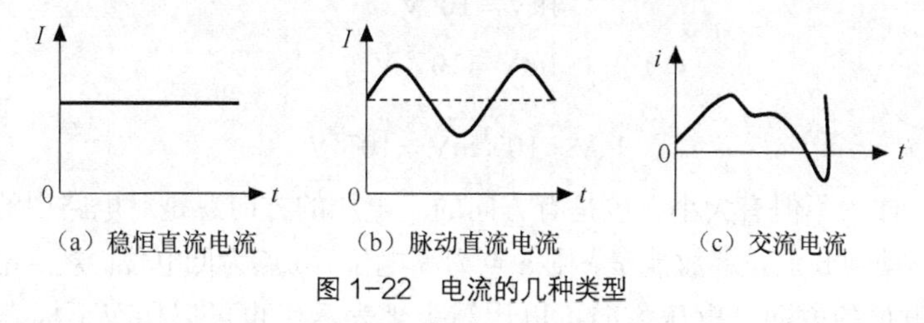

（a）稳恒直流电流　（b）脉动直流电流　（c）交流电流

图 1-22　电流的几种类型

【例 1-2】 试说明图 1-23 所示各电路中电流的实际方向。

解：

如图 1-23（a）所示的电流参考方向为由 a 到 b，$I = 2A > 0$，为正值，说明电流的实际方向和参考方向相同，即从 a 到 b。

如图 1-23（b）所示的电流参考方向为由 a 到 b，$I = -2A < 0$，为负值，说明电流的实际方向和参考方向相反，即从 b 到 a。

如图 1-23（c）所示的电流参考方向为由 b 到 a，$I = 2A > 0$，为正值，说明电流的实际方向和参考方向相同，即从 b 到 a。

如图 1-23（d）所示的电流参考方向为由 b 到 a，$I = -2A < 0$，为负值，说明电流的实际方向和参考方向相反，即从 a 到 b。

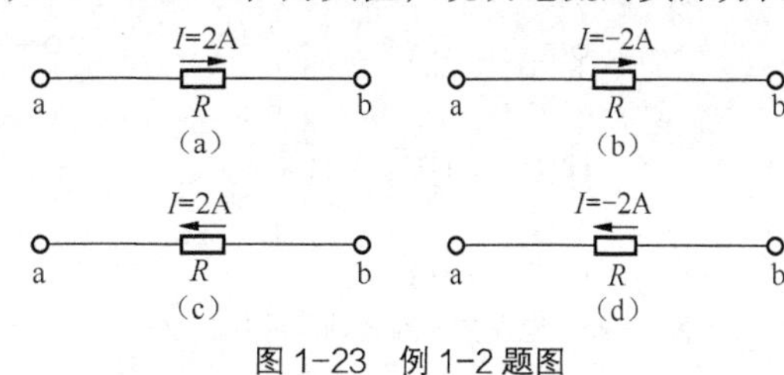

图 1-23　例 1-2 题图

1.4.2　电压与电位

1. 电压

金属导体中自由电子的运动是杂乱无章的，没有外部电场的作用是无法形成电流的。当存在外电场时，电场力将迫使自由电子做定向移动，即形成电流。此时，电场力要对电荷做功，如图 1-24 所示。A，B 是两个电极，A 带正电，B 带负电，这样在 A 和 B 之间产生电场，方向由 A 指向 B。如果用导线将 A 和 B 两极通过灯泡连接起来，灯泡就会发光，这说明灯丝

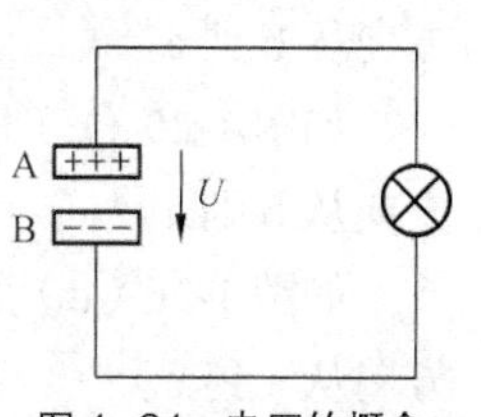

图 1-24　电压的概念

中有电流通过。原来，电场力移动电荷从 A 点经过导线流向 B 点形成了电流，对电荷做了功。

为了衡量电场力对电荷做功的能力，引入了电压这个物理量。电场力将单位正电荷从 A 点移到 B 点所做的功，叫做电压，记作

$$U_{AB}=\frac{W}{q}$$

式中，W 为电场力由 A 点移动电荷到 B 点所做的功，单位焦耳（J）；q 为由 A 点移到 B 点的电荷量，单位库仑（C）；U_{AB} 为 A、B 两点间的电压。

在国际单位制中，电压的单位是伏特，简称伏，符号为 V。

如果将 1 库仑（C）正电荷从 A 点移到 B 点，电场力所做的功为 1 焦耳（J），则 A 和 B 两点间的电压为 1 伏（V）。

常用的电压单位还有千伏（kV）、毫伏（mV）、微伏（μV），它们之间的换算关系为

$$1\text{kV}=10^{3}\text{V}$$

$$1\text{mV}=10^{-3}\text{V}$$

$$1\mu\text{V}=10^{-3}\text{mV}=10^{-6}\text{V}$$

电压同电流一样，不但有大小，也是有方向的。电压的方向总是对电路中的两点而言的，如果正电荷从 a 点移动到 b 点是释放能量，则 a 点为高电位，b 点为低电位。规定电压的实际方向是由高电位指向低电位的方向。电压方向可以用箭头来表示，也可以用双下标表示，双下标中前一个字母代表正电荷运动的起点，后一个字母代表正电荷运动的终点，电压的方向则由起点指向终点。除此之外还可以用“+”、“−”符号来表示电压的方向。图 1-25 所示为电压方向的 3 种表示方法。

【例 1-3】 元件 R 上的电压参考方向如图 1-26 所示，试指出各电压的实际方向。

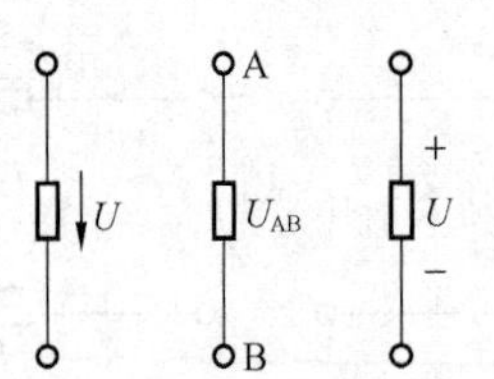

图 1-25 电压方向的 3 种表示方法

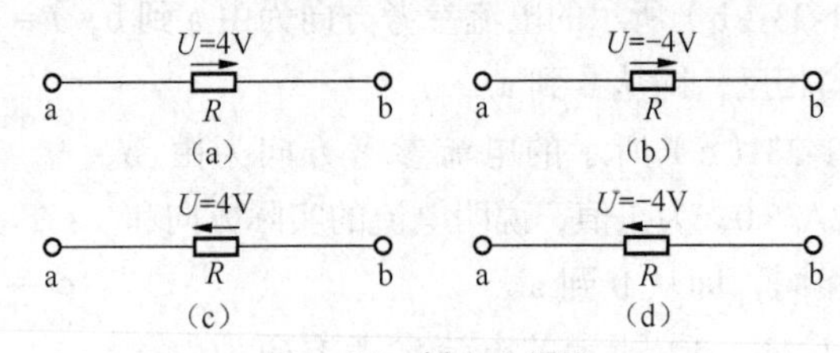

图 1-26 例 1-3 题图

解：

如图 1-26（a）所示因 $U=4\text{V}>0$，为正值，说明电压的实际方向和参考方向相同，即电压的方向从 a 到 b。

如图 1-26（b）所示因 $U=-4\text{V}<0$，为负值，说明电压的实际方向和参考方向相反，即电压的方向从 b 到 a。

如图 1-26（c）所示因 $U=4\text{V}>0$，为正值，说明电压的实际方向和参考方向相同，即电压的方向从 b 到 a。

如图 1-26（d）所示因 $U=-4\text{V}<0$，为负值，说明电压的实际方向和参考方向相反，即电压的方向从 a 到 b。

【例 1-4】 设一正电荷的电荷量为 0.003C，它在电场中由 a 点移到 b 点时，电场力所做的功

为 0.06J，试求 a 和 b 两点间的电压？另有一正电荷的电荷量为 0.04C，此电场力把它由 a 点移到 b 点，所做的功是多少？

解：（1）$U_{ab}=\dfrac{W_{ab}}{q}=\dfrac{0.06}{0.003}=20\text{V}$。

（2）$W_{ab}=q\cdot U_{ab}=0.04\times 20=0.8\text{J}$。

答：a 和 b 两点间的电压为 20 伏，移动 0.04C 正电荷所做的功为 0.8 焦。

2. 电位

在电路中任选一个参考点，电路中某一点到参考点的电压就称为该点的电位。电位的符号用 V 表示。图 1-27（a）所示为电路中 A 点和参考点 O 间的电压 U_{AO}，并称为 A 点的电位，记作 V_A，电位的单位也是伏特（V）。

要注意以下内容。

电压和电位都是表征电路能量特征的物理量，两者有联系也有区别。电压是指电路中两点之间的电位差。因此，电压是绝对的，它的大小与参考点的选择无关。电位是相对的，它的大小与参考点的选择有关。

- 参考点的选择是任意的，电路中各点的电位都是相对于参考点而言的。
- 通常规定参考点的电位为零，因此参考点又叫做零电位点。比参考点高的电位为正，比参考点低的电位为负，如图 1-27（b）所示。
- 在一般的电子线路中，通常将电源的一个极作为参考点；在工程技术中则选择电路的接地点为参考点。

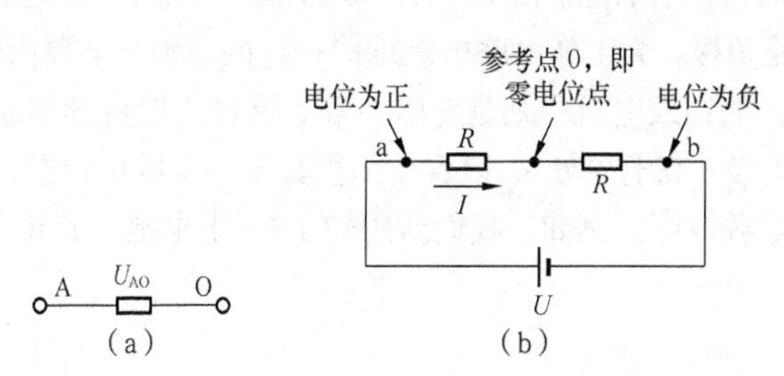

图 1-27 电位示意图

由电位的定义可知，电位实际就是电压，只不过电压是指任意两点之间，而电位则是指某一点和参考点之间的电压。电路中任意两点之间的电压即为此两点之间的电位差，如 a、b 之间的电压可记为

$$U_{ab}=V_a-V_b$$

根据 V_a 和 V_b 的大小，上式可以有以下 3 种不同情况。

- 当 $U_{ab}>0$ 时，说明 a 点的电位 V_a 高于 b 点电位 V_b。
- 当 $U_{ab}<0$ 时，说明 a 点的电位 V_a 低于 b 点电位 V_b。
- 当 $U_{ab}=0$ 时，说明 a 点的电位 V_a 等于 b 点电位 V_b。

【例 1-5】 在图 1-28 所示电路中，已知 U_{ac}=30V，U_{ab}=20V，试分别以 a 点和 c 点作参考点，求 b 点的电位和 b、c 两点间的电压。

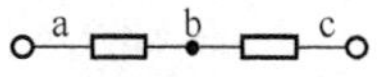

a b c

图 1-28 例 1-5 题图

解：（1）以 a 点作为参考点，则 $V_a=0$。

已知 $U_{ab}=20\text{V}$，又 $U_{ab}=V_a-V_b$，故 b 点电位为

$$V_b = V_a - U_{ab} = 0 - 20 = -20\text{V}$$

因为$U_{ac} = 30\text{V}$，又$U_{ac} = V_a - V_c$，故 c 点电位为

$$V_c = V_a - U_{ac} = 0 - 30 = -30\text{V}$$

则 b、c 点间电压为

$$U_{bc} = V_b - V_c = -20 - (-30) = 10\text{V}$$

（2）以 c 点作为参考点，则$V_c = 0$。

因为$U_{ac} = 30\text{V}$，又$U_{ac} = V_a - V_c$，故 a 点电位为

$$V_a = V_c + U_{ac} = 0 + 30 = 30\text{V}$$

已知$U_{ab} = 20\text{V}$，又$U_{ab} = V_a - V_b$，故 b 点电位为

$$V_b = V_a - U_{ab} = 30 - 20 = 10\text{V}$$

则 b、c 点间电压为

$$U_{bc} = V_b - V_c = 10 - 0 = 10\text{V}$$

1.4.3 电源与电动势

1. 电源

电源的种类很多，常用的有电池和发电机。电池是把化学能转换为电能的装置，而发动机是把机械能转换成电能的装置，如图 1-29（a）所示。

下面就以干电池为例来介绍电源。由图 1-29（b）所示可以看出，电源都有两个极，电位高的极是正极，电位低的极是负极。为了使电路中能维持一定的电流，电源内部必须有一种非电场力，在电池中，就是化学力；而在发电机中则是电磁力等。这种力能持续不断地把正电荷从电源的负极（低电位处）移送到正极（高电位处），以保持两极具有一定的电位差，这个电位差称为电源的端电压，有时也简称为电源电压。例如，我们所用的 1.5V 干电池，其正负极之间电位差为 1.5V，其端电压为 1.5V。

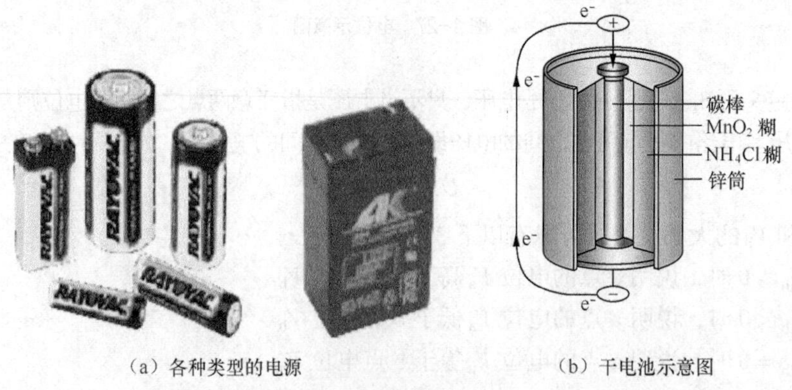

（a）各种类型的电源　　（b）干电池示意图

图 1-29 电源

电源具有的移送正电荷的这种能力称做电源力。电源中外力移送电荷的过程就是电源将其他形式的能量转换为电能的过程。

在电路中，电源以外的部分叫外电路，电源以内的部分叫内电路，如图 1-30 所示。电源的作用就是

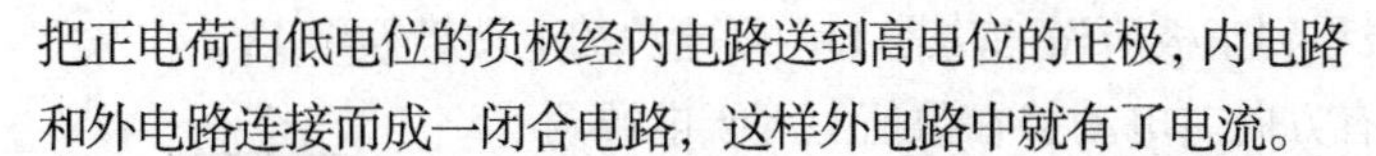

把正电荷由低电位的负极经内电路送到高电位的正极，内电路和外电路连接而成一闭合电路，这样外电路中就有了电流。

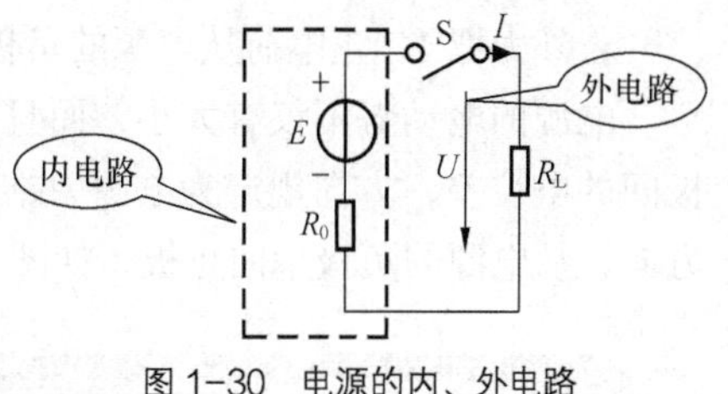

图 1–30　电源的内、外电路

2. 电动势

在电源内部，非电场力使电荷在电源的正负两极间做定向运动，非电场力移动电荷要克服正负两极间电场力做功，同时将其他形式的能转化为电能。在移动的电量不变时，非电场力做功越多，电源把其他形式的能转化成为电能的本领就越大。

在图 1-31 所示的电路中，正电荷由电位高点 A 点（即电源的正极）经外电路到电位低点 B 点（即电源的负极），流经灯泡使其发光。正负电荷不断中和，为保证能够产生持续的电流，作为电源的干电池需要把正电荷从电源的负极源源不断地移到电源的正极。这就类似于图 1-32 所示的简易自来水传送示意图，自来水从地势高即水压高的蓄水池中流到地势低的用户的家中，为保证供水，需要采用水泵将水从井中抽到蓄水池中，这里水泵的作用就类似电源的作用。

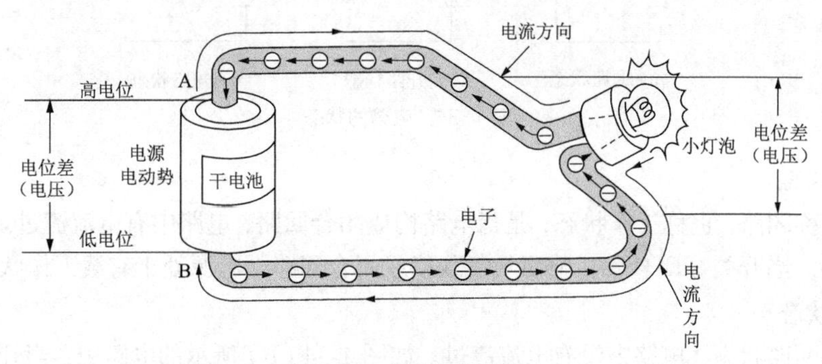

图 1–31　闭合电路示意图

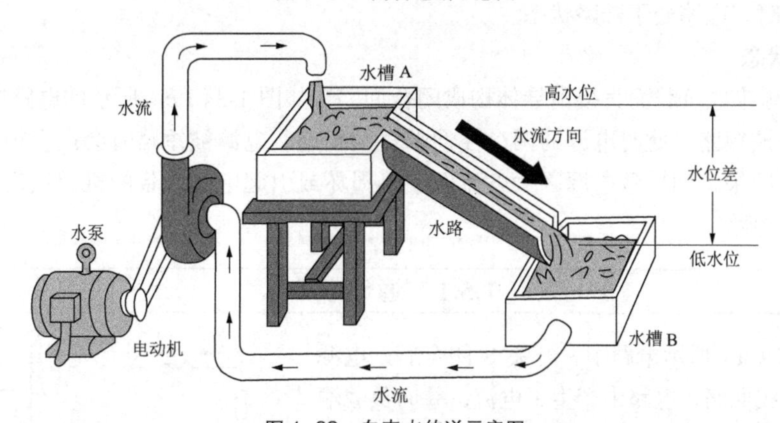

图 1–32　自来水传送示意图

为了衡量电源移动正电荷的本领，引入电动势这个物理量。电动势是电源力将单位正电荷从电源的负极移到正极所做的功，用符号 E 表示为

$$E=\frac{W}{q}$$

式中，E 为电源电动势，单位 V；W 为非电场力移动正电荷做的功，单位 J；q 为非电场力移动的电荷量，单位 C。

若外力把 1C 正电荷从电源的负极移到正极所做的功是 1J，则电源的电动势等于 1V。

电源的电动势不仅有大小，而且有方向。电动势在数值上等于电源两极间的电位差，方向规定为电源力推动正电荷运动的方向，即电位升高的方向，从电源的负极指向正极，如图 1-33 所标注的 E 的方向。

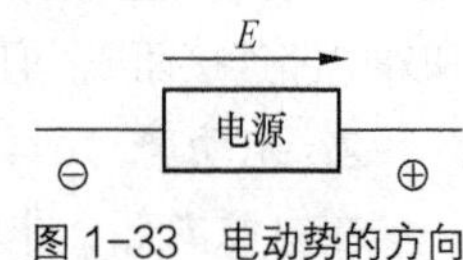

图 1-33　电动势的方向

1.5　电路的工作状态

电路的状态有通路、开路和短路 3 种，如图 1-34 所示。

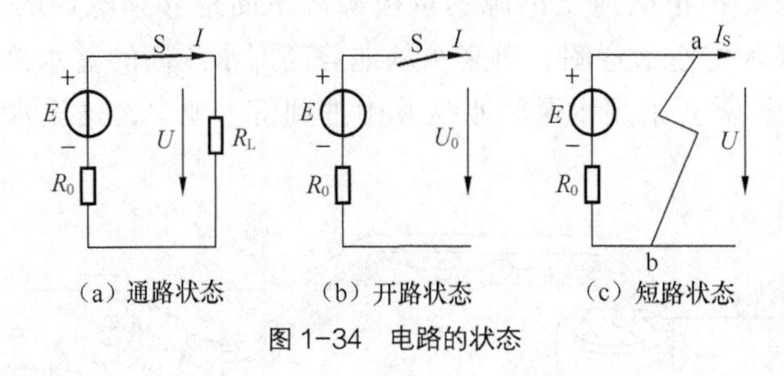

（a）通路状态　（b）开路状态　（c）短路状态

图 1-34　电路的状态

1. 通路状态

通路又叫称闭路，也称工作状态，是指电路构成闭合回路，电路中有电流流过。如图 1-34（a）所示的电路中，当开关 S 闭合后，电源与负载接成闭合回路，电源处于有载工作状态。

2. 开路状态

开路也称断路状态，电路中没有电流流过。如图 1-34（b）所示的电路中，当开关 S 断开或电路中某处断开时，电路处于开路状态。

3. 短路状态

短路是电源未经负载而直接由导体构成闭合回路。如图 1-34（c）所示的电路中，当 a、b 两点接通，电源被短路，此时电源的两个极性端直接相连。电源被短路时会产生很大的电流，有可能造成严重后果，如导致电源因大电流而发热损坏或引起电气设备的机械损伤等，因此要绝对避免电源被短路。

1.5.1　通路状态

如图 1-35（a）所示电路中，开关 S 闭合后，电源与负载接通构成回路，电路中产生了电流，并向负载输出电功率，即电路中开始了正常的功率转换，电路的这种工作状态称为有载工作状态。

电路有载工作状态的特征如下。

① 电路中的电流：$I = \dfrac{E}{R + R_0}$。

② 负载端电压：$U = IR = E - IR_0$，当 $R >> R_0$ 时，$U \approx E$。

电源的外特性曲线如图 1-35（b）所示。

（a）有载工作状态　（b）电源的外特性曲线

图 1-35　电路有载工作状态及电源的外特性曲线

③ 功率平衡关系：$P = P_E - \Delta P$。

电源输出的功率：$P = UI = I^2R$。

电源产生的功率：$P_E = EI$。

内阻消耗的功率：$\Delta P = I^2R_0$。

【例 1-6】 图 1-36 所示电路中，$I = 1A$，$U_1 = 10V$，$U_2 = 6V$，$U_3 = 4V$。求各元件的功率，并分析电路的功率平衡关系。

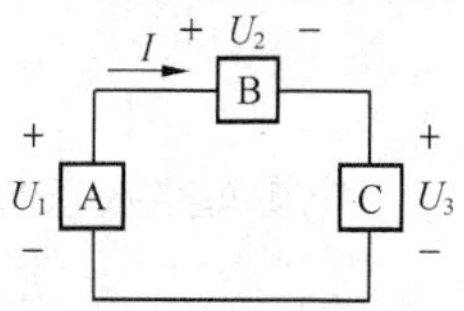

解：该电路处于通路状态。

元件 A：非关联方向，$P_1 = -U_1I = -10 \times 1 = -10$（W），$P_1 < 0$，产生 10（W）的功率，为电源。

元件 B：关联方向，$P_2 = U_2I = 6 \times 1 = 6$（W），$P_2 > 0$，吸收 6（W）的功率，为负载。

图 1-36 例 1-6 题图

元件 C：关联方向，$P_3 = U_3I = 4 \times 1 = 4$（W），$P_3 > 0$，吸收 4（W）的功率，为负载。

$P_1 + P_2 + P_3 = -10 + 6 + 4 = 0$，功率平衡。

1.5.2 开路状态

开路又称为断路，是电源和负载未接通时的工作状态。典型的开路状态如图 1-37 所示。当开关 S 断开时，电源与负载断开（外电路的电阻无穷大），未构成闭合回路，电路中无电流，电源不能输出电能，电路的功率等于零。

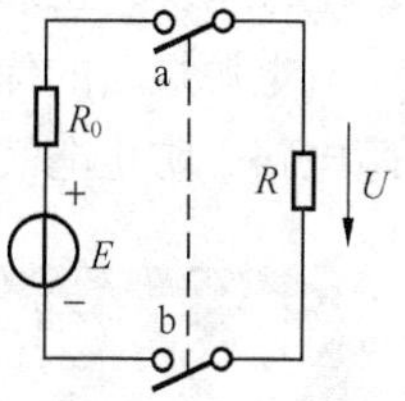

开路状态有两种情况。一种是正常开路，如检修电源或负载不用电的情况；另一种是故障开路，如电路中的熔断器等保护设备断开的情况，应尽量避免故障开路。

大多数情况下，电源开路是允许的，但也有些电路不允许开路。如测量大电流的电流互感器，它的副边线圈绝对不允许开路，否则将产生过电压，危及人身、设备的安全。

图 1-37 开路状态

电源开路时的电路特征如下。

（1）电路中的电流 I=0。

（2）电源两端的开路电压 $U_{OC} = E$，负载两端的电压 U=0。

（3）电源产生的功率与负载转换的功率均为零，即 $P_E = P = 0$，这种电路状态又称为电源的空载状态。

1.5.3 短路状态

电路中任何一部分负载被短接，使该两端电压降为零，这种情况称电路处于短路状态。如图 1-38（a）所示电路是电源被短接的情况，其等效电路如图 1-38（b）所示。

短路状态有两种情况。一种是将电路的某一部分或某一元件的两端用导线连接，称为局部短路。有些局部短路是允许的，称为工作短路，常称为“短接”，如电焊机工作时焊条与工件的短接及电流表完成测量时的短接等。另一种短路是故障短路，如电源被短路或一部分负载被短路。最严重的情况是电源被短路，其短路电流用 I_{SC} 表示。因为电源内阻很小，I_{SC} 很大，是正常工作电流的很多倍。短路时外电路电阻为零，电源和负载的端电压均为零，故电源输出功率及负载取用的功率均为零。

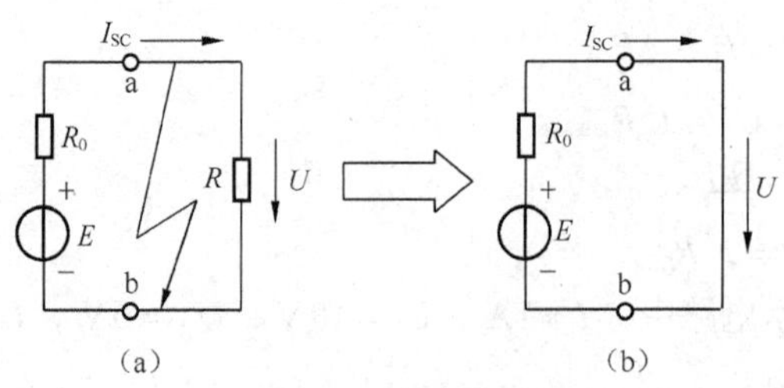

图 1-38　短路状态

电源短路状态的特征如下。

① $I = I_{SC} = \dfrac{E}{R_0}$。

② 电源的端电压 U=0。

③ 电源发出及负载转换的功率均为零，即 P=0；电源产生的功率全消耗在内阻上，即 $P_E = I^2 R_0$。

当 $R_0 = 0$ 时，$I_{SC} = \infty$，电源将被烧毁，因此短路是一种严重的事故状态。它会使电源或其他电气设备因为严重发热而烧毁，用电操作中应注意避免。电压源不允许短路!

造成电源短路的原因主要是绝缘损坏或接线不当。因此，工作中要经常检查电气设备和线路的绝缘情况，正确连接电路。

电源短路的保护措施是：在电源侧接入熔断器和自动断路器，当发生短路时，能迅速切断故障电路，防止电气设备的进一步损坏。

1.6　欧姆定律

1. 部分电路欧姆定律

欧姆定律是电路分析中的基本定律之一，用来确定电路各部分的电压与电流的关系。图 1-39 所示为一段只含有负载而不包含电源的一段电路称为部分电路。部分电路欧姆定律的内容是：导体中的电流与导体两端的电压成正比，与导体的电阻成反比。根据欧姆定律可写出

$$I = \frac{U}{R}$$

式中，I 为电路中的电流，单位为安培（A）；U 为电路两端的电压，单位为伏特（V）；R 为电路的电阻，单位为欧姆（Ω）。

部分电路中电阻两端的电压与流经电阻的电流之间的关系曲线称为电阻的伏安特性曲线，如图 1-40 所示。

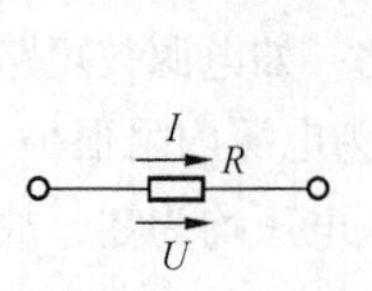

图 1-39　部分电路

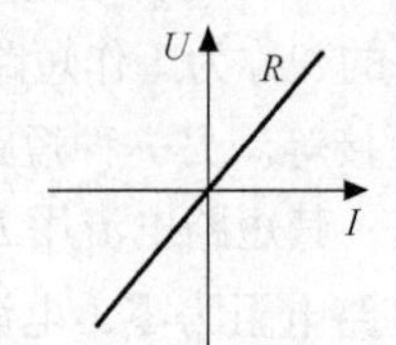

图 1-40　电阻伏安特性曲线

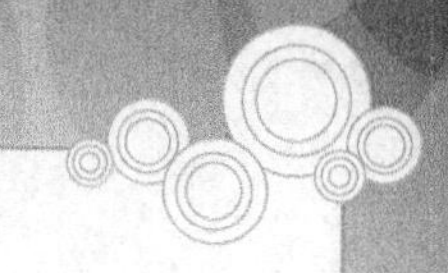

由图 1-39 所示的电路可以看出，电阻两端的电压方向是由高电位指向低电位的，并且电位是逐点降低的，因而通常把电阻两端的电压称为“电压降”或“压降”。

2. 全电路欧姆定律

含有电源的闭合电路称为全电路，如图 1-41 所示。电源内部的电路称为内电路，电源内部的电阻称为内电阻。电源外部的电路称外电路，外电路的电阻称为外电阻。全电路欧姆定律的内容是：闭合电路中的电流 I 与电源的电动势 E 成正比，与电路的总电阻（外电路的电阻 R 和内电路的电阻 r_0 之和）成反比，即

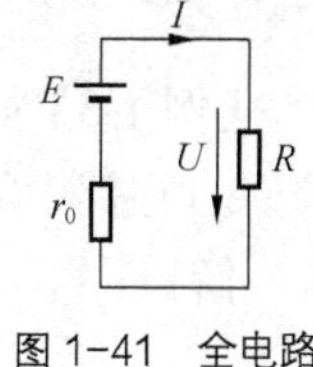

图 1-41 全电路欧姆定律

$$I = \frac{E}{R + r_0}$$

式中，I 为电路中的电流，单位安培（A）；E 为电源的电动势，单位伏特（V）；R 为外电路电阻，单位欧姆（Ω）；r_0 为电源内阻，单位欧姆（Ω）。

由全电路欧姆定律公式可得

$$E = IR + Ir_0 = U + Ir_0$$
$$U = E - Ir_0$$

式中，U 为外电路中的电压降，即电源两端的电压，Ir_0 为电源内部的电压降。

将电阻值不随电压、电流变化而改变的电阻称为线性电阻，由线性电阻组成的电路称为线性电路。阻值随电压、电流的变化而改变的电阻称为非线性电阻，含有非线性电阻的电路称为非线性电路。欧姆定律只适用于线性电路。

一般情况下，电源的电动势是不变的，但由于电源存在一定内阻，当外电路的电阻变化时，端电压也随之改变。由公式 $U = E - Ir_0$ 可知，当外电路的电阻 R 增大时，电流 I 要减小，端电压 U 就增大；当外电路的电阻 R 减小时，电流 I 要增大，端电压 U 就减小。电源的端电压 U 与负载电流 I 变化的规律称为电源的外特性，电源的外特性曲线如图 1-42 所示。

电源端电压的稳定性取决于电源内阻的大小，在相同的负载电流下，电源内阻越大，电源端电压下降得越多，外特性就越差。

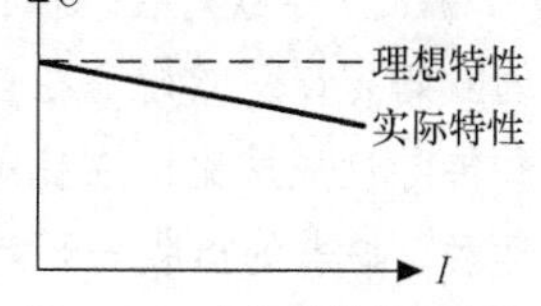

图 1-42 电源的外特性曲线

【例 1-7】 如果人体的最小电阻为 800Ω，已知通过人体的电流为 50mA 时，就会引起呼吸困难，试求安全工作电压。

解：

$$I = 50\text{mA} = 5 \times 10^{-2}\text{A}$$
$$U = IR = 5 \times 10^{-2} \times 800 = 40\text{V}$$

答：安全工作电压为 40V 以下。

【课外拓展】

安全电压和安全电流

人体电阻除人的自身电阻外，还应附加上人体以外的衣服、鞋、裤等电阻，虽然人体电阻一般可达 5000Ω，但是，影响人体电阻的因素很多，如皮肤潮湿出汗、带有导电性粉尘、加大与带电体的接触面积和压力以及衣服、鞋、袜的潮湿油污等情况，均能使人体电阻降低，所以通常流经人体电流的大小是无法事先计算出来的。因此，为确定安全条件，往往不采用安全电流，而是采用安全电压来进行估算：一般情况下，也就是干燥而触电危险性较大的环境下，安全电压规定

为 36V；对于潮湿而触电危险性较大的环境（如金属容器、管道内施焊检修），安全电压规定为 12V，这样，触电时通过人体的电流，可被限制在较小范围内，在一定的程度上保障人身安全。

【例 1-8】 如图 1-43 所示的电路中，已知电源的电动势 $E=24\text{V}$，内阻 $r_0=2\Omega$，负载电阻 $R=10\Omega$，求（1）电路中的电流；（2）电源的端电压；（3）负载电阻 R 上的电压；（4）电源内阻上的电压降。

解：

（1）$I=\dfrac{E}{R+r_0}=\dfrac{24}{10+2}=2\text{A}$。

（2）$U=E-Ir_0=24-2\times 2=20\text{V}$。

（3）$U=IR=2\times 10=20\text{V}$。

（4）$U'=Ir_0=2\times 2=4\text{V}$。

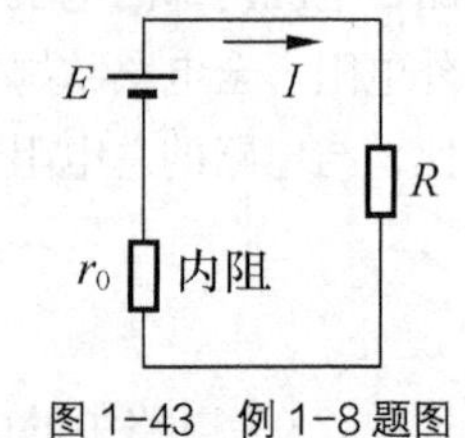

图 1-43 例 1-8 题图

答：（1）电路中的电流为 2A；（2）电源的端电压为 20V；（3）负载电阻 R 上的电压为 20V；（4）电源内阻上的电压降为 4V。

【历史资料】

欧姆和欧姆定律

乔治·西蒙·欧姆（1789 年—1854 年）生于德国埃尔兰根城，父亲是个技术熟练的锁匠。父亲自学了数学和物理方面的知识，并教给少年时期的欧姆，唤起了欧姆对科学的兴趣。父亲对他的技术启蒙，使欧姆养成了动手的好习惯，他心灵手巧，做什么都像样。物理是一门实验学科，如果只会动脑不会动手，那么就好像是用一条腿走路，走不快也走不远。16 岁时他进入埃尔兰根大学研究数学、物理与哲学，由于经济困难，中途辍学，到 1813 年才完成博士学业。

1827 年欧姆在《伽伐尼电路的数学论述》一书中，发表了有关电路的法则，这就是闻名于世的欧姆定律。欧姆还在自己的许多著作里证明了：电阻与导体的长度成正比，与导体的横截面积和传导性成反比；在稳定电流的情况下，电荷不仅在导体的表面上，而且还在导体的整个截面上运动。该书的出版一开始招来不少讽刺和诋毁，为此欧姆十分伤心，他在给朋友的信中写道："伽伐尼电路的诞生已经给我带来了巨大的痛苦，我真抱怨它生不逢时，因为深居朝庭的人学识浅薄，他们不能理解它的母亲的真实感情。"

当然也有不少人为欧姆抱不平，发表欧姆论文的《化学和物理》杂志主编施韦格（即电流计发明者）写信给欧姆说："请您相信，在乌云和尘埃后面的真理之光最终会透射出来，并含笑驱散它们。"直到七八年之后，随着研究电路工作的进展，人们逐渐认识到欧姆定律的重要性，欧姆本人的声誉也大大提高，1841 年被英国皇家学会授予科普利奖章，1845 年被接纳为巴伐利亚科学院院士。

人们为纪念他，将电阻的单位以欧姆的姓氏命名，定为欧姆。

1.7 电能与电功率

1. 电能

电能是实际存在的电力所具备的能量，它是通过其他形式的能量转化而来的，如通过火力发

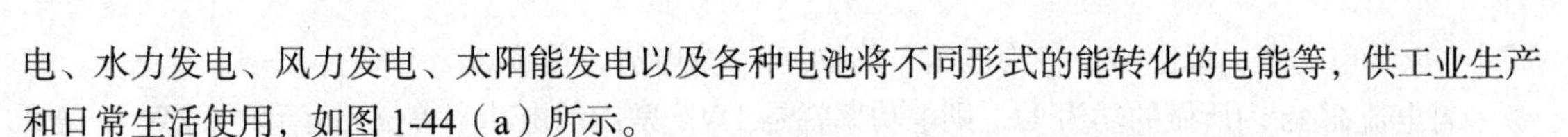

电、水力发电、风力发电、太阳能发电以及各种电池将不同形式的能转化的电能等，供工业生产和日常生活使用，如图 1-44（a）所示。

当在导体两端加上电压时，导体内就建立了电场。电场力在推动自由电子定向移动过程中要做功，也称电流做功，电流所做的功就是电功。电流做功的过程就是电能转化为其他形式能量的过程，如电流通过灯泡将电能转化为光能、热能等，电流通过电热炉将电能转化为热能等，电流通过电动机将电能转化为机械能等，如图 1-44（b）所示。

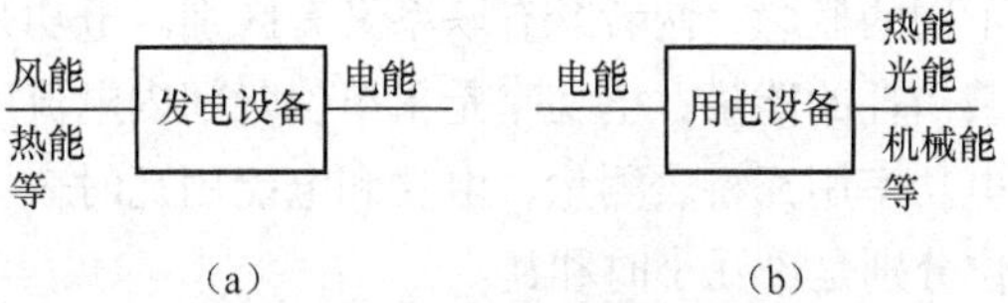

风能 热能 等 → 发电设备 → 电能

（a）

电能 → 用电设备 → 热能 光能 机械能 等

（b）

图 1-44　电能与其他能的转化

假设导体两端的电压为 U，通过导体横截面的电荷量为 q，产生的电流为 I，根据电压的定义 $U=\dfrac{W}{q}$ 可得出电场力对电荷量 q 所做的功，即电路所消耗的电能为

$$W=Uq$$

根据式 $I=\dfrac{q}{t}$ 可知 $q=It$，故

$$W=UIt$$

由上式可以看出，在一段电路中，电场力使电荷通过导体所做的功 W 与加在这段电路两端的电压 U、通过导体的电流 I 以及通电时间 t 成正比。

在国际单位制中 W、U、I、t 的单位分别是焦耳（J）、伏特（V）、安培（A）、秒（s）。在实际应用中电功的另一个常用单位是千瓦小时（kW·h），1kW·h 就是一度电。

$$1\text{ 度}=1\,\text{kW}\cdot\text{h}=3.6\times10^{6}\,\text{J}$$

【例 1-9】 现有一台小型电动磨面机，工作电压是 220V，工作电流是 1.5A，试求这台电动机正常工作 2h 所用的电能。

解：

$$W=UIt=220\times1.5\times2\times60\times60=2.376\times10^{6}\,\text{J}$$

答：这台电动机正常工作 2h 所用的电能为 2.376×10^{6} J。

2. 电功率

单位时间内电流所做的功称为电功率，它是衡量电能转换为其他形式能量快慢程度的物理量，用字母 P 表示为

$$P=\frac{W}{t}$$

代入 $W=UIt$ 可以得到

$$P=UI$$

式中，P 为电功率，单位 W；U 为电压，单位 V；I 为电流，单位 A。

若电流在 1s 内所做的功为 1J，则电功率就是 1W。常用的电功率单位还有千瓦（kW）、毫瓦（mW）等。

$$1\text{kW} = 10^3\text{W}$$
$$1\text{mW} = 10^{-3}\text{W}$$

电功和电功率是两个不同的概念，两者既有联系又有区别。电功是指一段时间内电流所做的功，或者说一段时间内负载消耗的能量；电功率是指单位时间内电流所做的功，或者说是指单位时间内负载消耗的电能。电功率用瓦特表测量，电功和电能用瓦时表（即电能表）来计算。电功及电能和电功率常用的单位分别是千瓦小时和瓦。

【例 1-10】 一台电炉通电时其电压 220V，通过电炉丝的电流为 10A，试求电炉通电 30min 消耗的电能是多少？该电炉的功率是多大？

解：

$W = UIt = 220\times10\times30\times60 = 3.96\times10^6\text{ J}$

$P = UI = 220\times10 = 2200\text{W}$

答：电炉通电 30min 消耗的电能是 3.96×10^6 J，该电炉的功率是 2200W。

3. 电流的热效应

那么，电和热之间有什么关系呢？电源通过导体使导体内自由电子在电场力作用下定向运动，不断与原子发生碰撞而产生热量，如图 1-45 所示，并使导体温度升高，电能转化为热量，这种现象叫做电流的热效应，其原因是导体有电阻。

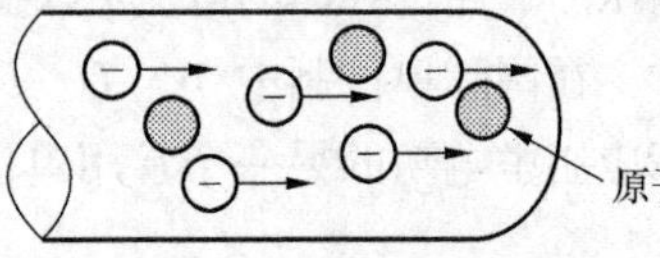

图 1-45 电流的热效应

英国物理学家焦耳和俄国科学家楞次各自做了大量的实验，证明了电流的这种热效应现象，称为焦耳—楞次定律。它的内容是电流流过导体产生的热量 Q 与电流 I 的平方成正比，与导体的电阻 R 成正比，与通电时间 t 成正比，用公式表示为

$$Q = I^2Rt$$

根据电压电流关系，可以得到

$$Q = IUt$$
$$Q = \frac{U^2}{R}t$$

式中，电流的单位为安培（A），电压的单位为伏特（V），电阻的单位为欧姆（Ω），时间的单位为秒（s），则热量 Q 的单位是焦耳（J）。

焦耳—楞次定律只适用于纯电阻电路，如电炉等，此时电流所做的功将全部转变成热量，如图 1-46 所示。

若不是纯电阻电路，如图 1-47 所示的电路中包含有电动机、电解槽等用电器，则电能除部分转化为热能使温度升高外，还要转化为机械能、化学能等其他形式的能。此时，电功就不等于而是大于生成的热量了。

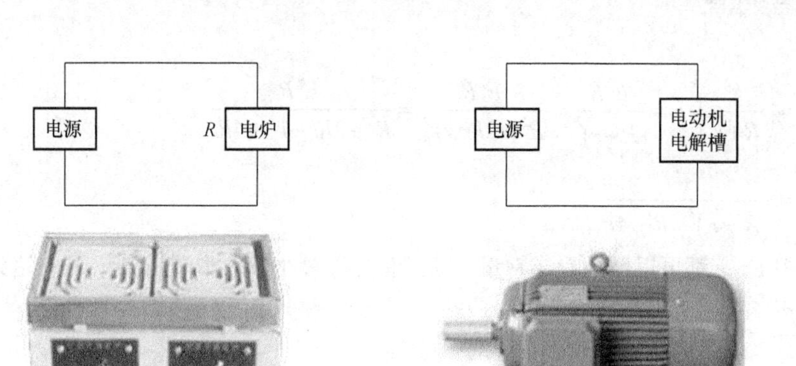

图 1-46　纯电阻电路　　图 1-47　非纯电阻电路

电流的热效应现象在日常生活和工业生产中有广泛的应用，如图 1-48 所示的电烤箱、电水壶、电热吹风机等设备就是利用电流的热效应来工作的，而白炽灯则是通过使钨丝发热到白炽状态而发光。

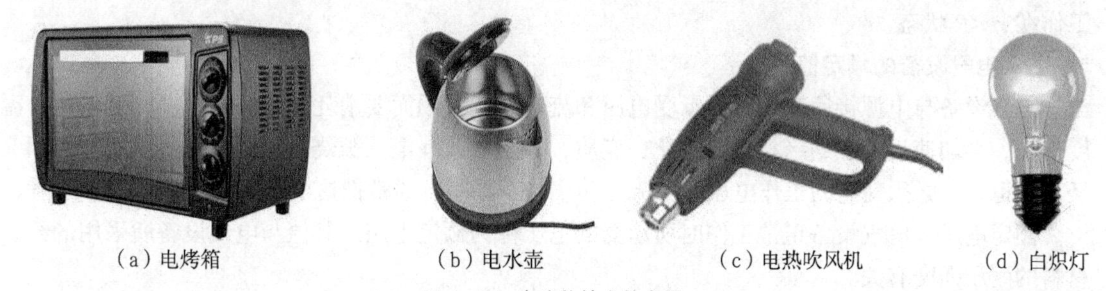

（a）电烤箱　（b）电水壶　（c）电热吹风机　（d）白炽灯

图 1-48　电流热效应的应用

但电流的热效应现象在很多情况下也是有害的，如会使通电导线温度升高，加速绝缘材料的老化变质，导致漏电甚至烧毁设备等；另外，电动机、变压器等在运行中会发热，温度过高会影响其使用，故应设计散热装置，延长使用寿命，例如，电动机的机座表面铸有散热筋，以增加散热面积，提高散热效果，如图 1-49 所示。

图 1-49　消除电流热效应的不良影响

【例 1-11】 有一功率为 1000W 的电炉，工作 5min 产生的热量是多少？

解：

$$Q = IUt = Pt = 1000 \times 5 \times 60 = 3 \times 10^5 \text{ J}$$

答：1000W 的电炉 5min 产生的热量是 3×10^5J。

4. 负载 R 获得最大功率的条件

由负载功率计算公式及全电路欧姆定律可以得到：

$$P=I^2R=\left(\frac{E}{R+r}\right)^2R=\frac{E^2R}{(R+r)^2}=\frac{E^2R}{R^2+2Rr+r^2}=\frac{E^2R}{R^2-2Rr+r^2+4Rr}$$

$$=\frac{E^2}{(R-r)^2/R+4r}$$

由于式中 E、r 都可近似地看成常量，则只有分母最小值时，即是 $R=r$ 时 P 达到最大值。最大值为 $P_{\max}=\frac{E^2}{4R}=\frac{E^2}{4r}$。

因此，负载获得最大功率的条件是：负载电阻等于电源电阻。由于负载获得最大功率就是电源输出最大功率，因而这一条件也是电源输出最大功率的条件。

当负载获得最大功率时，由于 $R=r$，因而内阻上消耗的功率和负载消耗的功率相等，这时效率只有 50%，在电工技术中，主要考虑负载获得最大功率，效率是次要问题，所以电路总是工作在 $R=r$ 附近。这种工作状态也称“匹配”状态。而在电力系统中效率是主要问题，所以电路尽量工作在 $r<<R$ 状态。

5. 电气设备的额定值

电气设备与电源接通时，就要承受电压和流过电流，因而要消耗一定的功率，产生热量，温度升高，会加速设备上绝缘材料的老化、变质，甚至导致漏电、被烧坏。为使电气设备安全而又经济地运行。必须对它的工作电压、电流和功率给予限制。通常把这个限定的数值称为额定值。

额定电压：电气设备正常工作时所承受的电压称为额定电压。其值与电气设备所采用的绝缘材料的耐压强度有关。

额定电流：电气设备长期工作所允许通过的最大电流称为额定电流。其值与电气设备绝缘材料的最高允许温度有关。

额定功率：电气设备在额定电压和额定电流下工作时的最大输出功率称为额定功率。

一般工厂所生产的电气设备在铭牌或说明书上都标明了这些额定值。电气设备在工作中，如果其工作电流、电压超过了额定值，就会大大缩短使用寿命、甚至被烧毁，这是不允许的；相反，如果设备的工作电流、电压比额定值低很多，则将达不到正常合理的工作状态，不能充分发挥自身的能力，这也是不行的。因此，电气设备在额定值下工作是最经济、合理和安全可靠的，并能保证使用寿命。

电气设备在额定电压下工作时，通过的电流如果等于额定电流，称为满载；如果大于额定值，称为过载或超载；如果小于额定值，称为轻载。

电气设备运行是否正常，通常可根据其温度的高低来衡量。如果温度超过规定值，说明电气设备过载，应停电检查。

【历史资料】

电流生热的奥秘

用焦耳和楞次的名字命名的电流热效应定律是为了纪念两位物理学家。

焦耳是英国物理学家，他一生中只受过很少的正规教育，是一位自学成才的科学家，他的知识基本上是利用空闲时间通过自学而得来的。他对科学特别酷爱，尤其对实验非常感兴趣，把业余时间全部用于实验研究，后来更是全心全意地投入科学研究事业。

楞次是俄国物理学家，1833 年，楞次研究金属在不同温度下的导电性时指出：通了电流的导体会发热，这是电流热效应的最先描述。

焦耳和楞次是相互独立地开始进行电流的热效应研究，他们用完全不同的实验方法，经过艰苦探索，分别发现了通电导体产生热量的客观规律，为了纪念这两位科学家做出的贡献，人们就把电流热效应所遵从的客观规律叫做焦耳—楞次定律。

焦耳—楞次定律描述了电流产生热量的基本规律，这在生产中具有非常大的应用价值。如在远距离输电过程中，线路的热损耗不可避免。通过应用焦耳—楞次定律分析计算，人们认识到输电电压越高时，线路的热损耗就越小，故在远距离输电过程中，利用高压输电方式。目前，我国的高压输电电压一般是 110kV 和 220kV。在少数地区已经开始利用 500kV 的超高压输电。由此不难看出，理论对生产实践具有多么大的指导意义啊！

本章小结

本章是电路分析所必须具备的基础知识，主要介绍了以下内容。

1. 电路的组成及电路的作用

电流所经过的路径叫做电路。电路通常由电源、负载和中间环节 3 部分组成。

电路的主要功能：实现电能的传送、分配与转换，实现信号的传递和处理。

2. 电路元件及电路模型

理想电路元件简称电路元件，无源二端元件分为电阻、电感和电容，有源二端元件分为电压源元件和电流源元件。

用理想电路元件及其组合来模拟实际电路中的各个元器件，再用理想导线将各个理想电路元件进行串联或并联所组成的电路称为实际电路的电路模型。

电路模型的构建过程就是用电路元件及其组合来表示实体电路的过程。

3. 线性电阻元件、电感元件、电容元件的电路模型及其伏安关系

电阻元件的伏安关系：$i=\frac{u}{R}$；电感元件的伏安关系：$u=L\frac{\mathrm{d}i}{\mathrm{d}t}$；电容元件的伏安关系：$i=C\frac{\mathrm{d}u}{\mathrm{d}t}$。

4. 电压、电流的参考方向

为了分析计算电路方便，预先假定的电流（或电压）方向称为电流（或电压）的参考方向。

电流的方向在连接导线上用箭头或用双下标表示，当参考方向与实际方向一致时，$i>0$，当参考方向与实际方向相反时，$i<0$；电压的参考方向可以用 3 种方法表示："+"、"−" 符号表示；用双下标表示；用箭头的指向来表示。

当一段电路或一个元件的电流、电压参考方向关联时，$p=ui$，直流时，$P=UI$。

当一段电路或一个元件的电流、电压参考方向非关联时，$p=-ui$，直流时，$P=-UI$。

5. 电源元件的电路模型及其伏安特性

理想电压源是从实际电路中抽象出来的一种理想电路元件，它两端的电压是一定时间的函数 u_S 或是一个定值 U_S。实际电压源的伏安关系：$U=E-IR_0$。

理想电流源是从实际电路中抽象出来的一种理想电路元件，其输出电流是一定时间的函数 i_S

或是一个定值 I_S。实际电流源的伏安关系：$I = I_S - \frac{U}{R_S}$。

6. 电路的工作状态及各自特点

电路的 3 种状态为：开路状态、短路状态、通路状态。

7. 欧姆定律、电功、电功率含义及应用

部分电路欧姆定律的内容是：导体中的电流与导体两端的电压成正比，与导体的电阻成反比，即 $I = \frac{U}{R}$。

全电路欧姆定律的内容是：闭合电路中的电流 I 与电源的电动势 E 成正比，与电路的总电阻（外电路的电阻 R 和内电路的电阻 r_0 之和）成反比，即 $I = \frac{E}{R + r_0}$。

电流做功的过程就是电能转化为其他形式能量的过程，电场力使电荷通过导体所做的功 W 与加在这段电路两端的电压 U、通过导体的电流 I 以及通电时间 t 成正比，公式为 $W = UIt$。

电功率是衡量电能转换为其他形式能量快慢程度的物理量，单位时间内电流所做的功称为电功率，定义公式为 $P = \frac{W}{t}$。

思考与练习题

一、填空题

1. 电路一般由________、________、________和________组成。
2. 电源是一种________装置，它可以将________能转换成________能。
3. 自然界中的各种物质，按其导电性能来分，可分为________、________、________3 大类。
4. 电路的功能包括________和________两部分。
5. 电阻定律的具体内容是在一定温度下，截面均匀的导体的电阻与________正比，与导体的________成反比，还与导体________有关，表达式为________。
6. 电阻是________元件，而电感和电容是________元件。
7. 规定________电荷的定向移动方向为电流的方向。
8. 在电路中任选一个参考点，电路中某一点到参考点的________就称为该点的电位，电位的符号用________表示。
9. 在电路中，我们把________的部分叫外电路，________的部分叫内电路。
10. 电源电动势的方向是由电源的________极指向________极。
11. 电路的 3 种状态分别是________、________和________。
12. 欧姆定律内容是导体中的电流跟它两端的________成正比，跟它的________成反比。
13. 在电源电动势一定的情况下，当外电路的电阻 R 减小时，端电压 U 将________。
14. 电流的单位有________、________和________等，电压的单位有________、________和________等。
15. 电流所做的功就称________，电流做功的过程就是________能转化为________能的过程。

16. 单位时间内电流所做的功称为________，它是衡量________的物理量。

二、判断题

1. 电源是电路中提供电能的装置或将其他形式的能量转化为电能的装置。(　　)
2. 负载是将电能或电信号转化为需要的其他形式的能量或信号的设备。(　　)
3. 电路模型是对实际电路的抽象，所以它与实际电路没有区别。(　　)
4. 电流和电压都是不但有大小，而且有方向的。(　　)
5. 电动势的方向是从低电位到高电位。(　　)
6. 焦耳—楞次定律说明电路中电流所做的功全部转变成热量。(　　)
7. 电荷的定向移动形成电流，故电荷的移动方向就是电流的方向。(　　)
8. 若 A、B 两点的电位都很高则二者之间的电压也一定很大。(　　)

三、单项选择题

1. 若两只额定电压相同的电阻串联接在电路中，则阻值较大的电阻（　　）。

   A. 发热量较大　　B. 发热量较小　　C. 没有明显差别

2. 万用表的转换开关是实现（　　）。

   A. 各种测量种类及量程的开关　　B. 万用表电流接通的开关

   C. 接通被测物的测量开关

3. 金属导体的电阻值随着温度的升高而（　　）。

   A. 增大　　B. 减少　　C. 恒定　　D. 变弱

4. 纯电阻上消耗的功率与（　　）成正比。

   A. 电阻两端的电压　　B. 通过电阻的电流

   C. 电阻两端电压的平方　　D. 通电的时间

四、分析与思考题

1. 电流产生的条件是什么?
2. 说明电压和电位的区别与联系。
3. 说明电动势和电压的区别与联系。
4. 在对电路分析计算时，为什么要设定电流或电压的参考方向?
5. 简述电能、电功和电功率的区别与联系。
6. 列举生活中利用电流热效应的例子，并与你的同学交流。

五、计算题

1. 如图 1-50（a）、图 1-50（b）所示电路中的电压 U。当电阻 R 阻值变化时，电压 U 是否改变？为什么?
2. 根据如图 1-51 所示电路及所给参数，计算电流源的端电压及电流源和电压源的功率。
3. 根据如图 1-52 所示电路及所给参数，计算电流 I 和 I_1 及各元件的电功率。

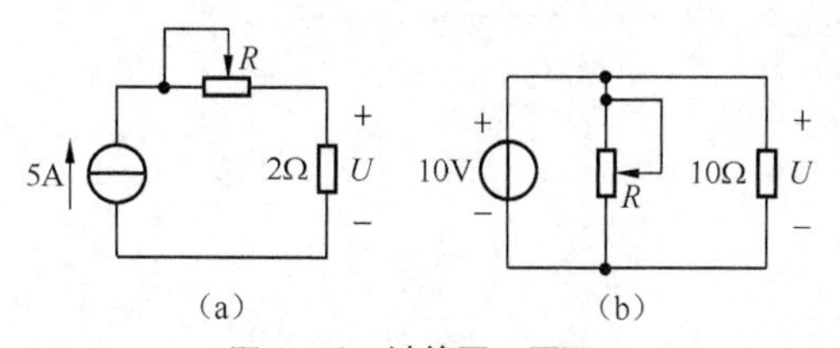

图 1-50　计算题 1 题图

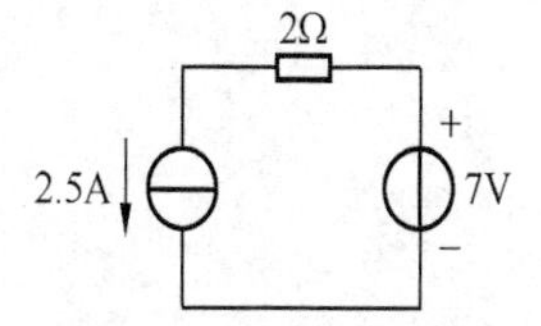

图 1-51　计算题 2 题图

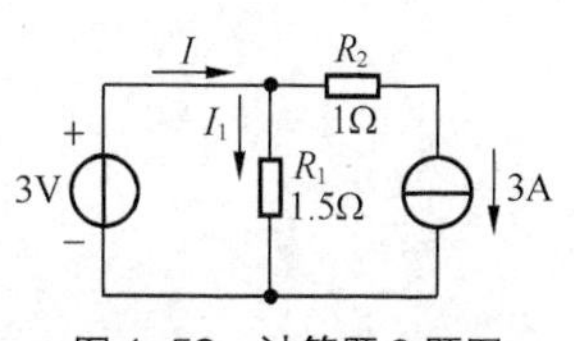

图 1-52　计算题 3 题图

模块二

直流电路

由直流电源提供电能、直流元件组成的电路称为直流电路，它是电路分析、研究的基础。本章将结合前面所学的电路基本知识，介绍电路分析的基本定律、定理及方法。

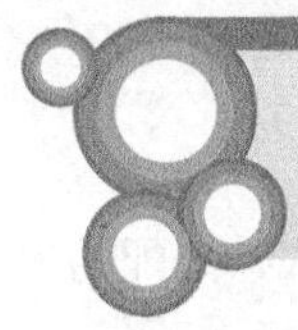

2.1　电阻的连接方式

在直流电路中，电阻的连接方式各种各样，但究其根本，大概有串联、并联和串并联混联 3 种方式。

2.1.1　电阻的串联

电阻的串联连接，顾名思义，就是将若干个电阻依次首尾顺序连接，中间没有其他分支。如图 2-1 所示的电路中，电阻 R_1、R_2、R_3 依次连接，形成串联关系，再连接到电源 U 上。

由于没有其他支路分流电流，所以，串联电路中流过每个电阻的电流是相等的，实际电路中，使用万用表的电流挡分别测量 A、B、C、D 各点的电流，可得

图 2-1　电阻串联电路

$$I_A = I_B = I_C = I_D$$

而电路的总电阻（等效电阻），则等于各串联电阻之和。即：

$$R = R_1 + R_2 + R_3$$

R 称做 R_1、R_2、R_3 串联的等效电阻。如图 2-2 所示，在进行电路分析时，常用等效电阻来替代一组相互连接的电阻，以利于简化电路、方便计算。

通常电阻 R_1、$R_2 \cdots R_n$ 串联后的等效电阻可以记作 $R = R_1 + R_2 + \cdots + R_n$。

串联电路中的电流处处相等，等效电阻等于各电阻之和。

【例 2-1】 在图 2-3 中，已知流经电阻 R_1 的电流为 $I_1 = 3\text{A}$，试说明流经电阻 R_2 的电流 I_2 为多少？

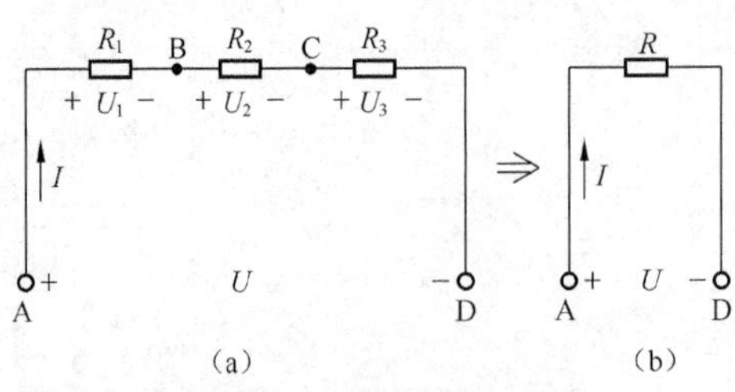

图 2-2 串联电阻及其等效

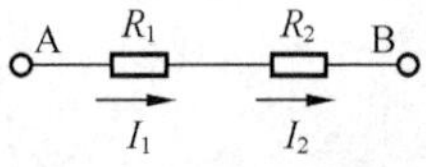

A R1 R2 B

I1 I2

图 2-3 例 2-1 题图

解：根据串联电路中电流处处相等得，$I_1 = I_2 = 3\text{A}$。

由图 2-2 可得，串联电阻两端的总电压

$$U_{AD} = IR = I（R_1+R_2+R_3） = IR_1+IR_2+IR_3$$

而 IR_1、IR_2、IR_3 分别为串联电阻 R_1、R_2、R_3 两端的电压 U_{AB}、U_{BC}、U_{CD}，即：

$$U_{AD} = U_{AB} + U_{BC} + U_{CD}$$

使用万用表电压挡分别测量 AB、BC、CD 和 AD 之间的电压，可以验证该结论成立。

串联电路两端的总电压等于各电阻两端的分电压之和。

图 2-2 中电阻 R_1 两端的电压为

$$U_{AB} = R_1 I = R_1 \times \frac{U_{AD}}{R_1 + R_2 + R_3}$$

可以看出，串联电路中各个电阻两端的电压与各个电阻的阻值成正比，电阻越大，分配的电压越大；电阻越小，分配的电压也越小。

我们可以推导 n 个电阻串联的电路中，第 i 个电阻两端的电压为

$$U_i = R_i I = R_i \frac{U}{R} = R_i \frac{U}{R_1 + R_2 + R_3 + \cdots + R_n} \tag{2-1}$$

通常把式（2-1）称为电阻串联的分压公式。

在串联电路中，各个电阻消耗的功率也和它们的阻值成正比，总功率等于消耗在各个串联电阻上的功率之和。

【例 2-2】 如图 2-2 所示的电阻串联电路中，已知 $R_1 = 2\Omega$，$R_2 = 3\Omega$，$U_2 = 6\text{V}$，$U = 20\text{V}$。求：（1）电路中的电流 I；（2）R_1 和 R_3 两端的电压；（3）电阻 R_3；（4）等效电阻 R。

解：（1）根据欧姆定律有 $I_2 = \dfrac{U_2}{R_2} = \dfrac{6}{3} = 2\text{A}$。

因为是电阻串联电路，所以 $I = I_2 = 2\text{A}$。

（2）R_1 两端的电压 $U_1 = R_1 I_1 = R_1 I = 2 \times 2 = 4\text{V}$。

因为 $U = U_1 + U_2 + U_3$，所以 R_3 两端的电压

$$U_3 = U - U_1 - U_2 = 20 - 4 - 6 = 10\text{V}$$

（3）电阻 $R_3 = \dfrac{U_3}{I_3} = \dfrac{10}{2} = 5\Omega$。

（4）等效电阻 $R = R_1 + R_2 + R_3 = 2 + 3 + 5 = 10\Omega$。

2.1.2 电阻的并联

将若干个电阻的一端共同连接在电路的一点上，把它们的另一端共同连接在电路的另一点上，

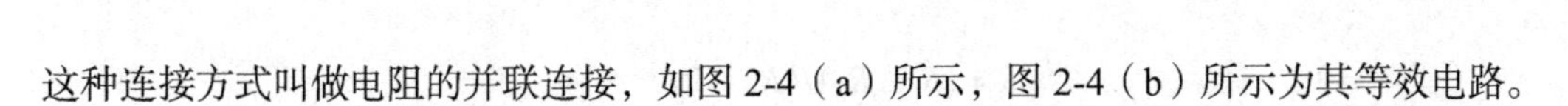

这种连接方式叫做电阻的并联连接，如图 2-4（a）所示，图 2-4（b）所示为其等效电路。

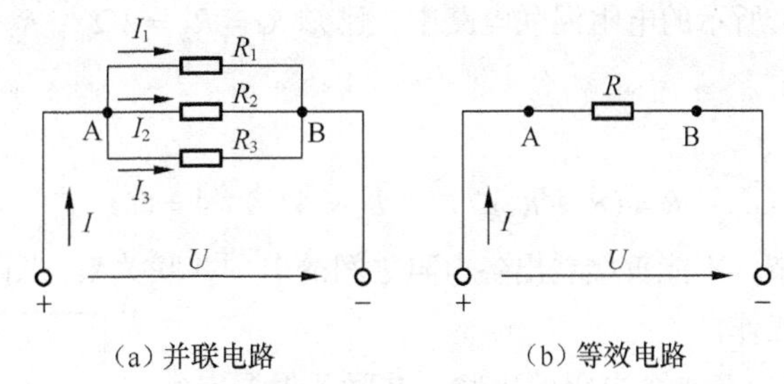

（a）并联电路　　（b）等效电路

图 2-4　电阻并联电路

由电阻并联的连接方式可以看出，所有并联电阻首端的电位相同、末端的电位也相同，所以并联电阻两端的电压（即电位差）相等。图 2-4 所示为，电阻 R_1、R_2、R_3 两端的电压 U_1、U_2、U_3 的关系为

$$U_1 = U_2 = U_3 = U$$

用万用表的电流挡分别测量通过电阻 R_1、R_2、R_3 的电流 I_1、I_2、I_3 以及干路电流 I，可以得到

$$I = I_1 + I_2 + I_3$$

并联电路中各并联电阻两端的电压相等，并联电路中电路的总电流等于通过各并联电阻的分电流之和。

由图 2-4 中可以知道

$$\left.\begin{array}{c} U_1 = U_2 = U_3 = U \\ U_1 = R_1 I_1 \\ U_2 = R_2 I_2 \\ U_3 = R_3 I_3 \\ U = RI \\ I = I_1 + I_2 + I_3 \end{array}\right\} \Rightarrow \frac{1}{R} = \frac{1}{R_1} + \frac{1}{R_2} + \frac{1}{R_3}$$

并联电路的总电阻（等效电阻）的倒数等于各电阻的倒数之和。

n 个电阻并联的电路中流经第 i 个电阻的电流为

$$I_i = \frac{U}{R_i} \tag{2-2}$$

流过各并联电阻的电流与其阻值成反比，即阻值越大的电阻分配到的电流越小，阻值越小的电阻分配到的电流越大，这就是并联电路的分流原理，通常把式（2-2）叫做电阻并联的分流公式。

并联电路的总功率 P 等于消耗在各并联电阻上的功率之和，且电阻越大消耗的功率越小。

通常电阻 R_1 和 R_2 并联后的等效电阻可以记作 $R = R_1 // R_2$。

2.1.3　电阻的混联

实际电路中的电阻既有串联又有并联的连接方式叫做电阻的混联，如图 2-5 所示。

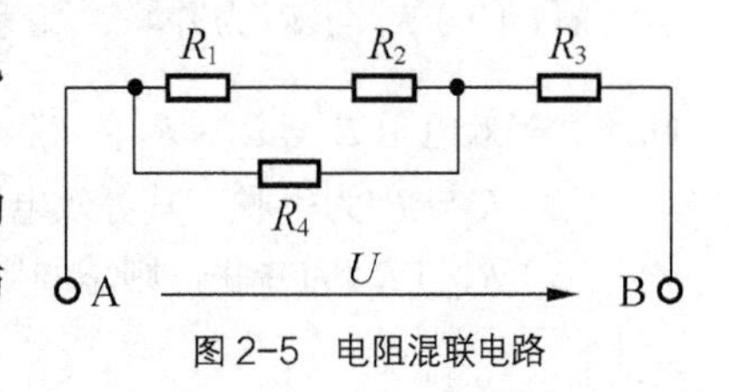

图 2-5　电阻混联电路

对混联电路，有的比较直观，可以直接看出各电阻之间的串、并联关系，图 2-5 所示为 R_1 与 R_2 串联后与 R_4 并联，再与 R_3 串联的电路，则其等效电阻可以写为

$$R = (R_1 + R_2) // R_4 + R_3$$

【例 2-3】 如图 2-5 所示的电阻混联电路中，已知 $R_1 = R_2 = 2\Omega$，$R_3 = 4\Omega$，$R_4 = 4\Omega$，求等效电阻 R。

解：

$$R = (R_1 + R_2) // R_4 + R_3 = 4 // 4 + 4 = 6\Omega$$

有的电路则比较复杂，不能直接看出各电阻之间的串、并联关系，图 2-6 所示为电阻混联电路，可以按照以下步骤操作。

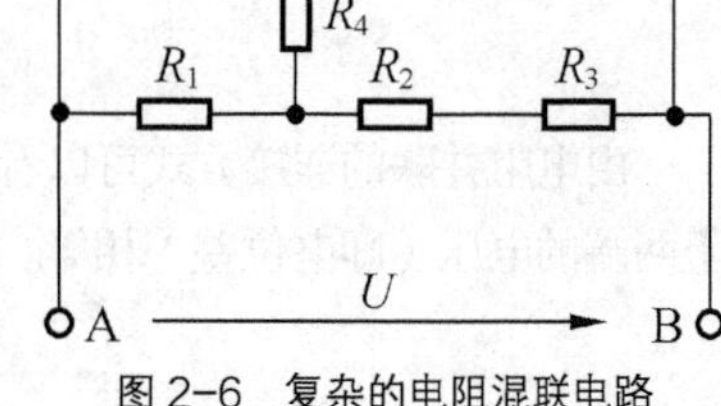

图 2-6 复杂的电阻混联电路

① 将混联电阻分解成若干个电阻的串联、并联，根据串并联的特点进行计算，分别求出它们的等效电阻。

② 用求出的等效电阻取代电路中的串联、并联电阻，得到混联电路的等效电路。

③ 若等效电路中仍是混联电路，继续按照步骤②化简，以得到不含支路的等效电路。

④ 根据欧姆定律、串联电路、并联电路的特点列方程进行计算。

【例 2-4】 图 2-7 所示为电阻混联电路，已知 $R_1 = R_4 = 4\Omega$，$R_2 = R_3 = 1\Omega$，$R_5 = 4\Omega$，求等效电阻 R。

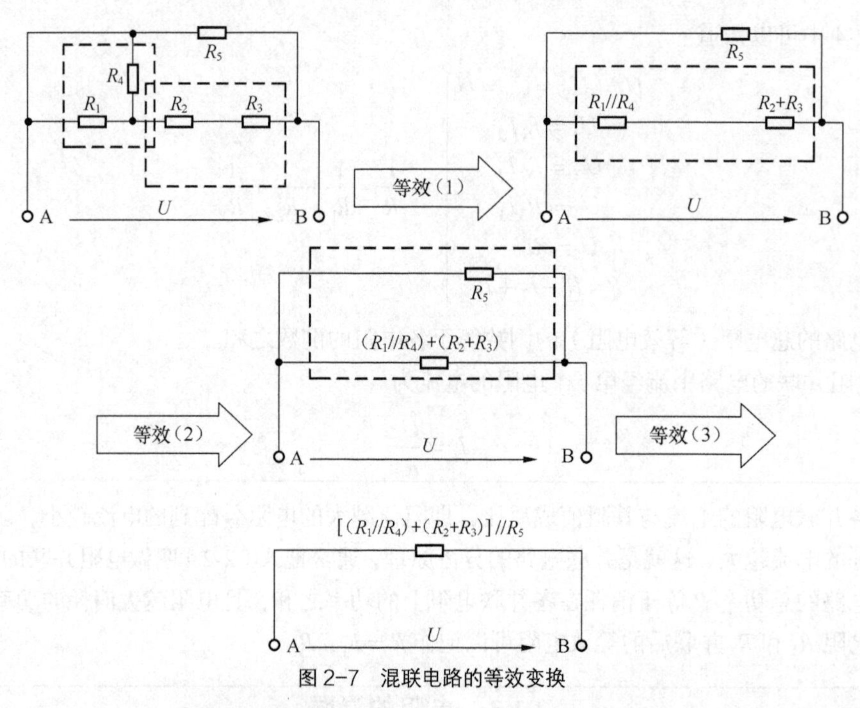

图 2-7 混联电路的等效变换

解：（1）R_1 与 R_4 为并联，其等效电阻 $R' = R_1 // R_4$，$R' = \dfrac{R_1 R_2}{R_1 + R_2} = \dfrac{4 \times 4}{8} = 2\Omega$；$R_2$ 与 R_3 为串联，其等效电阻 $R'' = R_2 + R_3$，$R'' = 1 + 1 = 2\Omega$。

（2）R' 与 R'' 为串联，其等效电阻为 $R''' = R' + R'' = 2 + 2 = 4\Omega$。

（3）R_5 与 R''' 为并联，则总的等效电阻为 $R = [(R_1 // R_4) + (R_2 + R_3)] // R_5$，带入得 $R = 2\Omega$。

2.2 基尔霍夫定律

运用欧姆定律、串联和并联关系式等分析计算一些简单电路是没有问题的，但对于一些包含两个或两个以上电源的复杂电路，由于无法准确判断电阻之间的连接关系和电流、电压方向，欧姆定律就无能为力了。

本节将介绍一个新的定律：基尔霍夫定律。基尔霍夫定律是电路中最基本的定律之一，是由德国科学家基尔霍夫于 1845 年提出的，它包含基尔霍夫电流定律和基尔霍夫电压定律两个内容，解决了复杂电路的计算问题。

2.2.1 电路结构名词

在介绍基尔霍夫定律之前，先来介绍几个有关电路结构的名词，准确理解这些名词对学习基尔霍夫定律是非常重要的。

（1）支路：由一个或几个元件串联组成的一段没有分支的电路叫做支路。图 2-8 中共有 aR_1R_4b、aR_2R_5b 和 aR_3b 三条支路。在一条支路上，通过各个元件的电流相等。

（2）节点：3 条或 3 条以上支路的连接点叫做节点。图 2-8 中共有 a 和 b 两个节点。

（3）回路：电路中的任一闭合路径叫做回路。图 2-8 中共有 aR_2R_5bR_3a、aR_3bR_4R_1a 和 aR_2R_5bR_4R_1a 三个回路。只有一个回路的电路叫做单回路电路。

（4）网孔：内部没有分支的回路叫做网孔，如图 2-8 所示，回路 aR_2R_5bR_3a 和 aR_3bR_4R_1a 中不含支路，是网孔。回路 aR_2R_5bR_4R$_1$a 中含有支路 aR_3b，不是网孔。

网孔一定是回路，但回路不一定是网孔。

【课外拓展】

试找出图 2-9 所示电路中的支路、节点、回路和网孔。

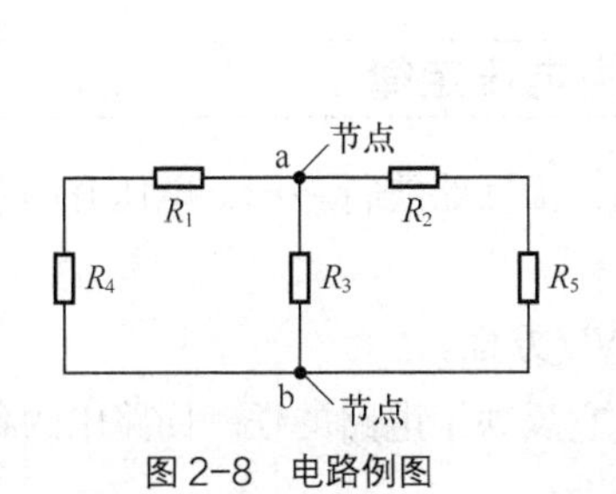

图 2-8 电路例图

图 2-9 课外拓展电路例图

2.2.2 基尔霍夫电流定律

基尔霍夫电流定律的基本内容为在任一瞬间，流入任一节点的电流之和恒等于流出这个节点的电流之和，即 $\sum I_{入} = \sum I_{出}$，如图 2-10 所示。

$\sum I_{入} = \sum I_{出}$ 称为节点电流方程，或写为 KCL 方程。

图 2-10 基尔霍夫电流定律示意图

基尔霍夫电流定律又叫做基尔霍夫第一定律，它反映了电路中连接在任一节点的各支路电流的关系。

对于图 2-11 所示电路中的节点 A，I_2、I_3、I_5 为流入节点电流，I_1、I_4 为流出节点电流，根据基尔霍夫电流定律可得出

$$I_2 + I_3 + I_5 = I_1 + I_4$$

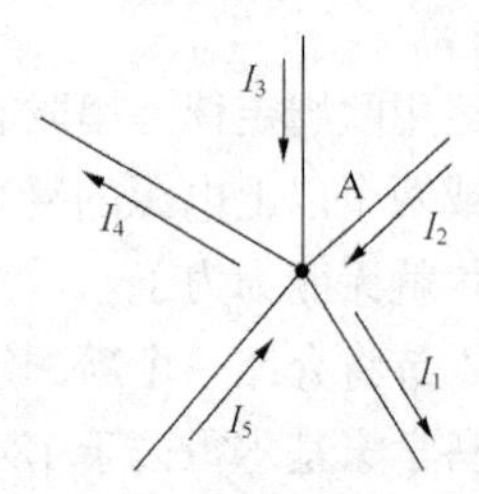

图 2-11 基尔霍夫电流定律应用例图

运用基尔霍夫电流定律时，应注意以下两点。

（1）在列写 KCL 方程时，应首先标明每一条支路电流的参考方向。当实际电流方向与参考方向相同时，电流为正值，否则为负值。

（2）基尔霍夫电流定律对于电路中的任一节点都适用，如果电路中有 n 个节点，就可以列写 n 个方程，通常只需列出 n−1 个方程就可以求解。

基尔霍夫电流定律还可以推广到电路中的任一闭合面，也就是说，不考虑闭合面内的电路结构，流入闭合面的电流恒等于流出闭合面的电流。图 2-12 所示为虚线框看做闭合面，在任一瞬间有

$$I_{\mathrm{A}} + I_{\mathrm{B}} + I_{\mathrm{C}} = 0$$

【例 2-5】 在图 2-13 中已知 I_1=4A、I_2=2A、I_3=−5A、I_4=3A、I_5=3A，求 I_6。

解：对节点 A，根据基尔霍夫电流定律有 $I_2 + I_3 + I_5 + I_6 = I_1 + I_4$，

则 $I_6 = I_1 + I_4 - I_2 - I_3 - I_5 = 4 + 3 - 2 - (-5) - 3 = 7\mathrm{A}$。

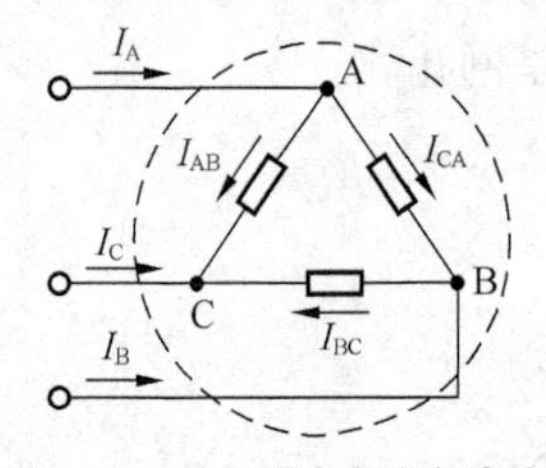

图 2-12 基尔霍夫电流定律的推广

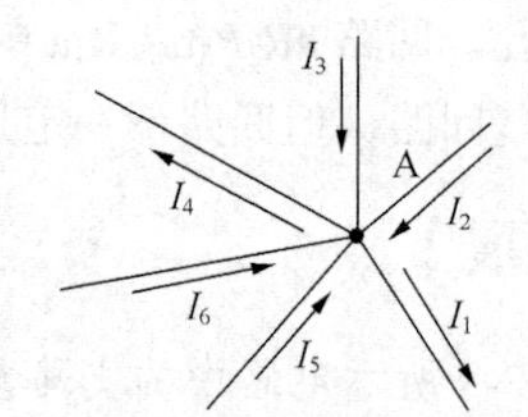

图 2-13 应用基尔霍夫电流定律例图

2.2.3 基尔霍夫电压定律

基尔霍夫电压定律的基本内容为：在任一瞬间，沿回路绕行一周，电压升的总和等于电压降的总和，即 $\sum U_{升} = \sum U_{降}$。

$\sum U_{升} = \sum U_{降}$ 称为回路电压方程，简写为 KVL 方程。

基尔霍夫电压定律又叫做基尔霍夫第二定律，它反映了电路的任一回路中的各段电压之间的关系。

对于图 2-14 所示的电路，绕行回路一周有

$$U_3 + U_2 = U_1 + U_4$$

在运用基尔霍夫电压定律时，应注意标明回路的绕行方向以及电压的参考方向，这是正确列写方程的前提。

如果电压的参考方向与回路的绕行方向一致，则认为是电压降的方向；如果电压的参考方向与绕行方向相反，则认为是电压升的方向。

对于运用基尔霍夫电压定律列写的方程，如果计算得到的电压值为正值，则该电压的实际方向与参考方向一致；如果计算得到的电压值为负值，则该电压的实际方向与参考方向相反。

基尔霍夫电压定律不但可用于任一闭合回路，还可以推广应用到任一不闭合的电路。图 2-15 所示的电路，B、E 两端开路，其电压方向如图 2-15 所示，则对回路 1 根据基尔霍夫电压定律可以写出 $E_2=U_{BE}+I_2R_2$。

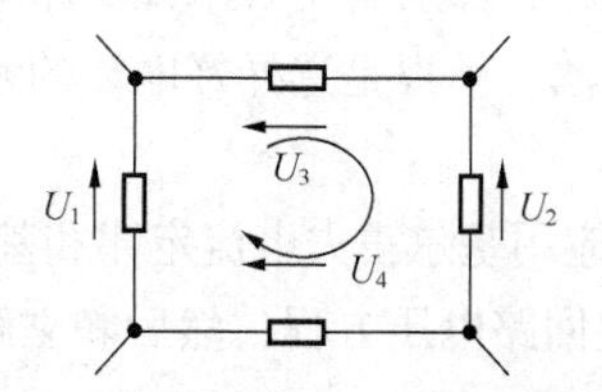

图 2-14 基尔霍夫电压定律的应用

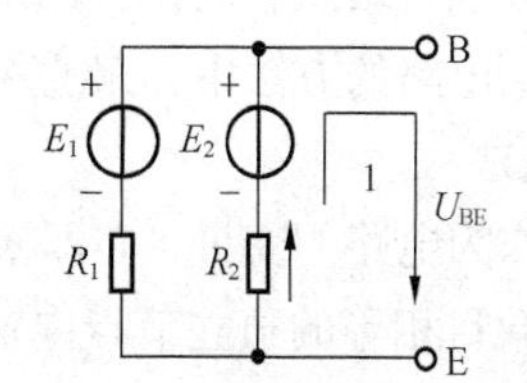

图 2-15 基尔霍夫电压定律的推广

在列写 KVL 方程时，需要把电动势当电压来处理，注意电动势和电压的方向是相反的。

【例 2-6】 图 2-16 所示的电路中，已知 $R_1=2\Omega$、$R_2=4\Omega$、$U_{S1}=12V$、$U_{S2}=6V$，求 a 点电位 V_a。

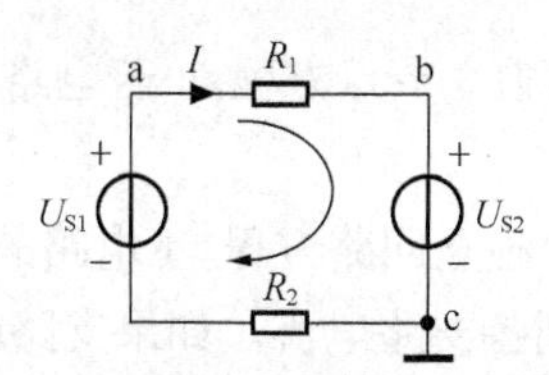

图 2-16 应用基尔霍夫电压定律例图

分析：由于 c 点为参考点，求解 V_a 实际就是求解 ac 间的电压 U_{ac}。

解：选定图 2-16 中标注的绕行方向，列出回路的 KVL 方程如下

$R_1I+U_{S2}+R_2I=U_{S1}$

则，$2I+6+4I-12=0$，$I=1A$。

$V_a=U_{ac}=U_{ab}+U_{bc}=2\times1+6=8V$

【历史资料】

基尔霍夫

G.R.Gustav Robert Kirchhoff（1824 年—1887 年），德国物理学家、化学家和天文学家。1824 年 3 月 12 日生于普鲁士的柯尼斯堡（今俄罗斯加里宁格勒），当基尔霍夫 21 岁在柯尼斯堡就读期间，根据欧姆定律总结出网络电路的两个定律（基尔霍夫电路定律），发展了欧姆定律，对电路理论做出了显著贡献。

基尔霍夫主要从事光谱、辐射和电学方面的研究。1859 年发明分光仪，与化学家 R.W.本生共同创立了光谱分析法，并用此法发现了元素铯（1860 年）和铷（1861 年）。他将光谱分析应用于太阳的组成上，将太阳光谱与地球上的几十种元素的光谱加以比较，从而发现太阳上有许多地球上常见的元素，如钠、镁、铜、锌、钡、镍等。基尔霍夫著有《理论物理学讲义》（1876 年—1894 年）和《光谱化学分析》（1895 年与 R.W.本生合著）等。

2.3 支路电流法

1. 定义

支路电流法是在计算复杂电路的各种方法中的一种最基本的方法。它通过应用基尔霍夫电流定律和电压定律分别对结点和回路列出所需要的方程组，然后解出各未知支路电流。

它是计算复杂电路的方法中，最直接最直观的方法，前提是选择好电流的参考方向。

2. 支路电流法

以支路电流作为电路的变量，亦即未知量，直接应用基尔霍夫电流定律和基尔霍夫电压定律，列出与支路电流数目相等的独立节点电流方程和独立回路电压方程，然后联立解出各支路的电流的一种方法。

3. 方法和步骤

（1）根据电路的支路数 m，确定待求的电流，选定并在电路图上标出各支路电流的参考方向，作为列写电路方程的依据。

（2）根据基尔霍夫电流定律列出独立节点方程。（若电路有 n 个节点，就能列出 n-1 个独立节点方程）

（3）根据基尔霍夫电压定律列出独立回路方程。（电路的独立回路数就是网孔数）

（4）将独立方程联立求解，得到各支路电流。如果支路电流的值为正，则表示实际电流方向与参考方向相同。

（5）根据电路的要求，求出其他待求量。

【例 2-7】 如图 2-17 所示电路，已知 $E_1 = 42\ \mathrm{V}$，$E_2 = 21\ \mathrm{V}$，$R_1 = 12\ \Omega$，$R_2 = 3\ \Omega$，$R_3 = 6\ \Omega$，试求：各支路电流 I_1、I_2、I_3。

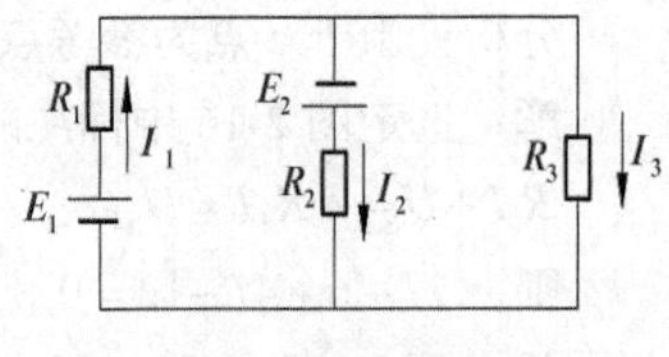

图 2-17 例题 2-7

解：该电路支路数 $b = 3$、节点数 $n = 2$，所以应列出 1 个节点电流方程和 2 个回路电压方程，并按照 $\Sigma RI = \Sigma E$ 列回路电压方程的方法：

（1） $$I_1 = I_2 + I_3$$ （任一节点）

该复杂电路有两个节点，为什么只列一个节点电流方程呢？因为另外一个节点的电流方程为 $I_2 + I_3 = I_1$，是非独立方程。

（2） $$R_1I_1 + R_2I_2 = E_1 + E_2$$ （网孔 1）

（3） $$R_3I_3 - R_2I_2 = -E_2$$ （网孔 2）

该复杂电路有三个回路，为什么只列两个回路电压方程呢？这是因为剩下那个回路的方程可以由这两个方程推导出来。

代入已知数据，解得：$I_1 = 4\ \mathrm{A}$，$I_2 = 5\ \mathrm{A}$，$I_3 = -1\ \mathrm{A}$。

电流 I_1 与 I_2 均为正数，表明它们的实际方向与图中所标定的参考方向相同，I_3 为负数，表明它们的实际方向与图中所标定的参考方向相反。

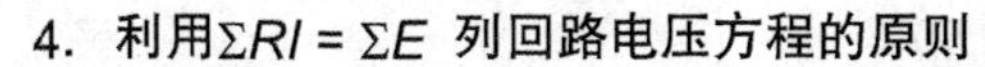

4. 利用$\Sigma RI = \Sigma E$ 列回路电压方程的原则

（1）标出各支路电流的参考方向并选择回路绕行方向（既可沿着顺时针方向绕行，也可沿着反时针方向绕行）；

（2）电阻元件的端电压为$\pm RI$，当电流 I 的参考方向与回路绕行方向一致时，选取“+”号；反之，选取“–”号；

（3）电源电动势为 $\pm E$，当电源电动势的标定方向与回路绕行方向一致时，选取“+”号，反之应选取“–”号。

2.4 叠加定理

叠加定理是线性电路普遍适用的一个基本定理，其内容是：在线性电路中，若存在多个电源共同作用，则电路中任一支路的电流或电压等于电路中各个电源单独作用时，在该支路产生的电流或电压的代数和。

电源单独作用是指当这个电源作用于电路时，其他电源都取为零，即电压源用短路替代，电流源用开路替代。

下面以一个例子来验证叠加定理的内容。

【例 2-8】 如图 2-18 所示，电路中有电压源 U_S 和电流源 I_S，求通过支路 R_2 的电流。

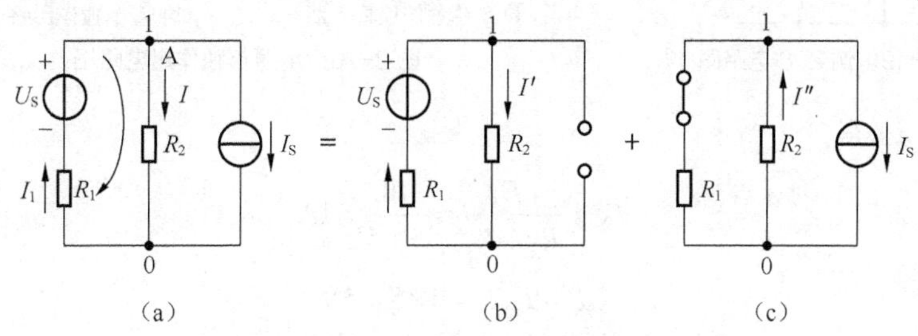

图 2–18 叠加原理应用例图

解：（1）当电压源 U_S 单独作用时，电路图如图 2-18（b）所示，则

$$I' = \frac{U_S}{R_1 + R_2}$$

（2）当电流源 I_S 单独作用时，电路图如图 2-18（c）所示，则

$$I'' = \frac{R_1}{R_1 + R_2} I_S$$

（3）求解图 2-18（a）中流经 R_2 的电流 I，设流经电阻 R_1 的电流为 I_1，则对节点 A 根据基尔霍夫电流定律有

$$I_1 = I + I_S$$

对图 2-18（a）所示的标注回路根据基尔霍夫电压定律，有

$$R_2 I + R_1 I_1 = U_S$$

联立两方程求解得

$$I=\frac{U_S-R_1I_S}{R_1+R_2}$$

对比(1)、(2)、(3)可以得出：$I=I'-I''$，注意到(b)、(c)中电流参考方向相反，则式 $I=I'-I''$ 验证了叠加原理的正确性。

由上可以看出，运用叠加定理可以将一个多电源的复杂电路分解为几个单电源的简单电路，从而使分析得到简化。

下面给出运用叠加定理求电路中支路电流的步骤。

① 将含有多个电源的电路分解成若干个仅含有一个电源的分电路，并标注每个分电路电流或电压的参考方向；单一电源作用时，其余理想电源应置为零，即理想电压源短路，理想电流源开路。

② 对每一个分电路进行计算，求出各相应支路的分电流、分电压。

③ 将求出的分电路中的电压、电流进行叠加，求出原电路中的支路电流、电压。

【例 2-9】 在图 2-19 中，已知 $E=10\text{V}$、$I_S=1\text{A}$、$R_1=10\Omega$、$R_2=R_3=5\Omega$，试用叠加原理求流过 R_2 的电流 I_2 和理想电流源 I_S 两端的电压 U_S。

解：将图 2-19 所示的电路图分解为电源单独作用的分电路图，如图 2-20（a）和图 2-20（b）所示。

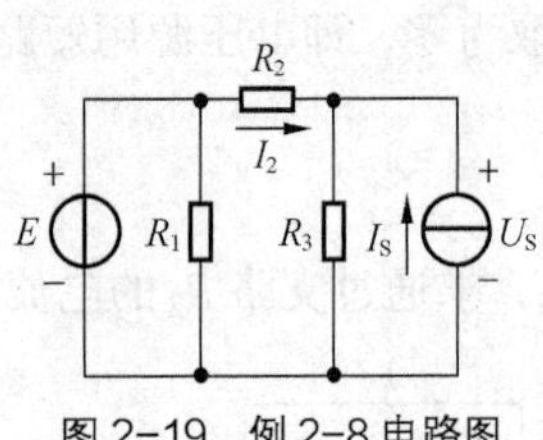

图 2-19　例 2-8 电路图

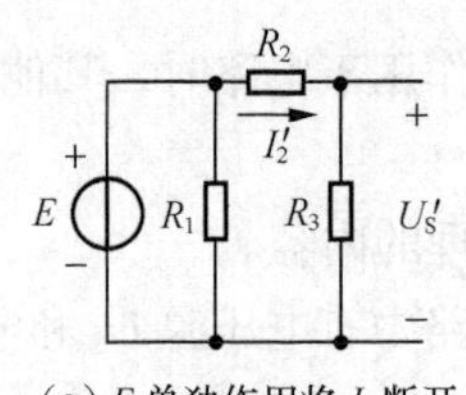

（a）E 单独作用将 I_s 断开

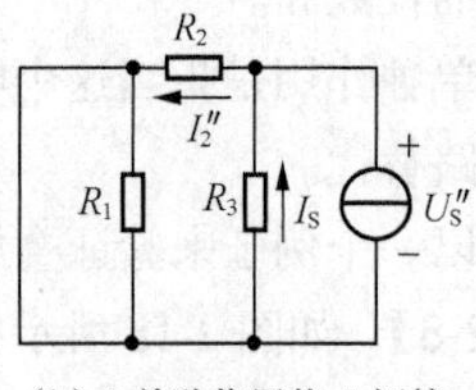

（b）I_s 单独作用将 E 短接

图 2-20　电源单独作用电路图

由图 2-20（a）得

$$I_2'=\frac{E}{R_2+R_3}=\frac{10}{5+5}=1\text{A}$$

$$U_S'=I_2'R_2=1\times5=5\text{V}$$

由图 2-20（b）得

$$I_2''=\frac{R_3}{R_2+R_3}I_S=\frac{5}{5+5}\times1=0.5\text{A}$$

$$U_S''=I_2''R_2=0.5\times5=2.5\text{V}$$

根据叠加定理得

$$I_2=I_2'-I_2''=1-0.5=0.5\text{A}$$

$$U_S=U_S'+U_S''=5+2.5=7.5\text{V}$$

运用叠加定理时，应注意以下几点。

① 叠加定理只适用于线性电路，而不适用于非线性电路。

② 在叠加的各个分电路中，不作用的电压源置零，指在电压源处用短路代替；不作用的电流源置零，指在电流源处用开路代替。

③ 保持原电路的参数及结构不变。

④ 叠加时注意各分电路的电压和电流的参考方向与原电路电压和电流的参考方向是否一

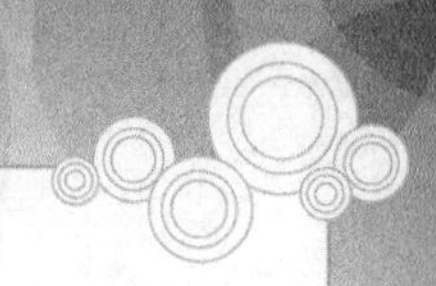

致，求其代数和。

⑤ 叠加定理不能用于计算功率。

2.5 戴维南定理

在一个复杂电路的分析中，有时只需要研究某一支路的电流、电压或功率，无需把所有的未知量都计算出来，若用一般的电路分析方法（如支路电流法）计算较麻烦。戴维南定理给出了求有源线性二端网络等效电源的普遍适用方法，可以方便地计算出复杂电路中某一支路的电流、电压或功率，同时戴维南定理还是电路分析中一个重要的定理和方法。

1. 戴维南定理的内容

对于外部电路来说，任何一个线性有源二端网络都可以用一个等效电压源模型来代替。等效电压源的电动势 E 等于该线性有源二端网络的开路电压 U_{OC}，其内阻 R_0 等于将该有源二端网络变成无源两端网络后的等效输入电阻。

2. 戴维南定理的图形描述

如图 2-21（a）所示，对外电路（如负载 R_L）来说，有源二端网络 N 可用等效电压源（恒压源 E 和内阻 R_0 串联支路）来代替，如图 2-21（b）所示。

将有源二端网络 N 与外电路（负载 R_L）断开，求出开路电压 U_{OC}，如图 2-21（c）所示，则等效电压源的电动势 $E = U_{OC}$。

将有源二端网络 N 中的恒压源短路、恒流源开路，可获得图 2-21（d）所示的无源二端网络，由此可求出等效电压源的内阻 R_0。

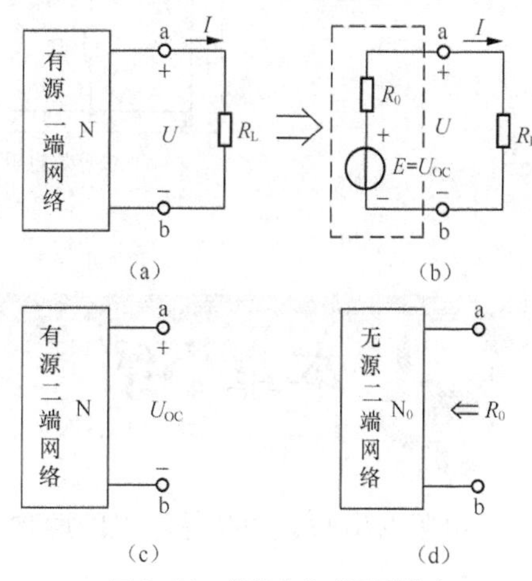

图 2-21 戴维南定理图形描述

3. 戴维南定理的解题步骤

下面结合实例说明应用戴维南定理计算某一条支路电路的解题步骤。

【例 2-10】 用戴维南定理求图 2-22（a）所示电路中的电流 I。

解：首先将电路分成有源二端网络和待求支路两部分。

如图 2-22（a）所示电路中，虚线框内为有源二端网络，3 Ω 电阻为待求电流支路。断开待求支路，求有源二端网络的开路电压 U_{OC}。

将图 2-22（a）所示电路的待求支路断开，得到有源二端网络，如图 2-22（b）所示。其开路电压 U_{OC} 为

$$U_{OC} = 2\times3+\frac{6}{6+6}\times24 = 6+12 = 18\text{V}$$

接着求有源二端网络除源后的等效电阻 R_0。

将图 2-22（b）中的电压源短路，电流源开路，得到除源后的无源二端网络，如图 2-22（c）所示，由图 2-22（c）可求得等效电阻 R_0 为

$$R_0 = 3 + \frac{6 \times 6}{6+6} = 3 + 3 = 6\Omega$$

最后将有源二端网络用一个等效电压源代替，画出其等效电路图，接上待求支路，求出待求支路的电流（电压或功率）。

根据求出的U_{OC}和R_0画出戴维南等效电路并接上待求支路，得到图 2-22（a）的等效电路，如图 2-22（d）所示。由图 2-22（d）可求出待求电流I为

$$I = \frac{18}{6+3} = 2\text{A}$$

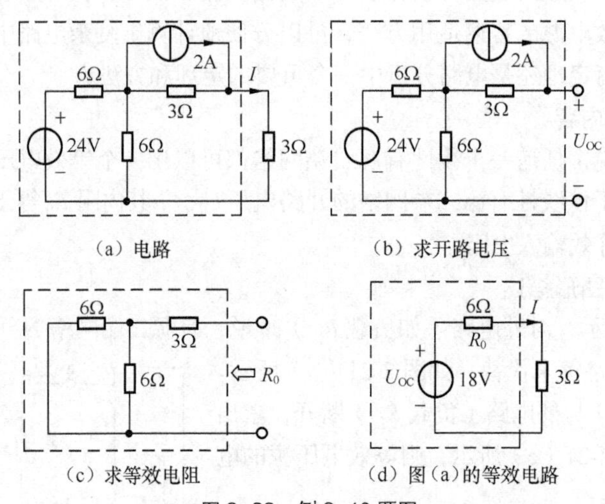

图 2-22　例 2-10 题图

本章小结

电阻的串联、并联是电阻的两种基本连接方式。在串、并联电路中存在如表 2-1 所示的关系。

表 2-1　　串、并联电路中的基本公式

		串联	并联
多个电阻	电压（U）	$U = U_1 + U_2 + U_3 + \cdots$	各电阻上电压相同
	等效电阻 R	$R = R_1 + R_2 + R_3 + \cdots$	$\frac{1}{R} = \frac{1}{R_1} + \frac{1}{R_2} + \frac{1}{R_3} + \cdots$
	电流 I	各电阻中电流相同	$I = I_1 + I_2 + I_3 + \cdots$
	功率 P	$P = P_1 + P_2 + P_3 + \cdots = I^2R_1 + I^2R_2 + I^2R_3 + \cdots$	$P = P_1 + P_2 + P_3 + \cdots = \frac{U^2}{R_1} + \frac{U^2}{R_2} + \frac{U^2}{R_3} + \cdots$

续表

		串联	并联
两个电阻	等效电阻 R	$R=R_1+R_2$	$R=\dfrac{R_1R_2}{R_1+R_2}$
	分压、分流公式	$\begin{cases}U_1=\dfrac{UR_1}{R_1+R_2}\\U_2=\dfrac{UR_2}{R_1+R_2}\end{cases}$	$\begin{cases}I_1=\dfrac{IR_1}{R_1+R_2}\\I_2=\dfrac{IR_2}{R_1+R_2}\end{cases}$

电阻混联电路是由电阻的串联与并联混合构成的，因此，计算混联电路时，首先求出电路的等效电阻，然后利用欧姆定律和串、并联电路的特点，求出各电阻上的电压、电流。

基尔霍夫电流定律反映了节点上各电流之间的约束关系，其表达式为$\sum I_入=\sum I_出$；基尔霍夫电压定律反映了回路中各元件电压之间的约束关系，其表达式为$\sum U=0$。

支路电流法是以支路电流为未知量，直接应用基尔霍夫定律求解复杂电路中各支路电流的方法。注意要写出足够的KCL、KVL独立方程。

叠加原理是线性电路普遍适用的重要定理。

叠加原理：当线性电路中有几个电源共同作用时，各支路的电流（或电压）等于各个电源单独作用时在该支路产生的电流（或电压）的代数和。

戴维南定理是线性电路普遍适用的重要定理。

戴维南定理：任何一个线性有源二端网络都可以用一个等效电压源模型来代替。等效电压源的电动势E等于该线性有源二端网络的开路电压U_{OC}，其内阻R_0等于将该有源二端网络变成无源两端网络后的等效输入电阻。

思考与练习题

一、填空题

1. 有一个表头，满偏电流I_g=100μA，内阻R_g=1kΩ。若要将其改装成量程为1A的电流表，需要并联________的分流电阻。

2. 电源电动势$E=4.5\text{ V}$，内阻$R_0=0.5\,\Omega$，负载电阻$R=4\,\Omega$，若电路中的电流为1A，则电路端电压U为________。

3. 线性电阻元件上的电压、电流关系任意瞬间都受________定律的约束，电路中各支路电流任意时刻均遵循________定律，回路上各电压之间的关系则受________定律的约束。这三大定律是电路分析中应牢固掌握的三大基本规律。

二、判断题

1. 电路分析中描述的电路都是实际中的应用电路。(　　)
2. 电压源和电流源等效变换前后电源内部是不等效的。(　　)
3. 实际电压源和电流源的内阻为零时，即为理想电压源和电流源。(　　)
4. 电源短路时输出的电流最大，此时电源输出的功率也最大。(　　)

5. 可以把 1.5V 和 6V 的两个电池串联后作为 7.5V 电源使用。(　　)

三、单项选择题

1. 已知电源电压为 12V，4 只相同的灯泡的工作电压都是 6V，要使灯泡都能正常工作，则灯泡应（　　）。

A. 全部串联　　B. 两只并联后与另两只串联

C. 两两串联后再并联　　D. 全部并联

2. 在 4 盏灯泡串联的电路中，除 2 号灯不亮外，其他 3 盏灯都亮。当把 2 号灯从灯座上取下后，剩下 3 盏灯仍亮，电路中出现了何故障？（　　）。

A. 2 号灯开路　　B. 2 号灯短路　　C. 无法判断

3. 直流电路中应用叠加定理时，每个电源单独作用时，其他电源应（　　）。

A. 电压源作短路处理　　B. 电压源作开路处理

C. 电流源作短路处理

4. R_1 和 R_2 为两个串联电阻，已知 $R_1 = 4R_2$，若 R_1 上消耗的功率为 1 W，则 R_2 上消耗的功率为（　　）。

A. 0.25W　　B. 5W　　C. 20W　　D. 4W

四、计算题

1. 在图 2-24 所示电路中，$R_1 = R_2 = R_3 = R_4 = R_5 = 12\Omega$，分别求 S 断开和 S 闭合时 A、B 间的等效电阻 R_{AB}。

2. 求如图 2-25（a）、（b）所示电路中的 U_1、U_2、U_3。

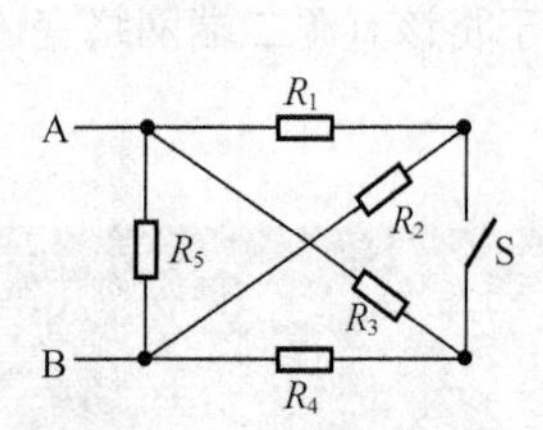

图 2-24　计算题 1 题图

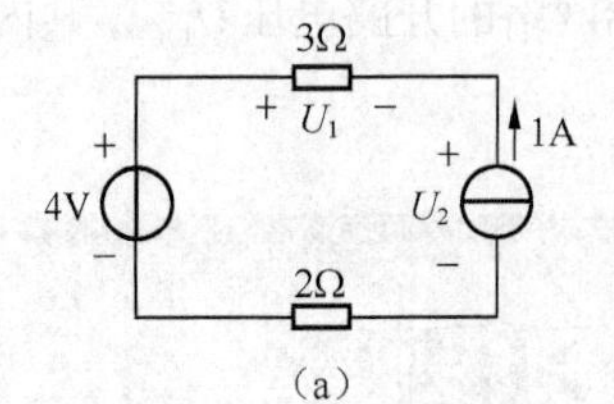

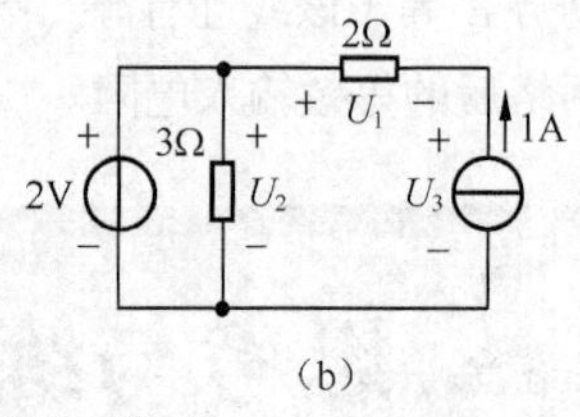

图 2-25　计算题 2 题图

模块三

电磁和电磁感应

磁与电有着密切的联系。本部分主要介绍磁场的物理量、磁性材料以及磁路的基本概念，磁场对电流的作用及电磁感应定律，变压器的基本结构和工作原理。

3.1 磁场和磁场线

在磁体的周围都存在着磁场，磁场和电场一样，也是一种特殊的物质，具有力和能的性质。

磁场可以用磁力线来描述。磁力线是在磁场中所画的一系列假想的有方向的曲线，曲线上每一点的切线方向就是该点的磁场方向，图 3-1 所示为条形磁铁的磁力线分布情况。

磁力线具有以下特点。

① 磁力线在磁体外部由 N 极出来，进入 S 极；在磁体内部由 S 极回到 N 极，组成不相交的闭合曲线。

② 磁力线不会彼此相交。

③ 磁力线的疏密反映了磁场的强弱。

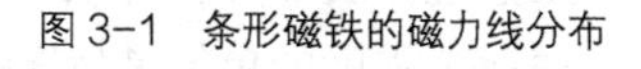

图 3-1 条形磁铁的磁力线分布

1. 电流的磁效应

磁铁并不是磁场的唯一来源，1820 年，丹麦物理学家奥斯特通过实验首先发现了电流也能产生磁场。

（1）通电直导线产生磁场

通电直导线的磁力线是以导体为圆心的同心圆，并且在与导体垂直的平面上。可以使用安培定则（右手螺旋定则）来判定直线电流产生的磁场方向，即右手握住导线，让伸直的大拇指指向电流的方向，则弯曲的四指所指的方向就是磁力线的方向，如图 3-2 所示。

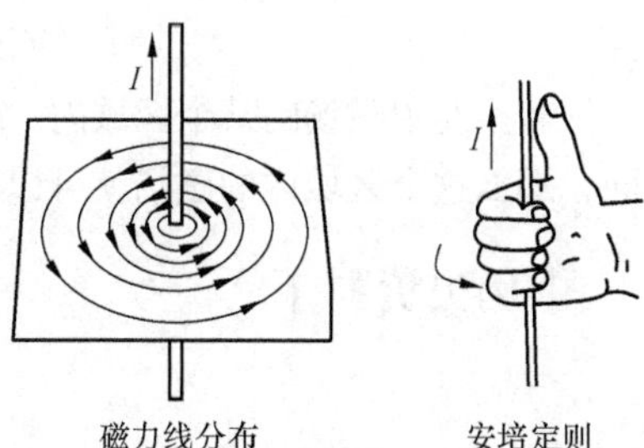

图 3-2 直线电流的磁场

（2）环形电流产生磁场

如图 3-3 所示，其磁力线是一系列围绕环形导线的闭合曲线。在环形导线的中心轴上，磁力线和环形导线平面垂直。环形电流产生磁场的方向也可以用安培定则判定，即让右手弯曲的四指指向与环形电流的方向一致，则伸直的大拇指所指方向就是磁力线方向。

（3）螺线管线圈产生磁场

如图 3-4 所示，把导线一圈圈地绕在空心圆筒上制成螺线管，通电后，由于每匝线圈产生的磁场相互叠加，因而内部能产生较强的磁场。通电螺线管的磁场与条形磁铁相似，一端为 N 极，一端为 S 极。磁力线的方向可以用另一种解释的安培定则来确定：用右手握住螺线管，让弯曲的四指所指的方向与电流的方向一致，那么大拇指所指的方向就是螺线管内部磁力线方向。

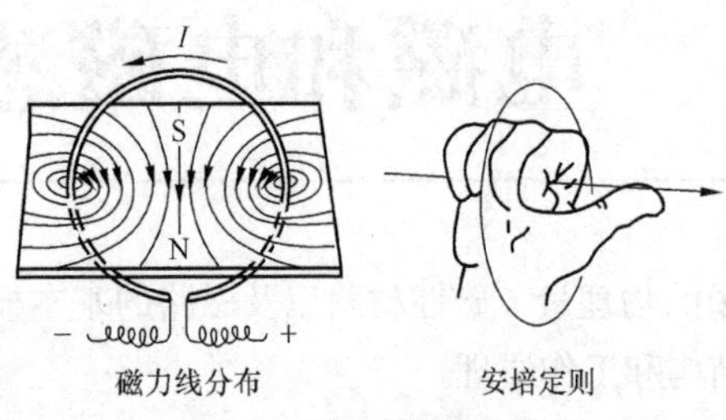

图 3-3　环形电流的磁场

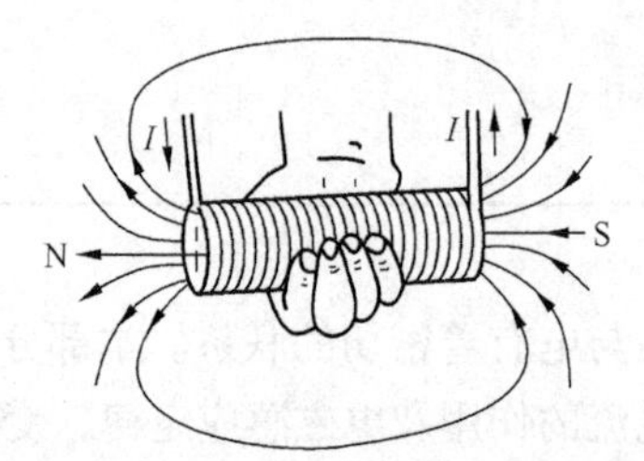

图 3-4　通电螺线管的磁场

3.2 磁场的基本物理量

3.2.1 磁感应强度

磁感应强度是用来描述磁场中某点的磁场大小和方向的物理量，用 B 表示。

在磁场中的某一点放置一段长度为 l，通电电流为 I 的导体，且使导体与磁场方向垂直，若导体受到的磁场力大小为 F，则该点的磁感应强度大小为

$$B = \frac{F}{Il}$$

磁感应强度的方向与该点的磁场方向一致。

磁感应强度的单位是特斯拉，简称为特（T）。在实际应用中，国际单位制还经常用高斯（Gs）作为磁感应强度的单位，注意

$$1\text{Gs} = 10^{-4}\text{T}$$

若空间中磁场的某个区域内，每一点的磁感应强度的大小相等且方向相同，那么这个区域内的磁场就可以称为匀强磁场，如图 3-5 所示。

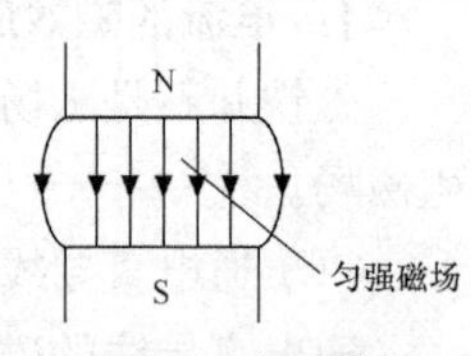

图 3-5　匀强磁场

【历史资料】

特斯拉

特斯拉，1856 年 7 月 10 日出生于克罗地亚的史密里安，后加入美国国籍，发明了交流发电机、高频发电机和高频变压器。1893 年，他在芝加哥举行的世界博览会上用交流电做了出色的表演，并用他制成的“特斯拉线圈”证明了交流电的优点和安全性。1889 年，特斯拉在美国哥伦比

亚实现了从科罗拉多斯普林斯至纽约的高压输电实验。从此，交流电开始进入实用阶段。此后，他还从事高频电热医疗器械、无线电广播、微波传输电能及电视广播等方面的研制。

为表彰他早在1896年—1899年实现200kV、架空57.6m的高压输电成果，以及制成著名的特斯拉线圈和在交流电领域的贡献，用他的名字作为磁感强度的单位。

3.2.2 磁通

磁通是描述磁场中某个面上的磁场情况的物理量，用符号Φ来表示。当匀强磁场垂直于磁通面时，磁通等于磁感应强度与面积的乘积，即

$$\Phi = BS \tag{3-1}$$

磁通的单位是韦（伯）（Wb）。

【阅读材料】

韦伯

韦伯，1804年生，德国物理学家。1832年韦伯协助高斯提出磁学量的绝对单位。1833年又与高斯合作发明了世界上第一台有线电报。韦伯还发明了许多电磁仪器，如双线电流表、电功率表、地磁感应器等。韦伯提出了电磁作用的基本定律，将库仑静电定律、安培电动力定律和法拉第电磁感应定律统一在一个公式中，用他的名字命名为磁通量的国际单位。

3.2.3 磁导率

在图3-6所示的实验中，在通电螺旋管中插入铜棒去吸引铁屑时，可观察到只有少量铁屑被吸起；当插入铁棒去吸引铁屑时，可观察到有大量铁屑被吸起，磁场力增大了很多。这表明：磁场的强弱不仅与电流和导体的形状有关，还与磁场中媒介质的导磁性能有关。

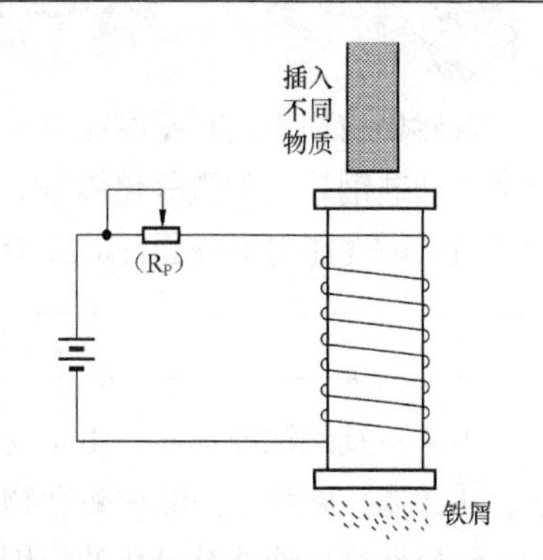

图3-6　通电螺旋管中插入不同物质的实验

媒介质导磁性能的强弱用磁导率μ来表示，μ的单位是亨每米（H/m）。不同的媒介质有不同的磁导率。

真空中的磁导率μ_0是个常数，由实验测定

$$\mu_0 = 4\pi \times 10^{-7}\,\mathrm{H/m}$$

与电介质的介电常数类似，媒介质的磁导率也引入相对磁导率的概念：任一媒介质的磁导率μ与真空的磁导率μ_0的比值，即

$$\mu_r = \frac{\mu}{\mu_0} \tag{3-2}$$

相对磁导率是个倍率，没有单位。表3-1所示为常用铁磁性材料的相对磁导率。

表 3-1　常用铁磁性材料的相对磁导率

铁磁物质	相对磁导率μ_r	铁磁物质	相对磁导率μ_r
铝硅铁粉芯	2.5 ~ 7	软钢	2180
镍锌铁氧体	10 ~ 1000	已退火的铁	7000
锰锌铁氧体	300 ~ 5000	变压器硅钢片	7500
钴	174	在真空中熔化的电解体	12950
未经退火的铸铁	240	镍铁合金	60000
已经退火的铸铁	620	C 型碳莫合金	115000
镍	1120		

3.2.4　磁场强度

磁感应强度 B 的大小不仅与导体形状和通过的电流有关，还与周围介质有关。为方便计算，引入了磁场强度这个物理量来描述磁场的性质。磁场强度的大小仅与导体形状和通过的电流有关，与磁场中的媒介质性质无关。

用磁感应强度 B 与媒介质磁导率μ的比值来定义该点的磁场强度，用 H 来表示，即

$$H = \frac{B}{\mu} \tag{3-3}$$

H 的单位是安每米（A/m），工程技术中常用的单位还有安每厘米（A/cm）等。

3.3　铁磁性材料

自然界的物质按其磁性能可分为弱磁性物质和铁性物质，其中铁磁材料包括铁、钴、镍及其合金（即硅钢片）和铁氧化体等。它是制造变压器、电机及电器等各种电气设备的主要材料，磁性材料的磁性能对电磁器件的性能和工作状态有很大影响。

3.3.1　铁磁性材料的磁化

本来不具磁性的物质，由于受磁场的作用而具有了磁性的现象叫做该物质被磁化。只有铁磁性物质才能被磁化，而非铁磁性物质是不能被磁化的。

铁磁性物质能够被磁化的内因，铁磁性物质是由许多被叫做磁畴的磁性小区域所组成的，每一个磁畴相当于一个小磁铁，在无外磁场作用时，磁畴排列杂乱无章，如图 3-7（a）所示，磁性互相抵消，对外不显磁性。但在外磁场的作用下，磁畴就会沿着磁场的方向做取向排列，形成附加磁场，从而使磁场显著增强，如图 3-7（b）所示。有些铁磁性物质在去掉外磁场以后，磁畴的一部分或大部分仍然保持取向一致，对外仍显示磁性，这就成了永久磁铁。

铁磁性物质被磁化的性能，广泛地应用于电子和电气设备中。例如，变压器、继电器、电机等，采用相对磁导率高的铁磁性物质作为绕组的铁心，可使同样容量的变压器、继电器和电机的体积大大缩小，质量大大减轻；半导体收音机的天线线圈绕在铁氧体磁棒上，可以提高收音机的灵敏度。

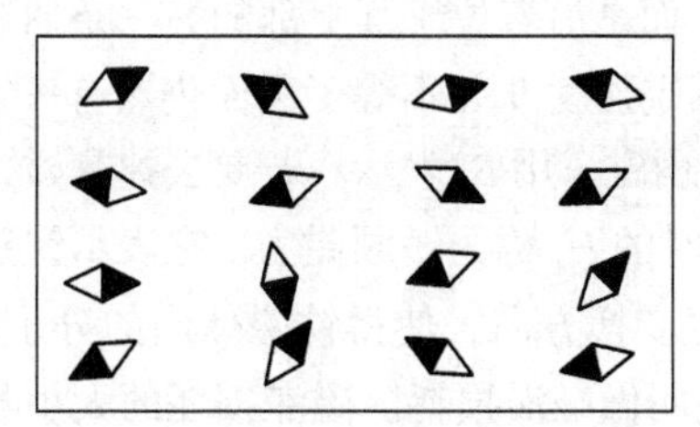
（a）无外磁场

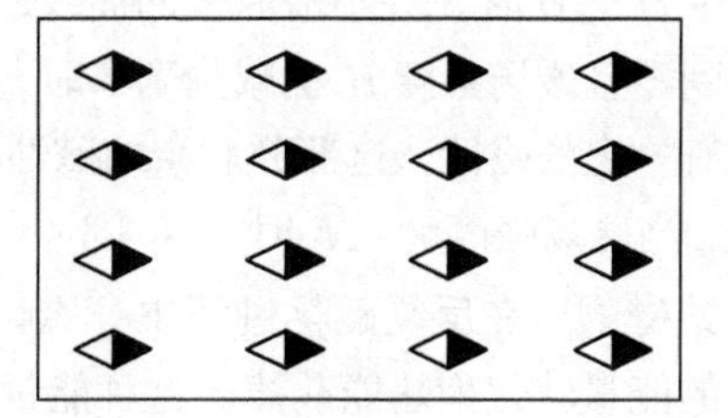
（b）有外磁场

图 3-7　磁畴的排列

各种铁磁性物质，由于其内部结构不同，磁化后的磁性各有差异，下面通过分析磁化曲线来了解各种铁磁性物质的特性。

3.3.2　磁化曲线

铁磁材料的磁饱和性体现在因磁化而产生的磁感应强度 B_J 不会随着外磁场的增强而无限制的增强。当外磁场或励磁电流增大到一定值时，几乎所有的磁畴都与外磁场方向一致，附加磁场就不再随励磁电流的增加而继续增强，整个磁化磁场的磁感应强度 B_J 接近饱和而不再继续增加，如图 3-8 所示。

磁性材料的磁化特性可用磁化曲线 $B = f(H)$ 来表示，磁性材料的磁化曲线如图 3-8 所示。其中 B_0 是如果磁场内不存在磁性材料时的磁感应强度，将 B_0 直线和 B_J 曲线的纵坐标相加，得出 $B-H$ 磁化曲线。此曲线可分成 3 段：在 Oa 段，B 随 H 近似线性增加；ab 段的 B 增加较缓慢，增加速度下降；b 点以后，B 增加的很少，达到饱和状态。

当磁场中有磁性材料存在时，B 与 H 不成正比，磁性材料的磁导率 μ 不是常数，它将随着 H 的变化而变化，图 3-9 所示为 $\mu = f\left(H\right)$ 曲线。由于磁通 Φ 与磁感应强度 B 成正比，产生磁通的励磁电流 I 与 H 成正比，因此在有磁性材料的情况下，磁通 Φ 与励磁电流 I 也不成正比，对于不同的磁性材料，其磁化曲线也不相同。

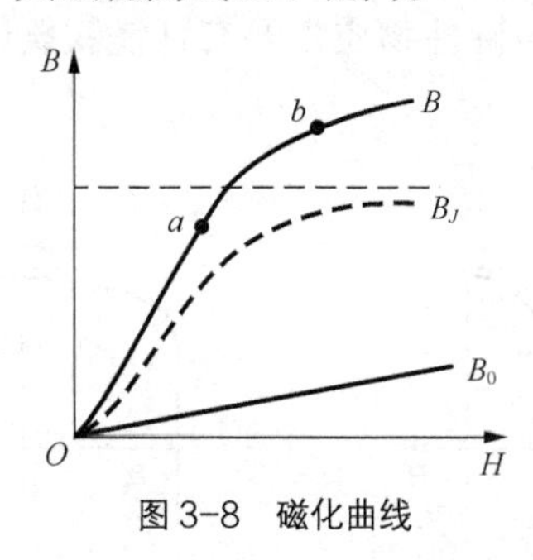

图 3-8　磁化曲线

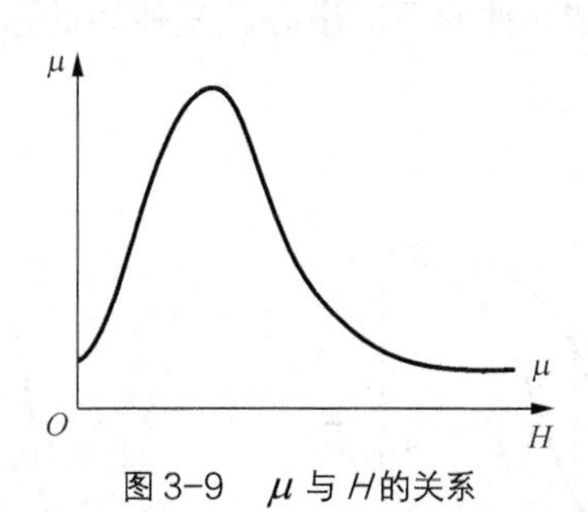

图 3-9　μ 与 H 的关系

3.3.3　磁滞回线

铁磁材料在交变磁场中反复磁化时，磁感应强度的变化滞后于磁场强度的变化，这种现象称为磁性材料的磁滞性。此时，表示磁感应强度 B 与磁场强度 H 变化关系的封闭曲线称为磁滞回线。

由图 3-10（或图 3-11）可见，当铁磁材料被磁化，磁场强度 H 由零增加到某值（$H = +H_m$）

后，如果减少 H，此时 B 并不沿原来的曲线返回，而是沿着位于其上部的另一条曲线减弱。当线圈电流减小到零且磁场强度 H 也减少到零时，磁感应强度 B 并不等于零而仍然有一定的值，磁性材料仍然保有一定的磁性，这部分剩余的磁性称为剩磁，用 B_r 表示。若要去掉剩磁，应使铁磁材料反向磁化，当磁场强度为 $-H_c$ 时，B 才为零，此时的 H_c 称为矫顽磁力。它表示铁磁材料反抗退磁的能力。铁磁物质在反复磁化过程中，磁畴反复变换方向，使得铁磁体内的分子热运动加剧，需消耗一定的能量转化为热能散掉。这种能量损失叫做磁滞损耗。磁滞损耗的大小与磁滞回线的面积成正比。

3.3.4 铁磁性物质的分类

铁磁性物质根据磁滞回线的形状可以分为软磁性物质、硬磁性物质和矩磁性物质 3 大类。

（1）软磁性物质

软磁性物质的磁滞回线窄而陡，回线所包围的面积比较小，如图 3-10 所示。因而在交变磁场中的磁滞损耗小，比较容易磁化，但撤去外磁场，磁性基本消失，即剩磁和矫顽磁力都较小。

这种物质适用于需要反复磁化的场合，可以用来制造电机、变压器、仪表和电磁铁的铁心。软磁性物质主要有硅钢、坡莫合金（铁镍合金）和软磁铁氧体等。

（2）硬磁性物质

硬磁性物质的磁滞回线宽而平，回线所包围的面积比较大，如图 3-11 所示。因而在交变磁场中的磁滞损耗大，必须用较强的外加磁场才能使它磁化，但磁化以后撤去外磁场，仍能保留较大的剩磁，而且不易去磁，即矫顽磁力也较大。

这种物质适合于制成永久磁铁。硬磁性物质主要有钨钢、铬钢、钴钢和钡铁氧体等。

（3）矩磁性物质

这是一种具有矩形磁滞回线的铁磁性物质，如图 3-12 所示。它的特点是当很小的外磁场作用时，就能使它磁化并达到饱和，去掉外磁场时，磁感应强度仍然保持与饱和时一样。计算机中作为存储元件的环形磁心就是使用的这种物质。矩磁性物质主要有锰镁铁氧体和锂锰铁氧体等。

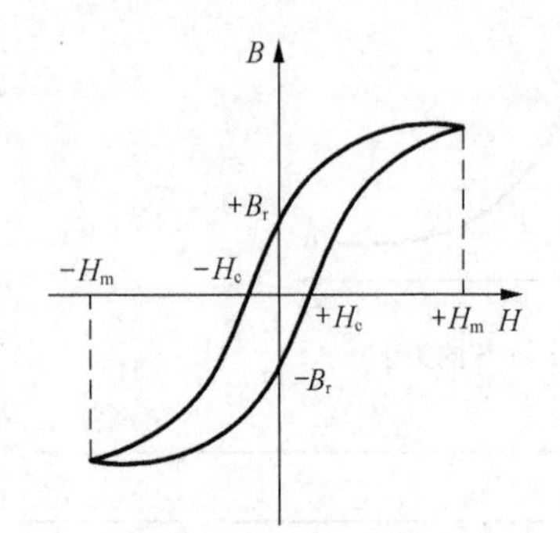

图 3-10　软磁材料的磁滞回线

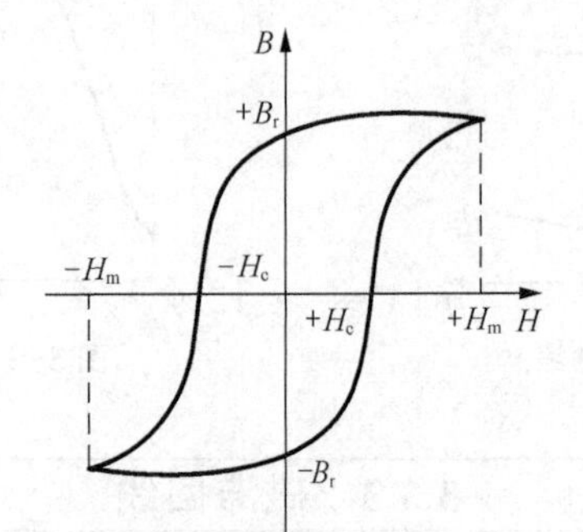

图 3-11　硬磁材料的磁滞回线

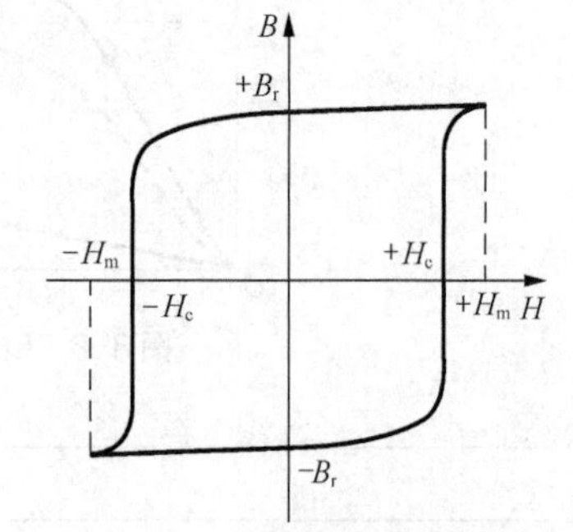

图 3-12　矩磁材料的磁滞回线

此外，还有压磁性物质。它是一种磁致伸缩效应比较显著的铁磁性物质。在外磁场的作用下，磁体的长度会发生改变，这种现象就叫做磁致伸缩效应。如果外加交变磁场，则磁致伸缩效应会使这种物质产生振动。压磁性物质可用来制造超声波发生器和机械滤波器等。

3.4 磁路的基本概念

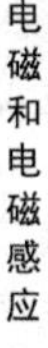

3.4.1 磁路

在图 3-13 中，当线圈中通以电流后，大部分磁感线（磁通）沿铁心、衔铁和工作气隙构成回路，这部分磁通叫做主磁通。还有一小部分磁通，它们没有经过工作气隙和衔铁，而经空气自成回路，这部分磁通叫做漏磁通。

磁通经过的闭合路径叫做磁路。磁路也像电路一样，分为无分支磁路（见图 3-13）和有分支磁路（见图 3-14）。在无分支磁路中，通过每一个横截面的磁通都相等。

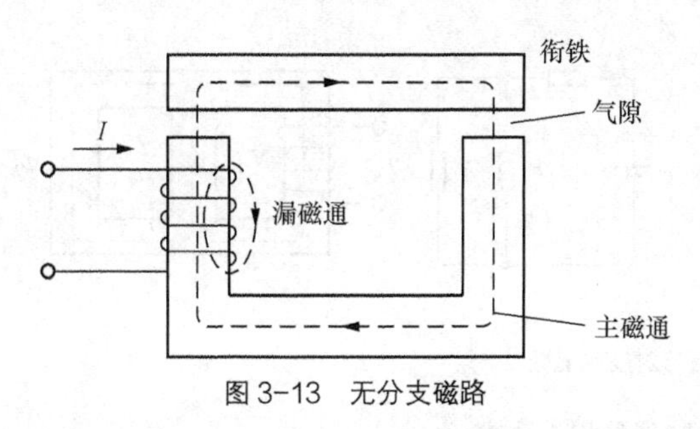

图 3-13　无分支磁路

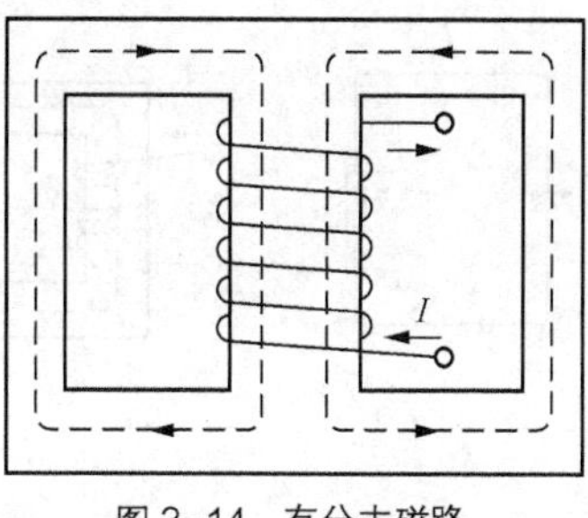

图 3-14　有分支磁路

3.4.2 磁路的基本概念

（1）磁动势

通电线圈要产生磁场，磁场的强弱与什么因素有关呢？电流是产生磁场的原因，电流越大，磁场越强，磁通越多；通电线圈的每一匝都要产生磁通，这些磁通是彼此相加的（可用右手螺旋法则判定），线圈的匝数越多，磁通也就越多。因此，线圈所产生磁通的数目，随着线圈匝数和所通过的电流的增大而增加。换句话说，通电线圈产生的磁通与线圈匝数和所通过的电流的乘积成正比。

通过线圈的电流和线圈匝数的乘积，叫做磁动势（也称磁通势），用符号 E_m 表示，单位是 A（安）。如用 N 表示线圈的匝数，I 表示通过线圈的电流，则磁动势可写成

$$E_m = IN$$

（2）磁阻

电路中有电阻，电阻表示电流在电路中所受到的阻碍作用。与此类似，磁路中也有磁阻，表示磁通通过磁路时所受到的阻碍作用，用符号 R_m 表示。

与导体的电阻相似，磁路中磁阻的大小与磁路的长度 l 成正比，与磁路的横截面积 S 成反比，并与组成磁路的材料的性质有关，写成公式为

$$R_m = \frac{l}{\mu S} \tag{3-4}$$

式中，磁导率 μ 以 H/m 为单位，长度 l 和截面积 S 分别以 m 和 m^2 为单位，则磁阻 R_m 的单位就

是 1/H。

3.4.3 磁路的欧姆定律

由上述可知，通过磁路的磁通与磁动势成正比，而与磁阻成反比，其公式为

$$\Phi = \frac{E_{\mathrm{m}}}{R_{\mathrm{m}}} \tag{3-5}$$

式（3-5）与电路的欧姆定律相似，磁通对应于电流，磁动势对应于电动势，磁阻对应于电阻，故叫做磁路的欧姆定律。

从上面的分析可知，磁路中的某些物理量与电路中的某些物理量有对应关系，同时磁路中某些物理量之间与电路中某些物理量之间也有相似的关系。

如图 3-15 所示为相对应的两种电路和磁路，表 3-2 列出磁路与电路对应的物理量及其关系式。

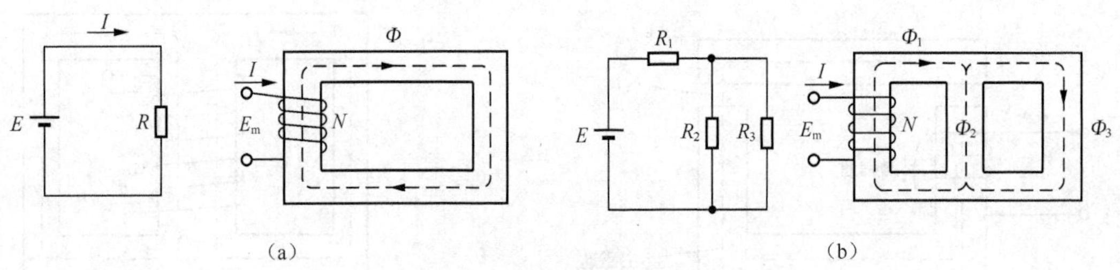

图 3-15 电路与对应的磁路

表 3-2 电路与磁路的 物理量和关系式

电路	磁路
电流 I	磁通 Φ
电阻 $R=\rho\frac{l}{S}$	电阻 $R_{\mathrm{m}}=\frac{l}{\mu S}$
电阻率 ρ	磁导率 μ
电动势 E	磁动势 $E_m = IN$
电路欧姆定律 $I=\frac{E}{R}$	磁路欧姆定律 $\Phi=\frac{E_{\mathrm{m}}}{R_{\mathrm{m}}}$

3.5 电磁感应

3.5.1 电磁感应现象

电磁感应是指因为磁通量变化产生感应电动势的现象。

电磁感应现象的发现，是电磁学领域中最伟大的成就之一。它不仅揭示了电与磁之间的内在联系，而且为电与磁之间的相互转化奠定了实验基础，为人类获取巨大而廉价的电能开辟了道路，在实用上有重大意义。电磁感应现象的发现，标志着一场重大的工业和技术革命的到来。事实证明，电磁感应在电工、电子技术、电气化、自动化方面的广泛应用对推动社会生产力和科学技术

的发展发挥了重要的作用。

实验一：如图 3-16 所示，固定于水平桌面上的金属框架 cdef，处在竖直向下的匀强磁场中，金属棒 ab 搁在框架上，可无摩擦滑动。由实验可知，当闭合回路中一部分导体在磁场中做切割磁感线运动时，回路中就有电流产生。

实验二：如图 3-17 所示，在一个空心纸筒上绕上一组和电流计联接的导体线圈，当磁棒插进线圈的过程中，电流计的指针发生了偏转，而在磁棒从线圈内抽出的过程中，电流计的指针则发生反方向的偏转，磁棒插进或抽出线圈的速度越快，电流计偏转的角度越大.但是当磁棒不动时，电流计的指针不会偏转。

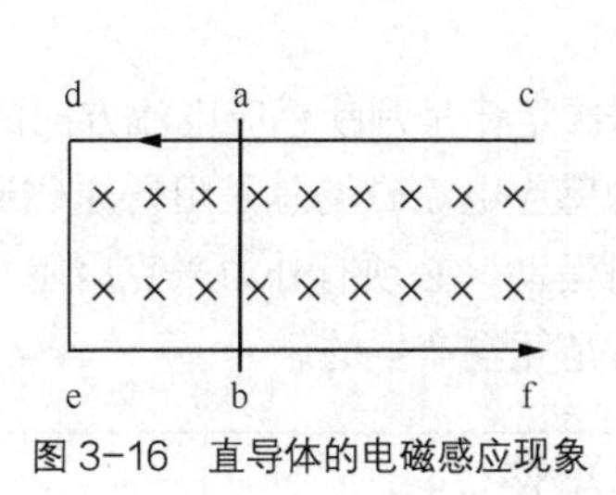

图 3-16　直导体的电磁感应现象

N
S
G

图 3-17　线圈中的电磁感应现象

实验表明：当穿过闭合线圈的磁通发生变化时，线圈中有电流产生。

在一定条件下，由磁产生电的现象，称为电磁感应现象，产生的电流叫感应电流。

电磁感应产生的条件是：闭合电路中的一部分导体与磁场发生相对运动（导体切割磁力线）；穿过闭合电路的磁通发生变化。不论用什么方法，只要穿过闭合电路的磁通量发生变化，闭合电路中就有电流产生。

若穿过没有闭合的回路的磁通发生了变化，则会产生感应电动势，而没有感应电流产生。

3.5.2　感应电流的方向

1. 右手定则

当闭合回路中一部分导体作切割磁感线运动时，所产生的感应电流方向可用右手定则来判断。

判断方法：伸开右手，使拇指与四指垂直，并都跟手掌在一个平面内，让磁感线穿入手心，拇指指向导体运动方向，四指所指的即为感应电流的方向，如图 3-18 所示。

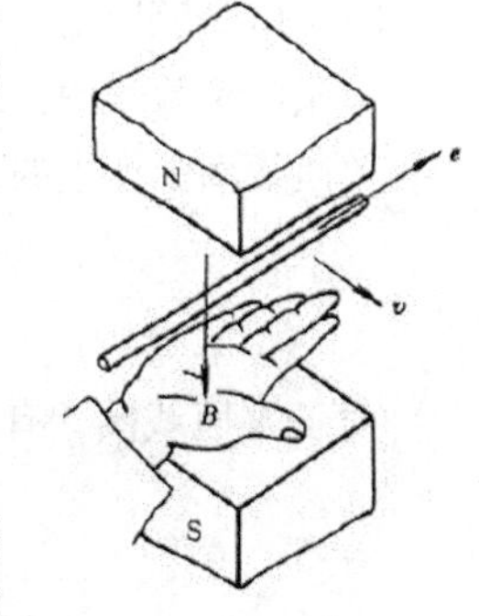

图 3-18　右手定则

电磁学中，右手定则判断的主要是与力无关的方向。为了方便记忆，并与左手定则区分，可以记忆成：左力右电（即左手定则判断力的方向，右手定则判断电流的方向）。或者左力右感、左生力右通电。

2. 楞次定律

通过实验发现：当磁铁插入线圈时，原磁通在增加，线圈所产生的感应电流的磁场方向总是与原磁场方向相反，即感应电流的磁场总是阻碍原磁通的增加；

当磁铁拔出线圈时，原磁通在减少，线圈所产生的感应电流的磁场方向总是与原磁场方向相同，即感应电流的磁场总是阻碍原磁通的减少。

因此，得出结论：当将磁铁插入或拔出线圈时，线圈中感应电流所产生的磁场方向，总是阻碍原磁通的变化。这就是楞次定律的内容。

根据楞次定律判断出感应电流磁场方向，然后根据安培定则，即可判断出线圈中的感应电流方向。

判断步骤：

$$\left.\begin{array}{l}\text{原磁场}B_1\text{方向}\\ \text{原磁通变化(增加或减少)}\end{array}\right\}\xrightarrow{\text{楞次定律}}\begin{array}{l}\text{感应电流磁场}B_2\text{方向}\\ \text{(与}B_1\text{相同或相反)}\end{array}\xrightarrow{\text{安培定则}}\text{感应电流方向}$$

3. 右手定则与楞次定律的一致性

右手定则和楞次定律都可用来判断感应电流的方向，两种方法本质是相同的，所得的结果也是一致的。

右手定则适用于判断导体切割磁感线的情况，而楞次定律是判断感应电流方向的普遍规律。

楞次定律符合能量守恒定律。由于线圈中所产生的感应电流磁场总是阻碍原磁通的变化，即阻碍磁铁与线圈的相对运动，因此要想保持它们的相对运动，必须有外力来克服阻力做功，并通过做功将其他形式的能转化为电能，即线圈中的电流不是凭空产生的。

3.5.3 电磁感应定律

1. 感应电动势

电磁感应现象中，闭合回路中产生了感应电流，说明回路中有电动势存在。在电磁感应现象中产生的电动势叫感应电动势。产生感应电动势的那部分导体，就相当于电源，如在磁场中切割磁感线的导体和磁通发生变化的线圈等。

感应电动势的方向。在电源内部，电流从电源负极流向正极，电动势的方向也是由负极指向正极，因此感应电动势的方向与感应电流的方向一致，仍可用右手定则和楞次定律来判断。

感应电动势与电路是否闭合无关。感应电动势是电源本身的特性，即只要穿过电路的磁通发生变化，电路中就有感应电动势产生，与电路是否闭合无关；若电路是闭合的，则电路中有感应电流，若外电路是断开的，则电路中就没有感应电流，只有感应电动势。

2. 电磁感应定律

（1）电磁感应定律的数学表达式

大量的实验表明：

单匝线圈中产生的感应电动势的大小，与穿过线圈的磁通变化率 $\Delta\Phi/\Delta t$ 成正比，即

$$E=\frac{\Delta\Phi}{\Delta t}$$

对于 N 匝线圈，有

$$E=N\frac{\Delta\Phi}{\Delta t}=\frac{N\Phi_2-N\Phi_1}{\Delta t}$$

式中，$N\Phi$ 表示磁通与线圈匝数的乘积，称为磁链，用 Ψ 表示。即

$$\Psi=N\Phi$$

于是对于 N 匝线圈，感应电动势为

$$E=\frac{\Delta\Psi}{\Delta t}$$

（2）直导线在磁场中切割磁感线

如图 3-19 所示，abcd 是一个矩形线圈，它处于磁感应强度为 B 的匀强磁场中，线圈平面和磁场垂直，ab 边可以在线圈平面上自由滑动。设 ab 长为 l，匀速滑动的速度为 v，在 Δt 时间内，由位置 ab 滑动到 a′b′，利用电磁感应定律，ab 中产生的感应电动势大小为

$$E=\frac{\Delta\Phi}{\Delta t}=\frac{B\Delta S}{\Delta t}=\frac{Blv\Delta t}{\Delta t}=Blv$$

即

$$E=Blv$$

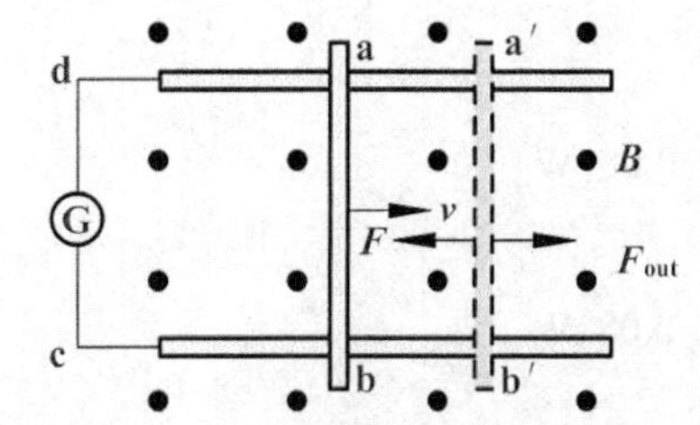

图 3-19　导体切割磁感线产生的感应电动势

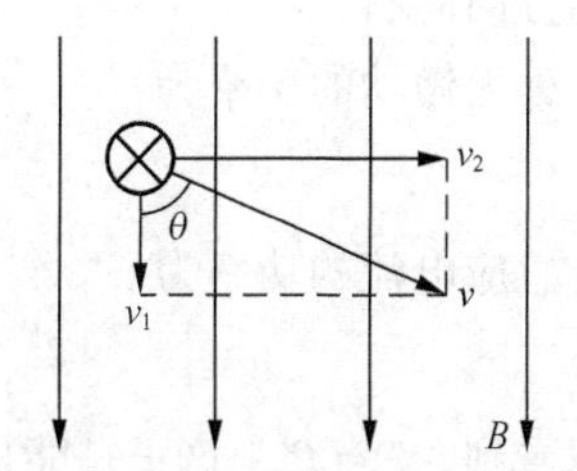

图 3-20　B 与 v 不垂直时的感应电动势

上式适用于 $v\perp l$　$v\perp B$ 的情况。

如图 3-20 所示，设速度 v 和磁场 B 之间有一夹角 θ。将速度 v 分解为两个互相垂直的分量 v_1、v_2，$v_1=v\cos\theta$ 与 B 平行，不切割磁感线；$v2=v\sin\theta$ 与 B 垂直，切割磁感线。因此，导线中产生的感应电动势为

$$E=B_1 v_2=B_1 v\sin\theta$$

上式表明，在磁场中，运动导线产生的感应电动势的大小与磁感应强度 B、导线长度 l、导线运动速度 v 以及运动方向与磁感线方向之间夹角的正弦 $\sin\theta$ 成正比。

用右手定则可判断 ab 上感应电流的方向。

若电路闭合，且电阻为 R，则电路中的感应电流为

$$I=\frac{E}{R}$$

3. 说明

（1）利用公式 $E=Blv$ 计算感应电动势时，若 v 为平均速度，则计算结果为平均感应电动势；若 v 为瞬时速度，则计算结果为瞬时感应电动势。

（2）利用公式 $E=\frac{\Delta\Phi}{\Delta t}$ 计算出的结果为 Δt 时间内感应电动势的平均值。

【例 3-1】　在图 3-19 中，设匀强磁场的磁感应强度 B 为 0.1 T，切割磁感线的导线长度 l 为 40 cm，向右运动的速度 v 为 5 m/s，整个线框的电阻 R 为 0.5 Ω，求：

（1）感应电动势的大小；

（2）感应电流的大小和方向；

（3）使导线向右匀速运动所需的外力；

（4）外力做功的功率；

（5）感应电流的功率。

解：（1）线圈中的感应电动势为$E = Blv = 0.1\times0.4\times5 = 0.2$ V

（2）线圈中的感应电流为$I = \dfrac{E}{R} = \dfrac{0.2}{0.5} = 0.4$ A

由右手定则可判断出感应电流方向为 *abcd*。

（3）由于 *ab* 中产生了感应电流，电流在磁场中将受到安培力的作用。用左手定则可判断出 *ab* 所受安培力方向向左，与速度方向相反，因此若要保证 *ab* 以速度 *v* 匀速向右运动，必须施加一个与安培力大小相等，方向相反的外力。所以，外力大小为

$$F = BIl = 0.1\times0.4\times0.4 = 0.016\ \text{N}$$

外力方向向右。

（4）外力做功的功率为

$$P = Fv = 0.016\times5 = 0.08\ \text{W}$$

（5）感应电流的功率为

$$P' = EI = 0.2\times0.4 = 0.08\ \text{W}$$

可以看到，$P = P'$，这正是能量守恒定律所要求的。

【例 3-2】 在一个 $B = 0.01$ T 的匀强磁场里，放一个面积为 0.001 m^2 的线圈，线圈匝数为 500 匝。在 0.1 s 内，把线圈平面从与磁感线平行的位置转过 90°，变成与磁感线垂直，求这个过程中感应电动势的平均值。

解：在 0.1 s 时间内，穿过线圈平面的磁通变化量为

$$\Delta\Phi = \Phi_2 - \Phi_1 = BS - 0 = 0.01\times0.001 = 1\times10^{-5}\ \text{Wb}$$

感应电动势为

$$E = N\frac{\Delta\Phi}{\Delta t} = 500\times\frac{1\times10^{-5}}{0.1} = 0.05\ \text{V}$$

3.6 磁场对通电导线的作用力

3.6.1 磁场对通电导线的作用力

把一小段通电导线垂直放入磁场中，根据通电导线受力 *F*、导线中的电流 *I* 和导线长度 *l* 定义了磁感应强度 $B=F/Il$。把这个公式变形，就得到磁场对通电导线的作用力为

$$F=BIl$$

严格来说，这个公式只适用于一小段通电导线的情形，导线较长时，导线各点所在处的磁感应强度 *B* 一般并不相同，就不能应用这个公式。不过，如果磁场是匀强磁场，这个公式就适用于长的通电导线。

如果电流方向与磁场方向不垂直，通电导线受到的作用力又是怎样的呢？电流方向与磁场方

向垂直时，通电导线受的力最大，其值由公式 $F=BIl$ 给出；电流方向与磁场方向平行时，通电导线不受力，即所受的力为零。知道了通电导线在这两种特殊情况下所受的力，不难求出通电导线在磁场中任意方向上所受的力。当电流方向与磁场方向间有一个夹角时，可以把磁感应强度 B 分解为两个分量：一个是和电流方向平行的分量，其大小为 $B_1=B\cos\theta$，另一个是和电流方向垂直的分量，其大小为 $B_2=B\sin\theta$ ，如图 3-121 所示。前者对通电导线没有作用力，通电导线受到的作用力完全是由后者决定的，即 $F=B_2Il$，代入 $B_2=B\sin\theta$，即得

$$F=BIl\sin\theta \tag{3-6}$$

式（3-6）即为电流方向与磁场方向成某一角度时作用力的公式。从这个公式可以看出：$\theta=\pi/2$ 时，力 F 最大；电流方向越偏离与磁场相垂直的方向时，即 θ 越小，力 F 也越小；当 $\theta=0$ 时，力 F 最小，等于零。

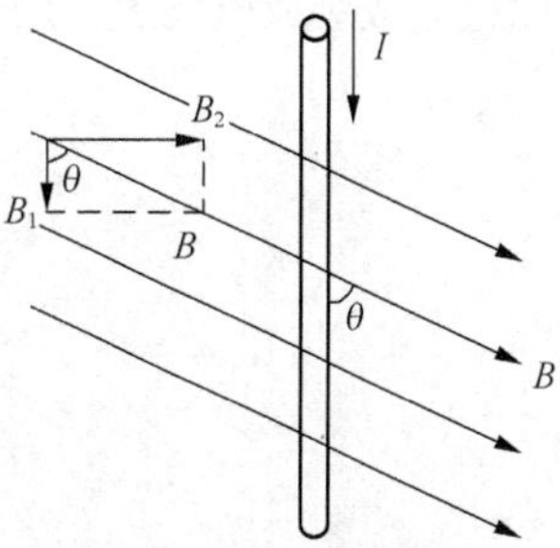

图 3-21　磁感强度的分解

应用式（3-6）进行计算时，各量的单位，应采用国际单位制，即 F 的单位为 N（牛），I 的单位为 A（安），l 的单位为 m（米），B 的单位为 T（特）。

式（3-6）给出了磁场力的大小，磁场力的方向是怎样的呢？根据实验可确定，磁场力的方向和磁场方向及电流方向均是垂直的，可用左手定则来判定：伸出左手，使大拇指与其余四个手指垂直，并且和手掌在一个平面内，让磁感线垂直进入手心，四指指向电流方向，这时手掌所在的平面与磁感线和导线所在的平面垂直，大拇指所指的方向就是通电导线在磁场中受力的方向。

若电流方向与磁场方向不是垂直的，仍可以用左手定则来判定磁场力的方向，只是这时磁感线是倾斜进入手心的。

3.6.2　电流表的工作原理

图 3-22 所示为放在匀强磁场中的通电线圈的受力情况。线圈是矩形的，它的平面与磁感线成一个角度。线圈顶边 da 和底边 bc 所受的磁场力 F_{da} 和 F_{bc}，大小相等，方向相反，彼此平衡，不会使线圈发生运动。作用在线圈两个侧边 ab 和 cd 上的力 F_{ab} 和 F_{cd}，虽然大小相等，方向相反，但它们形成力偶，产生力矩，使线圈绕竖直轴转动。线圈转动后，力 F_{ab} 和 F_{cd} 上的力臂越来越小，使线圈转动的力矩也越来越小。当线圈平面与磁感线垂直时，力臂为零，线圈受到的力矩也变为零。

常用的电流表就是根据上述原理工作的。这种电流表的构造如图 3-23 所示，在一个磁性很强的蹄形磁铁的两极间有一个固定的圆柱形铁心，铁心外面套有一个可以绕轴转动的铝框，铝框上绕有线圈，铝框的转轴上装有两个螺旋弹簧和一个指针。线圈两端分别接在这两个螺旋弹簧上，被测电流就是经过这两个弹簧通入线圈的。

蹄形磁铁和铁心间的磁场是均匀地辐向分布的，如图 3-24 所示，不管通电线圈转到什么角度，它的平面都与磁感线平行，因此，磁场使线圈偏转的力矩 M_1 就不随偏转角而改变。另一方面线圈的偏转使弹簧扭紧或扭松，则弹簧产生一个阻碍线圈偏转的力矩 M_2，线圈偏转的角度越大，弹簧的力矩 M_2 也越大，当 M_1 和 M_2 平衡时，线圈就停在某一偏转角上，固定在转轴上的指针也转过同样的偏转角，指到刻度盘的某一刻度。

磁场对通电导线的作用力与电流成正比，所以，电流表的通电线圈受到的力矩 M_1 也与被测的电流 I 成正比，即 $M_1=K_1I$，其中 K_1 是比例恒量。另一方面，弹簧产生的力矩 M_2 与偏角 θ 成正比，

即$M_2=K_2\theta$，其中K_2也是一个比例恒量。M_1和M_2平衡时，$K_1I=K_2\theta$，即$\theta=KI$，其中$K=K_1/K_2$，也是一个恒量。可见，测量时指针偏转的角度与电流成正比，这就是说，这种电流表的刻度是均匀的。

用永久磁铁来使通电线圈偏转的仪表叫做磁电式仪表。这种仪表的优点是刻度均匀，准确度高，灵敏度高，可以测出很弱的电流；缺点是价格较贵，对过载很敏感，如果通入的电流超过允许值，就很容易把表烧坏，这一点在使用时一定要特别注意。

根据电阻串联分压及并联分流原理，给微安表或毫安表并联一个阻值很小的分流电阻，就可以改装成电流表，用来测量较大的电流。给微安表或毫安表串联一个阻值很大的分压电阻，又可以把它改装成电压表，用来测量电压。电阻表也是用微安表或毫安表改装成的。

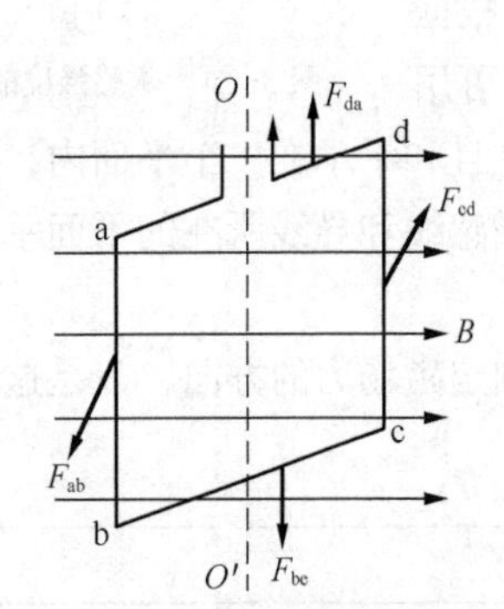

图 3-22 匀强磁场中通电线圈的受力情况

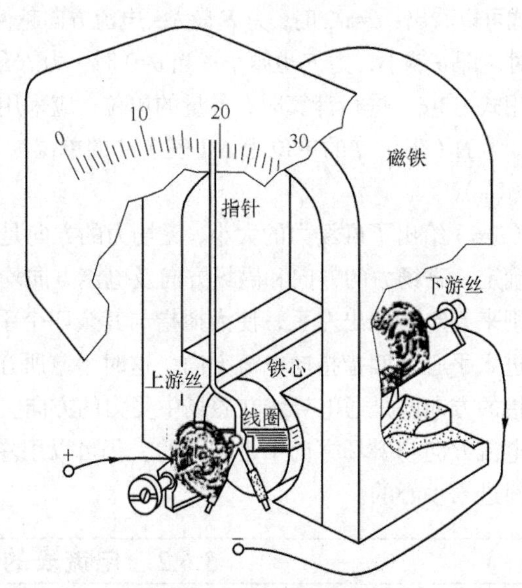

图 3-23 电流表的构造

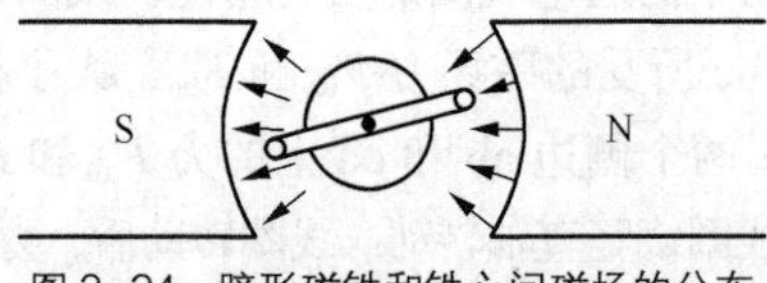

图 3-24 蹄形磁铁和铁心间磁场的分布

3.7 电感器和电感

3.7.1 电感器

电感器是电路的 3 种基本元件之一，用符号L表示。用导线绕制而成的线圈就是一个电感器，如图 3-25 所示。电流通过电感线圈时产生磁场，磁场具有能量，所以电感器与电容器一样，也是一种储能元件。

电感器分为空心线圈（如空心螺线管等）和铁心线圈（如日光灯镇流器等）两种，其图形符号如图 3-26（a）和图 3-26（b）所示。

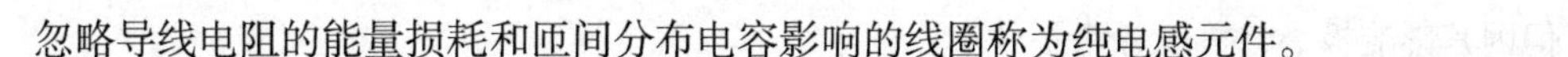

忽略导线电阻的能量损耗和匝间分布电容影响的线圈称为纯电感元件。

实际电感线圈若其导线电阻 R 不能忽略，则可以用电阻 R 与纯电感 L 串联来等效表示，如图 3-26（c）所示。

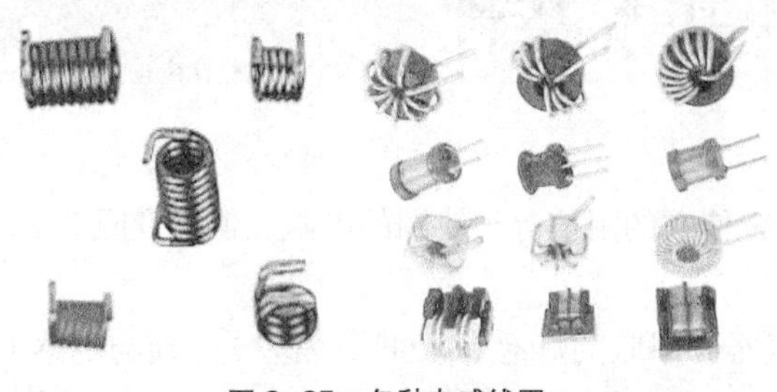

图 3-25　各种电感线圈

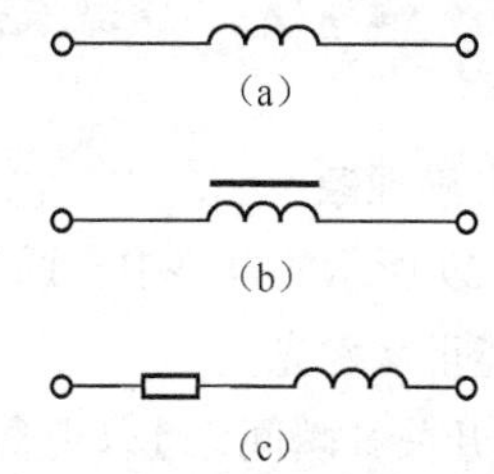

图 3-26　电感的几种表示方法

3.7.2　电感

如图 3-27 所示，当电流 I 通过有 N 匝的线圈时，在每匝线圈中产生磁通量 Φ，则该线圈的磁链 Ψ 定义为

$$\Psi = N\Phi \tag{3-7}$$

磁通量和磁链的单位都是韦伯（Wb）。

上述线圈的磁通量和磁链是由流过线圈本身的电流所产生的，并随线圈的电流变化而变化，因此将它们分别称为自感磁通 Φ_L 和自感磁链 Ψ_L。

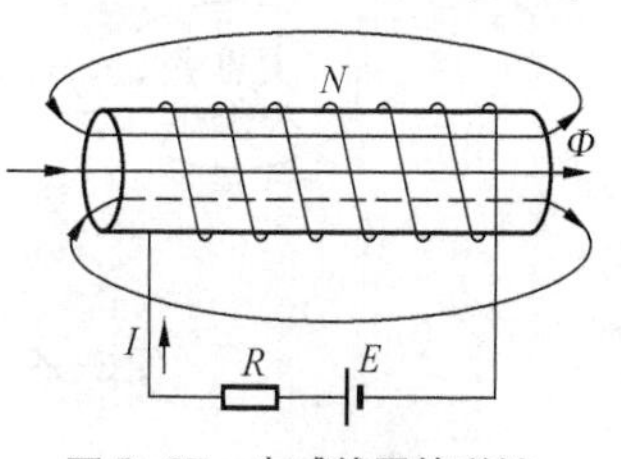

图 3-27　电感线圈的磁链

实践证明，空心线圈的磁通量 Φ_L 和磁链 Ψ_L 与电流 I 成正比，即

$$\Psi_L = LI \tag{3-8}$$

式中，L 是一个常数，即线圈的自感磁链 Ψ_L 与电流 I 的比值称为线圈的自感系数，简称电感，用字母 L 表示，单位为亨利（H）。

电感的单位还有毫亨（mH）和微亨（FH），它们的关系是

$$1\text{H} = 10^3\,\text{mH} = 10^6\,\mu\text{H}$$

电感表征了线圈产生磁链本领的大小。

电感 L 是线圈的固有特性，其大小只由线圈本身的因素决定，与线圈匝数、几何尺寸、有无铁心及铁心的导磁性质等因素有关，而与线圈中有无电流或电流大小无关。

理论和实践都证明：线圈截面积越大，长度越短，匝数越多，线圈的电感越大；有铁心时的线圈比空心时的电感要大得多。

实际应用中，可以在线圈中放置铁心或磁芯来增大电感，如图 3-28 所示收音机调谐电路中的线圈，就是通过在线圈中放置磁芯来获得较大电感、减小元件体积的。

图 3-28　收音机调谐电路中的线圈

实际上，并不是只有线圈才有电感，任何电路、一段导线、一个电阻及一个大电容等都存在

电感，但因其影响极小，可以忽略不计。

3.8　电感器的基本特性

1. 自感现象

图 3-29 所示的电路中，调节变阻器 R 使它的阻值等于线圈的电阻，调节变阻器 R_1 使灯泡 H_1 和 H_2 都能正常发光。

闭合开关 S 瞬间，可以观察到与变阻器 R 串联的灯泡 H_1 立即正常发光，而与电感 L 串联的灯泡 H_2 却是逐渐亮起来，要经一段时间才能达到同样的亮度。这是为什么呢?

原来，在开关 S 闭合瞬间，通过电感 L 与灯泡 H_2 支路的电流 I 由零开始增大，使穿过线圈的磁通量也随之增大，此时线圈中必然会产生感应电动势来阻碍 I 的增大，因此 I 只能逐渐增大，灯泡 H_2 亮度随之逐渐增强，如图 3-30 所示。

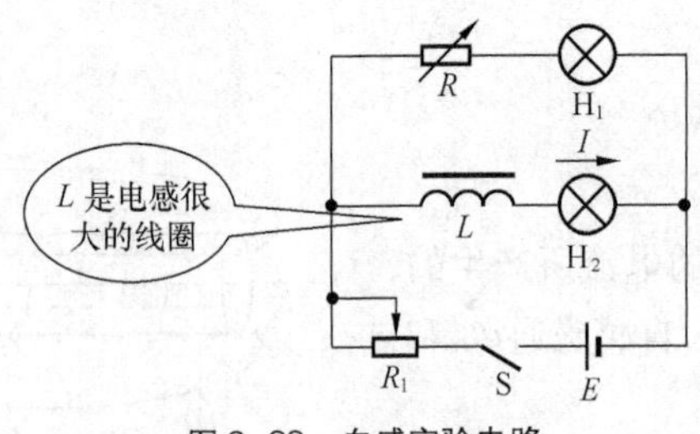

图 3-29　自感实验电路

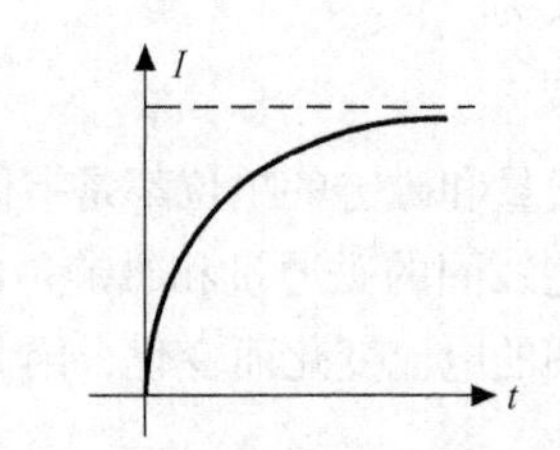

图 3-30　流过灯泡 H_2 的电流 I

【观察与思考】

观察图 3-31 所示的实验，把灯泡 H 和电阻较小的铁心线圈 L 并联后接到直流电源上。闭合开关 S 后，调节变阻器 R 使灯泡 H 正常发光。当把开关 S 断开的瞬间，可以看到灯泡并不立即熄灭，而是突然发出耀眼的强光后才熄灭。这种现象又如何解释呢?

在切断电源瞬间，通过线圈的电流突然减小，穿过线圈的磁通量也很快减小，所以在线圈中必然会产生一个很大的感应电动势来阻碍线圈中电流的减小。这时，线圈 L 与灯泡 H 组成闭合电路，产生感应电动势的线圈相当于电源，在电路中就会产生较大的感应电流，因此灯泡不但不立即熄灭，反而会产生短暂的强光。

图 3-31　自感实验电路

根据楞次定律思考一下，此时通过灯泡的电流方向与开关断开前灯泡的电流方向相同吗?为什么?

通过对上述两个实验的观察与分析可以看出：当通过导体的电流发生变化时，穿过导体的磁通量也发生变化，导体两端就产生感应电动势，这个电动势总是阻碍导体中原来电流的变化。这种由于导体本身的电流变化而引起的电磁感应现象叫做自感现象。

2. 电感线圈中的磁场能量

磁场和电场一样具有能量，当电流通过导体时，就在导体周围建立磁场，将电能转化为磁场能，储存在电感元件内部；当电流减小时，变化的磁场通过电磁感应可以在导体中产生感应电流，

将磁场能量释放出来，转化为电能。图 3-31 所示的实验中，当开关 S 断开瞬间，灯泡会发出短暂的强光，就是储存在电感线圈中的磁场能量转化为灯泡的热能和光能，瞬间释放出来产生的。

磁场能量与电场能量在电路中是可以相互转化的，如图 3-32 所示。

磁场能量 ⟷ 转化 ⟷ 电场能量

图 3-32　磁场能量与电场能量的转化

3.9　变压器

变压器是一种静止的电气设备，它通过电磁感应的作用，把一种电压的交流电能变换成频率相同的另一种电压的交流电能，广泛应用于输/配电和电子线路中。

在输电线路中，当输送功率一定及负载的功率因数一定时，输电线路的电压越高，电流就越小，高压输电不仅可以减小输电线的截面积，节省材料，同时还可以减小线路的功率损耗。常用的高压输电电压有 110 kV、220 kV、300 kV、400 kV、500 kV 和 750 kV。

在配电方面，很高的电压不能直接应用，为了保证用电安全和满足电气设备的电压要求，利用降压变压器将电压降低，分配到工厂和居民家庭。常用的低电压有 220 V、380 V 等。

除了变换电压之外，变压器还具有变换电流、阻抗变换的作用，在电工测量、电子技术中有较多的应用。

变压器一般按照用途、相数、冷却介质、铁心形式和绕组数分类。

① 按照用途的不同，可分为用于输配电的电力变压器，用于整流电路的整流变压器和用于测量技术的仪表用互感器。

② 按照变换电能相数的不同，可分为单相变压器和三相变压器。

③ 按照冷却介质的不同，可分为油浸变压器和干式变压器。

④ 按照铁心形式的不同，可分为芯式变压器和壳式变压器。

⑤ 按照绕组数的不同，可分为双绕组变压器、自耦变压器、三绕组变压器和多绕组变压器。

尽管变压器的类型很多，但它们的基本结构和工作原理都是相同的，本节介绍单相变压器的工作原理。

3.9.1　变压器的基本结构

变压器种类繁多，图 3-33 所示为现实生活中常用的一些变压器。

图 3-33　常用的变压器

虽然变压器的种类很多，但是变压器的结构都是相似的，均由铁心和绕组（线圈）组成。图 3-34 所示是两种变压器的常见结构，图 3-34（a）所示为绕组包着铁心，叫芯式结构，图 3-34（b）所示是铁心包着绕组，叫壳式结构。

铁心一般都采用相互绝缘的硅钢片叠压而成，作为变压器的磁路。选用硅钢片是因为它的磁导率较大，剩磁小，涡流损耗、磁滞损耗小等，其厚度一般为 0.35 ~ 0.5mm。通信用的变压器铁心常用铁氧体铝合金等磁性材料制成。

变压器的绕组是用紫铜材料制作的漆包线、纱包线或丝包线绕成。工作时，与电源相连的绕组称为原边绕组或初级绕组，与负载相连的称为副边绕组或次级绕组，如图 3-35 所示。

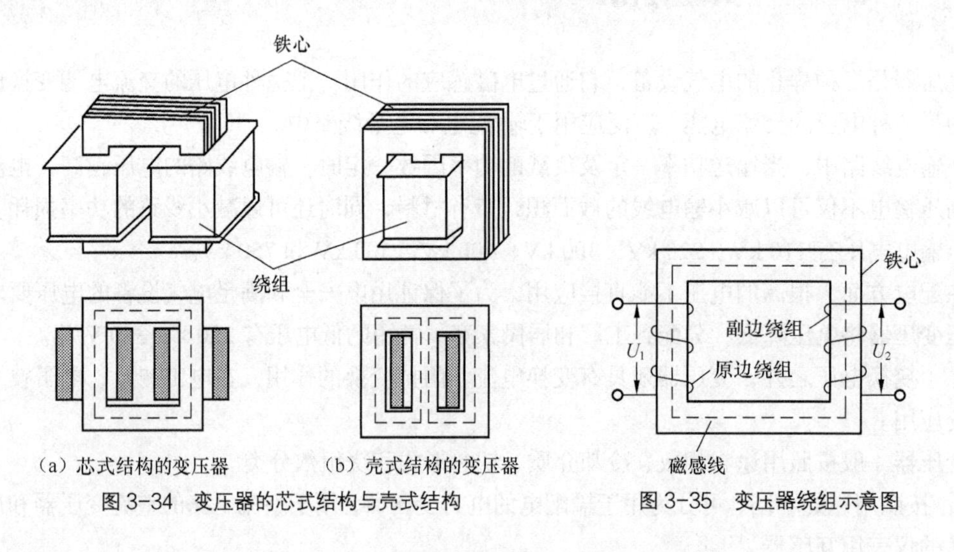

（a）芯式结构的变压器　（b）壳式结构的变压器

图 3-34　变压器的芯式结构与壳式结构　　图 3-35　变压器绕组示意图

变压器的原边绕组和副边绕组之间、副边绕组与铁心之间必须绝缘良好。

3.9.2　变压器的工作原理

图 3-36（a）所示的是变压器工作原理示意图，原绕组的匝数为 N_1，副绕组的匝数为 N_2，输入电压、电流分别为 u_1 和 i_1，输出电压、电流分别为 u_2 和 i_2，负载为 Z_L。在电路中，变压器的符号如图 3-36（b）所示，变压器的名称用字母 T 表示。

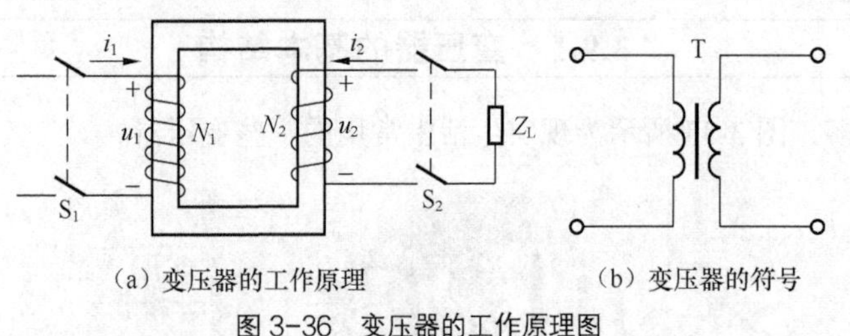

（a）变压器的工作原理　（b）变压器的符号

图 3-36　变压器的工作原理图

1. 变压器的空载运行和变压比

在图 3-36（a）中，如果断开负载 Z_L，即开关 S_2 断开，则 $i_2 = 0$，这时原绕组中电流为 i_0，此电流称为空载电流，是用于维持原边、副边绕组产生感应电动势 e_1 和 e_2 的电流。i_0 要比额定运行时的电流小得多。

由于 u_1 和 i_0 是按正弦规律交变的，所以在铁心中产生的磁通 Φ 也是正弦交变的。在交变磁通的作用下，原、副绕组感应电动势的有效值为

$$E_1 = 4.44fN_1\Phi_m$$

$$E_2 = 4.44fN_2\Phi_m$$

由于采用了铁磁材料作磁路，所以漏磁很小，可以忽略。空载电流很小，原绕组上的压降也可以忽略，这样，原、副绕组两边的电压近似等于原、副绕组的电动势，即

$$U_1 \approx E_1$$

$$U_2 \approx E_2$$

$$\frac{U_1}{U_2} \approx \frac{E_1}{E_2} = \frac{4.44fN_1\Phi_m}{4.44fN_2\Phi_m} = \frac{N_1}{N_2} = K \quad (3\text{-}9)$$

式中，K 称为变压器的变压比。

当 $K>1$ 时，$U_1 > U_2$，$N_1 > N_2$，变压器为降压变压器；反之，当 $K<1$ 时，$U_1 < U_2$，$N_1 < N_2$，变压器为升压变压器。

2. 变压器负载运行时的变流比

当变压器接上负载 Z_L 后，副绕组中的电流为 i_2，原绕组上的电流将变为 i_1，原、副绕组的电阻、铁心的磁滞、涡流都会损耗一定的能量，但该能量通常都远小于负载消耗的电能，可以忽略。这样，就可以认为变压器输入功率等于负载消耗的功率，即

$$U_1I_1 = U_2I_2$$

结合式（3-9）可得

$$\frac{I_1}{I_2} = \frac{U_2}{U_1} = \frac{N_2}{N_1} = \frac{1}{K} \quad (3\text{-}10)$$

由式（3-10）可知，变压器带负载工作时，原边、副边的电流有效值与它们的电压或匝数成反比。变压器在变换了电压的同时，电流也随之变换。

3. 变压器的阻抗变换作用

把变压器 T 及负载 Z_L 看做原边电压 U_1 的负载 Z_1，根据交流电路的欧姆定律，电流、电压的有效值关系可表示为

$$|Z_1| = \frac{U_1}{I_1}$$

又因为

$$U_1 = KU_2 \qquad I_1 = \frac{I_2}{K}$$

则有

$$|Z_1| = \frac{U_1}{I_1} = K^2\frac{U_2}{I_2} = K^2|Z_2| \quad (3\text{-}11)$$

式（3-11）表示的是副边阻抗 Z_2 等效到原边时的等量关系，只要改变 K，就可以得到不同的等效阻抗。

对于电子线路，如收音机电路，可以把它看成是一个信号源加一个负载。要使负载获得最大

功率，其条件是负载的电阻等于信号源的内阻，此时，称之为阻抗匹配。但实际电路中，负载电阻并不等于信号源内阻，这时就需要用变压器来进行阻抗变换。

【例 3-1】 在收音机的输出电路中，其最佳负载为 R_1=784Ω，而扬声器的电阻为 R_2=16Ω，如图 3-37 所示，求变压器的变比。

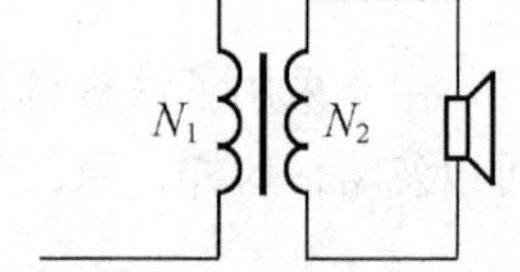

图 3-37 变压器的阻抗匹配

解：由 $\frac{|Z_1|}{|Z_2|}=K^2$ 得

$$K=\sqrt{\frac{|Z_1|}{|Z_2|}}=\sqrt{\frac{R_1}{R_2}}=\sqrt{\frac{784}{16}}=7$$

当变压器的变比为 7 时，即可得到最佳匹配效果。

【例 3-2】 电源变压器的输入电压为 220V，输出电压为 11V，求该变压器的变比，若变压器的负载 $R_2=5.5\Omega$，求原、副绕组中的电流 I_1、I_2 及等效到原边的阻抗 R_1。

解

$$K=\frac{U_1}{U_2}=\frac{220}{11}=20$$

$$I_2=\frac{U_2}{R_2}=\frac{11}{5.5}=2\text{A}$$

$$I_1=\frac{I_2}{K}=\frac{2}{20}=0.1\text{A}$$

$$R_1=K^2R_2=20^2\times 5.5=2200\Omega$$

3.9.3 互感器

互感器是一种专供测量仪表，控制设备和保护设备中使用的变压器。可分为电压互感器和电流互感器两种。

1. 电压互感器

使用时，电压互感器的高压绕组跨接在需要测量的供电线路上，低压绕组则与电压表相连，如图 3-38 所示。

可见，高压线路的电压 U_1 等于所测量电压 U_2 和变压比 K 的乘积，即 $U_1=KU_2$。其特点是初级线圈匝数远远大于次级线圈匝数。

使用时应注意：

（1）次级绕组不能短路，防止烧坏次级绕组。

（2）铁心和次级绕组一端必须可靠的接地，防止高压绕组绝缘被破坏时而造成设备的破坏和人身伤亡。

2. 电流互感器

使用时，电流互感器的初级绕组与待测电流的负载相串连，次级绕组则与电流表串联成闭和回路，如图 3-39 所示。

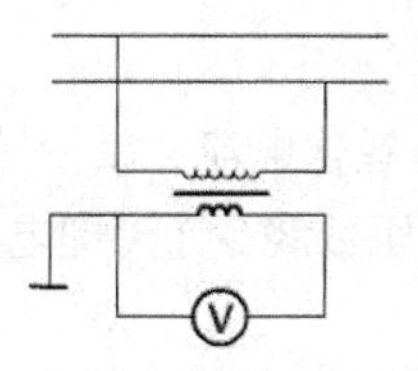

图 3-38　电压互感器

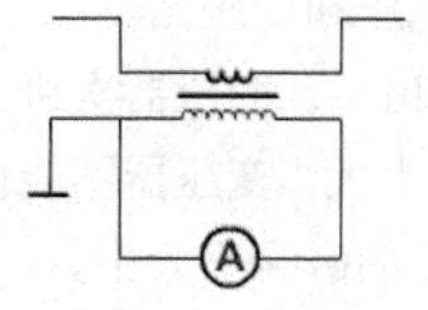

图 3-39　电流互感器

通过负载的电流就等于所测电流和变压比倒数的乘积。

使用时应注意：

（1）绝对不能让电流互感器的次级开路，否则易造成危险；

（2）铁心和次级绕组一端均应可靠接地。

常用的钳形电流表也是一种电流互感器。它是由一个电流表接成闭合回路的次级绕组和一个铁心构成，其铁心可开、可合。测量时，把待测电流的一根导线放入钳口中，电流表上可直接读出被测电流的大小，如图 3-40 所示。

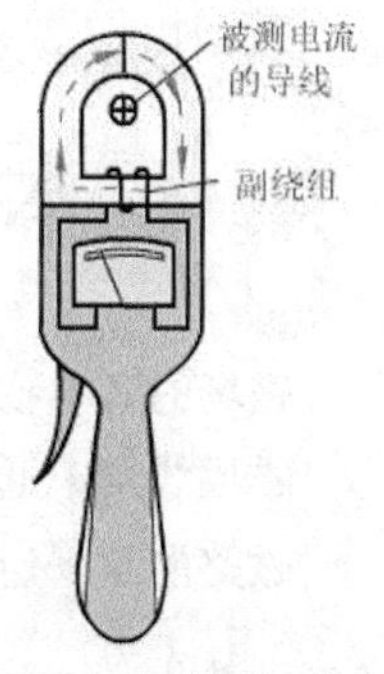

图 3-40　钳形电流表

3.9.4　变压器的额定值和检测

1. 变压器的额定值

变压器的满负荷运行情况叫额定运行，额定运行条件叫变压器的额定值。

额定容量——表示在额定使用条件下变压器的输出能力，以视在功率表示，单位是伏安（VA）或千伏安（kVA）。对三相变压器，额定容量表式三相容量之和。

额定初级电压——指接到初级线圈电压的规定值。在三相变压器中，如无特别说明，额定电压都是指线电压。

额定次级电压——指变压器空载时，初级加上额定电压后，次级两端的电压。在三相变压器中，如无特别说明，额定电压都是指线电压。

额定电流——指规定的满载电流值。在三相变压器中，如无特别说明，都是指线电流。

变压器的额定值取决于变压器的构造及使用的材料。使用时，变压器应在额定条件下运行，不能超过其额定值。

除此外还应注意：

（1）工作温度不能过高。温升是变压器指定部位（一般指上层油温）的温度和变压器周围空气温度之差。对变压器上层油温升的限值，仅是为保证变压器油的长期使用而不致迅速老化变质所规定的值，不可直接作为运行中变压器负载能力的依据。

（2）初、次级绕组必须分清；

（3）防止变压器绕组短路，以免烧毁变压器。

2. 变压器的检验

变压器在使用前应进行检验，通常其检验内容有：

（1）区分绕组、测量各绕组的直流电阻。方法：线细、匝数多，电阻大的是高压绕组；线粗、匝数少，电阻小的是低压绕组。

（2）绝缘检查。使用兆欧表测量各绕组之间、各绕组到地（铁心）之间的绝缘电阻值。

（3）各绕组的电压和变压比。

（4）磁化电流 Iμ，变压器次级开路时的初级电流叫磁化电流，Iμ 一般为初级额定电流的3%～8%。磁化电流太大，变压器不能使用，表明一次绕组匝数绕少了（即电感量不够）或铁心结合处距离太大或铁心的磁导率太小。

各项检验都应符合设计标准，否则不宜使用。

本章小结

磁场的基本物理量包括磁场线、磁通Φ、磁感应强度B、磁场强度H及磁导率μ。

磁场线集中通过的路径称为磁路。

磁路的欧姆定律揭示了磁路中磁通Φ与励磁电流I的关系，是分析、计算磁路问题的基本定律之一。$\Phi=\dfrac{F}{R_{\mathrm{m}}}$，$R_{\mathrm{m}}=\dfrac{l}{\mu S}$。

线圈在变化的磁通中会产生感应电动势。线圈中感应电动势的大小与穿过该线圈的磁通变化率成正比，这一规律称为法拉第电磁感应定律，即$e=-N\dfrac{\mathrm{d}\Phi}{\mathrm{d}t}$。

磁性材料的磁性质是指高导磁性、磁饱和性和磁滞性。

变压器是由硅钢片叠成的铁心和绕在铁心上的两个或多个线圈组成。

变压器的额定值主要有额定容量、额定电压、额定电流、额定频率、温升等。

变压器有空载运行和有载运行两种情况。空载运行时，一次绕组的电流很小，有载运行时，一次绕组电流的大小由二次绕组电流的大小决定。

变压器存在的损耗分铜耗和铁耗。变压器一、二次绕阻中电流通过该绕组电阻所产生的功率损耗I^2R称为铜损，发生在铁心中的涡流损耗和磁滞损耗称为铁耗。

思考与练习题

一、填空题

1. ________经过的路径称为磁路。其单位有________和________。

2. 通电导体在磁场中受力在________时最大。

3. 垂直通过某一截面的磁力线数目越多，则该面积的磁通________，磁场强度相应________。

4. 磁导率是反映________。磁性材料磁导率受________影响发生变化。

5. 磁路越长，则磁阻________；磁路截面积越小，则磁阻________；磁导率越大，则磁阻________。

6. 磁性材料具有的特性是________、________、________。

7. 铁心损耗是指铁心绕组中的________和________的总和。

8. 自然界的物质根据导磁性能的不同一般可分为________物质和________两大类。其中

________物质内部无磁畴结构，而________物质的相对磁导率大于1。

9. 根据工程上用途的不同，铁磁性材料一般可分为________材料、________材料和________材料3大类，其中电机、电器的铁心通常采用________材料制作。

10. 发电厂向外输送电能时，应通过________变压器将发电机的出口电压进行变换后输送；分配电能时，需通过________变压器将输送的________变换后供应给用户。

11. 变压器是既能变换________和________，又能变换________的电气设备。变压器在运行中，只要________和________不变，其工作主磁通将基本维持不变。

二、选择题

1. 变压器若带感性负载，从轻载到满载，其输出电压将会（　　）。

   A. 升高　　B. 降低　　C. 不变

2. 变压器从空载到满载，铁心中的工作主磁通将（　　）。

   A. 增大　　B. 减小　　C. 基本不变

3. 电压互感器实际上是降压变压器，其原边、副边匝数及导线截面情况是（　　）。

   A. 原边匝数多，导线截面小　　B. 副边匝数多，导线截面小

4. 自耦变压器不能作为安全电源变压器的原因是（　　）。

   A. 公共部分电流太小　　B. 原边、副边有电的联系

   C. 原边、副边有磁的联系

5. 决定电流互感器原边电流大小的因素是（　　）。

   A. 副边电流　　B. 副边所接负载　　C. 变流比　　D. 被测电路

6. 若电源电压高于额定电压，则变压器空载电流和铁耗比原来的数值将（　　）。

   A. 减少　　B. 增大　　C. 不变

三. 判断题

1. 磁性材料的磁导率会随磁场的变化而变化，则磁场强度越大，磁导率越大。（　　）
2. 通过改变变压器的铁心硅钢片的厚度，可以降低变压器的损耗。（　　）
3. 变压器的高压线圈匝数少而电流大，低压线圈匝数多而电流小。（　　）
4. 变压器绕组的极性端接错，对变压器没有任何影响。（　　）
5. 自耦变压器绕组之间只有磁的联系，没有电的联系。（　　）

四. 简答题

1. 变压器的磁路常采用什么材料制成？这些材料各有哪些主要特性？
2. 变压器的负载增加时，其原绕组中电流怎样变化？

模块四 单相正弦交流电路

单相正弦交流电路，是指单相电路中的电动势、电压和电流都是随时间正弦规律变化的电路。在日常生产和生活中，广泛使用的都是正弦交流电，这是因为正弦交流电在传输、变换和控制上有着直流电不可代替的优点。学习单相正弦交流电路是电工学的重点内容之一。

4.1 正弦交流电路的基本概念

4.1.1 正弦交流电的产生

电磁感应现象使人类“磁生电”的梦想成真，发电机就是根据电磁感应原理制成的，而正弦交流电由交流发电机产生。

图 4-1 所示为一个简单的交流发电机模型，磁极 N、S 固定不动，线圈 abcd 在匀强磁场中由外界的其他动力带动，绕固定转轴逆时针匀速转动，将线圈的两端分别焊接到随线圈一起转动的两个铜环上，铜环通过电刷与电流表连接。线圈每旋转一周，指针就摆动一次。这表明：转动的线圈里产生了感应电流，并且感应电流的大小和方向都随时间做周期性变化，交流电就这样产生了！

图 4-2 所示为线圈的截面图。线圈 abcd 以角速度 ω 沿逆时针方向匀速转动，当线圈转动到线圈平面与磁感线垂直位置时，线圈 ab 边和 cd 边的线速度方向都与磁感线平行，导线不切割磁感线，所以线圈中没有感应电流产生。线圈平面与磁感线垂直时的位置叫中性面。

线圈转动的起始时刻（$t=0$），线圈平面与中性面夹角为 φ_0；t 秒后线圈转过角度 ωt，则 t 时刻线圈平面与中性面夹角为 $\omega t+\varphi_0$，如图 4-2 所示。

设 ab 边、cd 边长度为 l，磁场的磁通密度为 B，采用适当形状的磁极可以使线圈两边产生的感应电动势为 $e_{ab}=e_{cd}=Blv\sin(\omega t+\varphi_0)$。

由于这两个电动势是串联的，所以在 t 时刻整个线圈产生的感应电动势 e 为 $e=2Blv\sin(\omega t+\varphi_0)$。

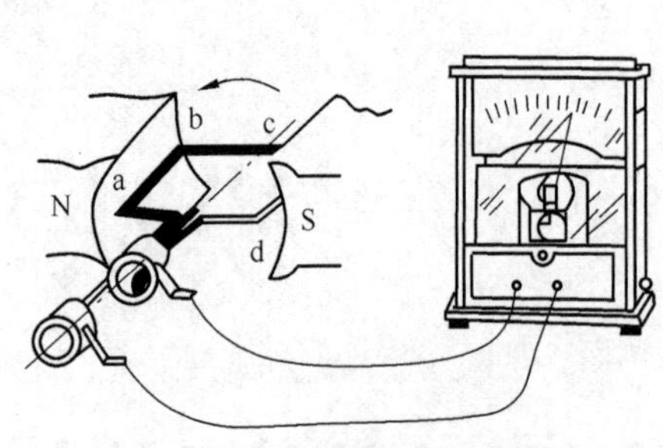

图 4-1 简单的交流发电机模型

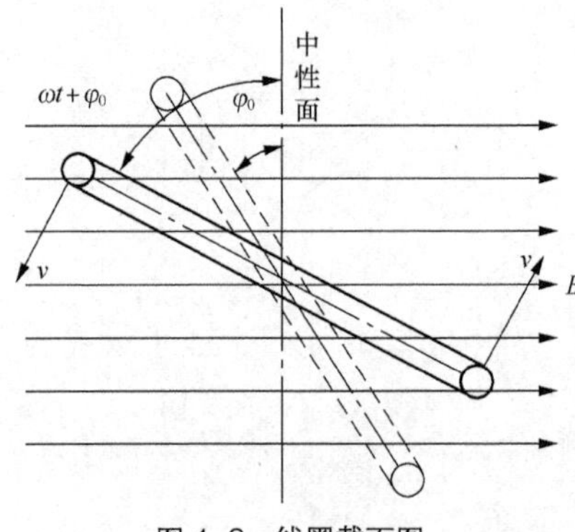

图 4-2 线圈截面图

当线圈平面转动到与磁感线平行位置时，ab 边和 cd 边都垂直切割磁感线，此时线圈中产生的感应电动势最大，用 E_m 表示。若线圈有 N 匝，面积为 S，则有

$$E_m = 2NBlv = NB\omega S$$

因此，线圈产生的感应电动势可表示为

$$e = E_m \sin(\omega t + \varphi_0) \tag{4-1}$$

交流电的瞬时值用小写字母表示，如电流瞬时值 $i = I_m \sin(\omega t + \varphi_0)$，电压瞬时值 $u = U_m \sin(\omega t + \varphi_0)$。$E_m$、$I_m$ 和 U_m 分别称为电动势、电流和电压的最大值，也叫振幅或峰值，用大写字母加小写 m 表示。

交流电的变化规律除了可以用式（5-1）的解析式形式表示外，还可以用图 4-3 所示的波形图表示。

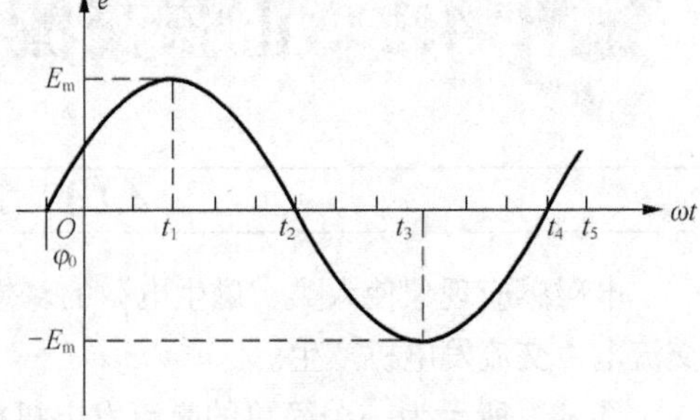

图 4-3 正弦量的波形图

当 $t=0$ 时，$e = E_m \sin\varphi_0$，为初始值；当 $t = t_1$，$\omega t_1 + \varphi_0 = \frac{\pi}{2}$ 时，$e = E_m$，为最大值；当 $t = t_2$，$\omega t_2 + \varphi_0 = \pi$ 时，$e = 0$。同理，$t = t_3$ 时，$e = -E_m$；$t = t_4$ 时，$e = 0$；$t = t_5$ 时，$e = E_m \sin(\omega t_5 + \varphi_0)$ 回到初始值，电动势变化一个周期。

4.1.2 正弦交流电三大要素

观察正弦交流电的瞬时值表达式，可以发现它主要由 3 个重要的量来进行表征。

$$e = E_m \sin(\omega t + \varphi_0)$$

式中，E_m 为感应电动势最大值；ω 为角频率；φ_0 为初相位；

1. 最大值

在正弦交流电瞬时值表达式中，正弦符号 sin 前面的系数 E_m、I_m 和 U_m 称为正弦量的最大值，它是交流电瞬时值中所能达到的最大值。从图 4-3 所示正弦交流电的波形图可知，交流电完成一次周期性变化时，正、负最大值各出现一次。

2. 初相位

式（4-1）中 $\omega t + \varphi_0$ 称为交流电的相位，又称相角，$t=0$ 时刻的相位 φ_0 称为初相位，它反映了交流电起始时刻的状态。

如图 4-4 所示分别是初相位 $\varphi_0 = 0$、$\varphi_0 > 0$ 和 $\varphi_0 < 0$ 时正弦电流的波形图。

可见正弦量的初相位不同，初始值就不同，到达最大值和某一特定值所需的时间也不同。

对比图 4-4 发现，图 4-4（b）所示的波形为图 4-4（a）所示的波形向左平移了一个角度φ_0得到的，图 4-4（c）所示的波形为图 4-4（a）所示的波形向右平移了一个角度φ_0得到的。

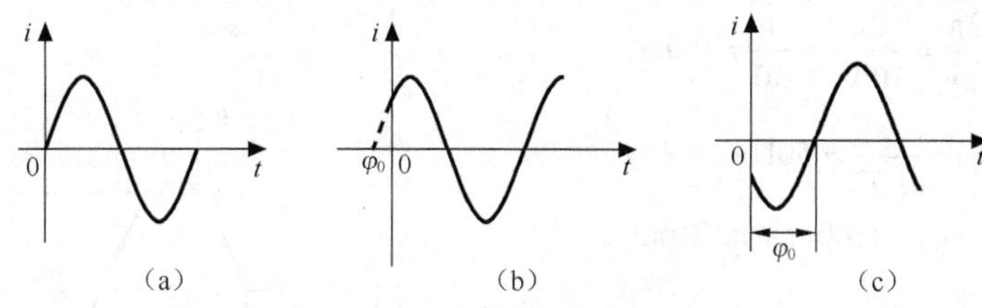

图 4-4　不同初相位的正弦电流的波形图

3. 角频率

角频率ω是描述正弦交流电变化快慢的物理量。交流电每秒钟变化的电角度，称为角频率，单位是弧度/秒（rad/s）。

在工程中，常用周期 T 或频率 f 来表示交流电变化的快慢。交流电完成一次周期性变化所需的时间，称为周期，单位是秒（s）；交流电在 1s 内完成周期性变化的次数，称为频率，单位是赫兹（Hz），简称赫，如图 4-5 所示。

图 4-5　正弦交流电的周期和频率

可以看出，周期和频率互为倒数，即

$$T=\frac{1}{f}\text{ 或 }f=\frac{1}{T} \tag{4-2}$$

因为交流电完成 1 次周期性变化所对应的电角度为 2π，所用时间为 T，所以角频率ω与周期 T 和频率 f 的关系是

$$\omega=\frac{2\pi}{T}=2\pi f \tag{4-3}$$

我国工农业生产和日常生活多采用的是频率为 50Hz 的正弦交流电，也称为工频交流电，其周期是 0.02s，即 20ms，角频率是 100πrad/s 或 314rad/s，电流方向每秒钟变化 100 次，如图 4-6 所示。

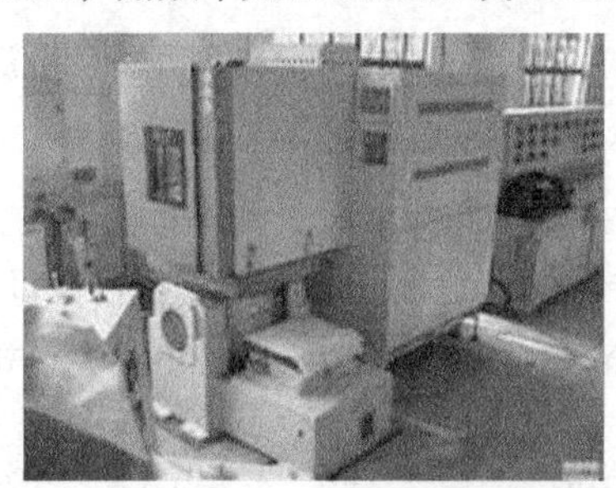

图 4-6　我国工农业生产采用 50Hz 正弦交流电

任何一个正弦量的最大值、角频率和初相位确定后，就可以写出解析式，并可以计算出任一时刻的瞬时值。因此，最大值、角频率和初相位称为正弦量的 3 要素。

欧洲部分国家采用频率为 60Hz 的正弦交流电，试写出其周期和角频率。

【例 4-1】 已知正弦电压 $u=100\sin(100\pi t+\pi/3)\,\text{V}$，求它的最大值 $U_{\rm m}$、角频率ω、周期 T、频率 f、相位 $\omega t+\varphi_0$ 和初相位φ_0，做出其波形图，并计算 $t_1=0.01\text{s}$ 和 $t_2=0.02\text{s}$ 时电压的瞬时值。

解：由正弦电压瞬时值表达式 $u = 100\sin(100\pi t + \pi/3)$ V 可得出以下结果。

（1）最大值 $U_{\mathrm{m}} = 100\mathrm{V}$。

（2）角频率 $\omega = 100\pi \mathrm{rad/s} = 314\mathrm{rad/s}$。

（3）周期 $T = \dfrac{2\pi}{\omega} = \dfrac{2\pi}{100\pi} = \dfrac{1}{50} = 0.02\mathrm{s}$。

（4）频率 $f = \dfrac{1}{T} = \dfrac{1}{0.02} = 50\mathrm{Hz}$。

（5）相位 $(\omega t + \varphi_0) = (100\pi t + \pi/3)\mathrm{rad}$。

（6）初相 $\varphi_0 = \dfrac{\pi}{3} = 60^{\circ}$。

（7）波形图如图 4-7 所示。

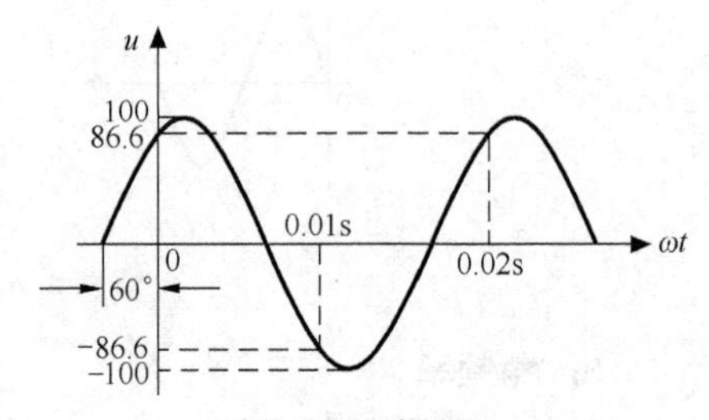

图 4-7 波形图

（8）$t_1 = 0.01\mathrm{s}$ 时，瞬时值

$$
\begin{aligned}
u_1 &= 100\sin(100\pi \times 0.01 + \pi/3) \\
&= 100\sin(\pi + \frac{\pi}{3}) = -100\sin\pi/3 \\
&= -100 \times 0.866 = -86.6\mathrm{V}
\end{aligned}
$$

$t_2 = 0.02\mathrm{s}$ 时，瞬时值

$$
\begin{aligned}
u_2 &= 100\sin(100\pi \times 0.02 + \pi/3) \\
&= 100\sin(2\pi + \frac{\pi}{3}) = 100\sin\pi/3\mathrm{V} \\
&= 100 \times 0.866\mathrm{V} = 86.6\mathrm{V}
\end{aligned}
$$

4.1.3 正弦交流电的相位差

两个同频率正弦量的相位之差，叫做它们的相位差，用 φ 表示。设有两个同频率的正弦交流电

$$u = U_{\mathrm{m}}\sin(\omega t + \varphi_{\mathrm{u}})$$

$$i = I_{\mathrm{m}}\sin(\omega t + \varphi_{\mathrm{i}})$$

可以得出，$(\omega t + \varphi_{\mathrm{u}})$ 是电压 u 的相位；$(\omega t + \varphi_{\mathrm{u}})$ 是电流 i 的相位，则电压 u 和电流 i 的相位差为

$$\varphi = (\omega t + \varphi_{\mathrm{u}}) - (\omega t + \varphi_{\mathrm{i}}) = \varphi_{\mathrm{u}} - \varphi_{\mathrm{i}}$$

两个同频率正弦量的相位差等于它们的初相位之差，是个常量，与时间 t 无关。

相位差是描述同频率正弦量相互关系的重要特征量，它表征两个同频率正弦量在时间上超前或滞后到达正、负最大值或零值的关系。规定用绝对值小于π（180°）的角来表示相位差。图 4-8 所示为两个同频率正弦电压和电流的相位关系。

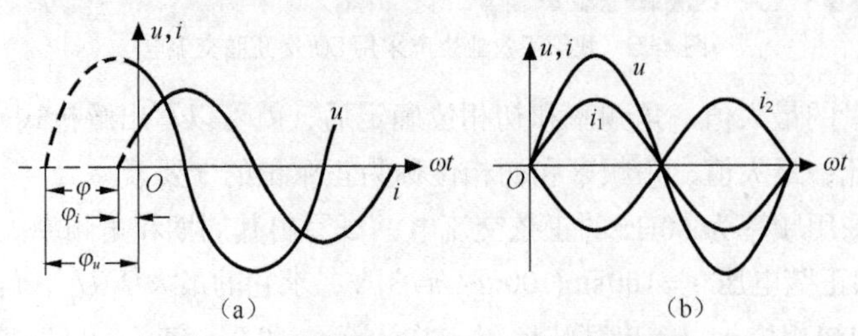

图 4-8 同频率正弦电压和电流的相位关系

图 4-8（a）中，$\varphi_u > \varphi_i$，相位差 $\varphi = \varphi_u - \varphi_i > 0$，称为电压 u 超前电流 i 角度 φ，或称电流 i 滞后电压 u 角度 φ，表示电压 u 比电流 i 要早到达正（或负）最大值或零值的时间是 φ/ω。

图 4-8（b）中，u 与 i_1 具有相同的初相位，即相位差 $\varphi = 0$，称为 u 与 i_1 同相位；而 u 和 i_2 相位正好相反，称为反相，即 u 与 i_2 的相位差为±180°。

4.1.4 正弦交流电的有效值和平均值

交流电的有效值是根据电流的热效应来计算的，如图 4-9 所示。交流电有效值的表示方法与直流电相同，用大写字母表示，则 E、U、I 分别表示交流电的电动势、电压和电流的有效值。

i R
I R

把交流电 i 与直流电 I 分别通过两个相同的电阻，如果在相同的时间内产生的热量相同，该直流电的数值 I 就叫交流电 i 的有效值

图 4-9 交流电的有效值

交流电压表、电流表所测量的数值，各种交流电气设备铭牌上所标的额定电压和额定电流值以及人们平时所说的交流电的值都是指有效值，图 4-10 所示为常用交流电气设备铭牌上的有效值表示。以后凡涉及交流电的数值，只要没有特别说明的都是指有效值。

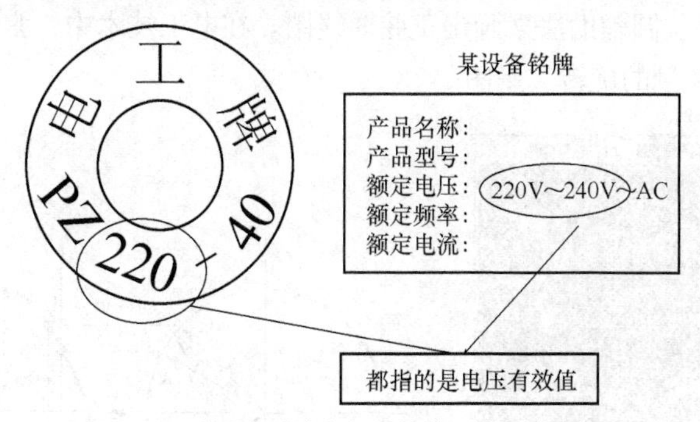

图 4-10 常用交流电气设备铭牌上的有效值表示

通过理论计算可以知道，正弦交流电的有效值为最大值的 $\frac{1}{\sqrt{2}}$。我国照明电路的电压是 220V，其最大值是 $220\sqrt{2} = 311\text{V}$，因此接入 220V 交流电路的电容器耐压值必须不小于 311V，如图 4-11 所示。

电工电子技术中，有时还需要求交流电的平均值。交流电压或电流在半个周期内所有瞬时值的平均数，称为该交流电压或电流的平均值，用 $\overline{U}$ 或 $\overline{I}$ 表示，如图 4-12 所示。可以证明：交流电的平均值是最大值的 $\frac{2}{\pi}$，即为最大值的 0.637 倍。

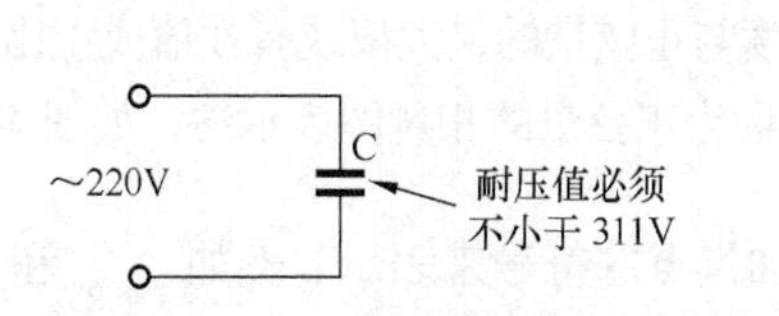

图 4-11 220V 交流电路中的电容器耐压值不低于 311V

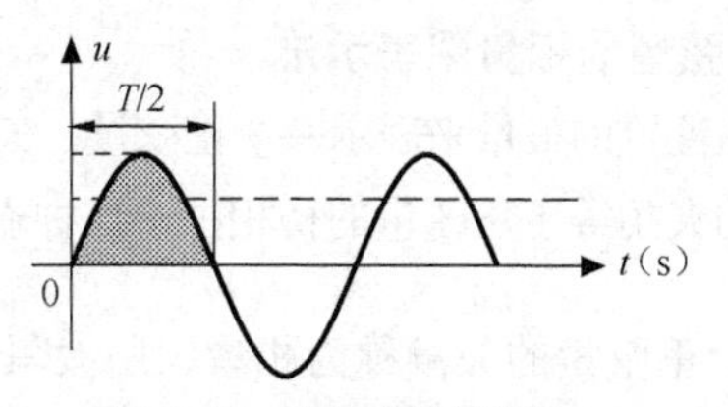

图 4-12 交流电的平均值

4.2 正弦交流电的相量图表示法

用三角函数形式表示正弦交流电随时间变化规律的方法，称为正弦交流电的解析式表示法，则正弦交流电的电动势、电压和电流的解析式分别为

$$e = E_{\mathrm{m}} \sin(\omega t + \varphi_{\mathrm{e}})$$

$$i = I_{\mathrm{m}} \sin(\omega t + \varphi_{\mathrm{i}})$$

$$u = U_{\mathrm{m}} \sin(\omega t + \varphi_{\mathrm{u}})$$

根据正弦量的解析式，在直角坐标系中描绘出正弦量随时间变化的正弦曲线图的方法，称为正弦交流电的波形图表示法。示波器显示出的正弦波形，就属于这种方法，如图 4-13 所示。

正弦交流电的解析式表示法和波形图表示法都是直接表示法，能简单、直观地反映正弦交流电的 3 要素，也可以直接求出任一时刻 t 时交流电的瞬时值。但是，在进行正弦量的加、减运算时，就显得非常繁琐了。在电工技术中，常用间接表示法（如相量图表示法）来表示正弦交流电。

1. 正弦量的旋转矢量表示法

在数学中，可用单位圆辅助法来画出正弦曲线图。在电工技术中，常用旋转矢量来表示正弦量，图 4-14 所示为正弦量的旋转矢量图。

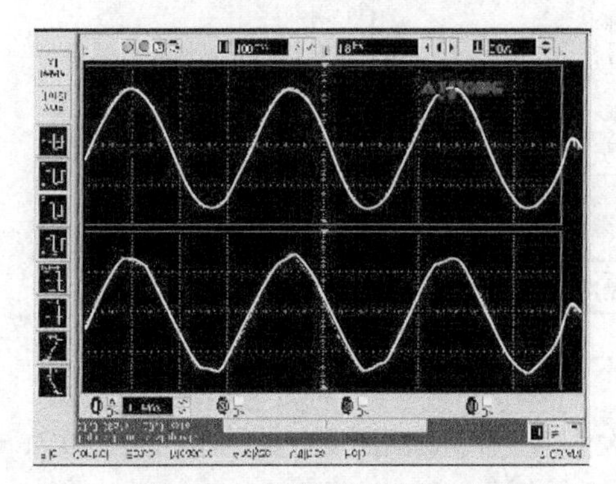

图 4-13 示波器上观察到的正弦交流电的波形图

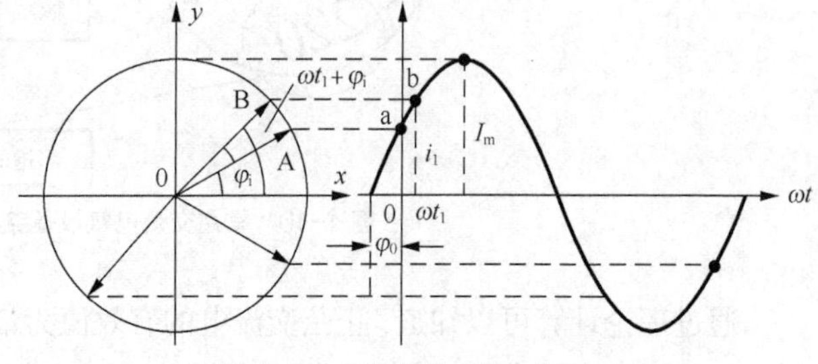

图 4-14 正弦量的旋转矢量图

如图 4-14 所示，在直角坐标系中，从原点作一矢量，其长度与正弦量最大值 I_{m} 成正比，矢量与横轴正方向的夹角等于正弦量的初相位 φ_{i}，矢量以正弦量的角频率 ω 沿逆时针方向匀速转动，则在任一时刻 t，旋转矢量在纵轴上的投影就等于正弦交流电流的瞬时值 $i = I_{\mathrm{m}} \sin(\omega t + \varphi_{\mathrm{i}})$。显然，旋转矢量既能体现出正弦量的 3 要素，它在纵轴上的投影又表示正弦量的瞬时值。因此，旋转矢量能间接完整地表示一个正弦量。

2. 正弦量的相量图表示法

用初始位置的矢量来表示一个正弦量，矢量的长度与正弦量的最大值或有效值成正比，矢量与横轴正方向的夹角等于正弦量的初相位，这种表示方法称为正弦量的相量图表示法，如图 4-15 所示。

把表示正弦量的矢量称为相量，用大写字母上加黑点的符号来表示。例如，$\dot{I}_{\mathrm{m}}$ 和 $\dot{I}$ 分别表示正弦电流的最大值相量和有效值相量。把几个同频率正弦量的相量，在同一坐标系中表示出来的

图形，称为相量图。例如，有 3 个同频率正弦量分别为

$$e = 220\sqrt{2}\sin(\omega t + 60^{\circ})\text{V}$$
$$u = 110\sqrt{2}\sin(\omega t + 30^{\circ})\text{V}$$
$$i = 110\sqrt{2}\sin(\omega t - 30^{\circ})\text{A}$$

则它们的相量图如图 4-16 所示。

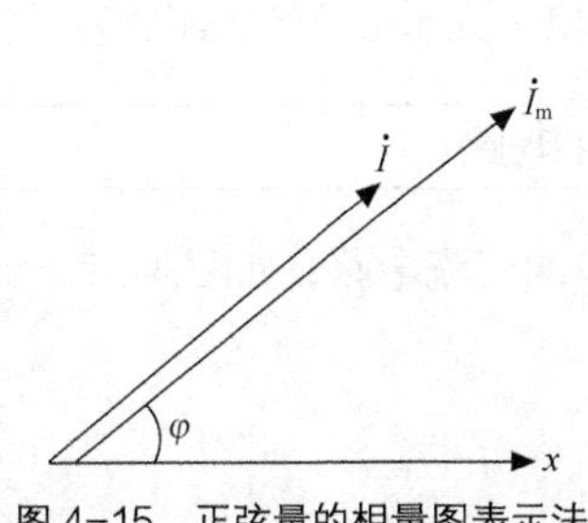

图 4-15 正弦量的相量图表示法

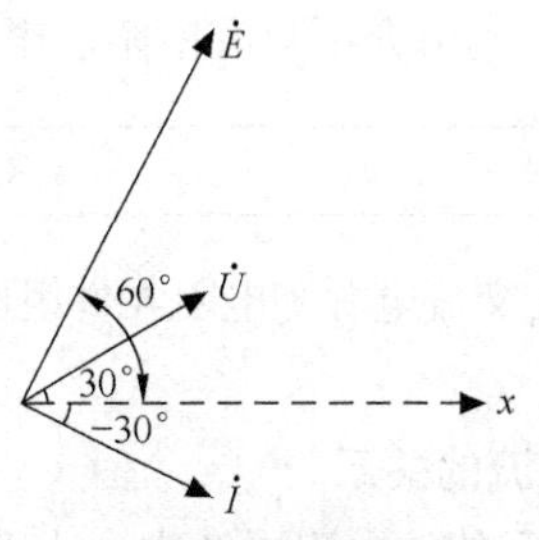

图 4-16 相量图

用相量图表示正弦量后，繁琐的正弦量的三角函数加、减运算可转化为简便、直观的矢量的几何运算。下面通过例题来介绍用相量图法求解同频率正弦量的和或差的运算方法。

【例 4-2】 已知两个正弦交流电为 $i_1 = 10\sin(100\pi t + 60^{\circ})\text{A}$，$i_2 = 10\sin(100\pi t - 60^{\circ})\text{A}$，试用相量图法求 $i = i_1 + i_2$。

解： 作出与 i_1 和 i_2 对应的相量 $\dot{I}_{1m}$ 和 $\dot{I}_{2m}$。

如图 4-17 所示，应用平行四边形法则，求出 $\dot{I}_{1m}$ 和 $\dot{I}_{2m}$ 的相量和，即

$$\dot{I}_m = \dot{I}_{1m} + \dot{I}_{2m}$$

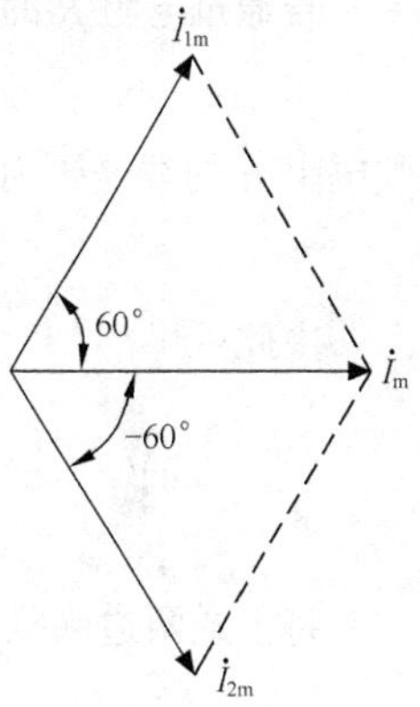

图 4-17 相量图

因为 $\dot{I}_{1m} = \dot{I}_{2m}$，由相量图可知平行四边形为菱形，而 $\dot{I}_{1m}$ 与横轴正向夹角为 60°，所以横轴上、下各为一个等边三角形。

由此可见，$I_m = I_{1m} = I_{2m} = 10\text{A}$。

$\dot{I}_{1m}$ 与轴正方向一致，即初相位为 0。所以

$$i = i_1 + i_2 = 10\sin 100\pi t\ \text{A}$$

由此可以看出，用相量图法进行同频率正弦量加、减运算时，应按照以下步骤。

① 作出与正弦量相对应的最大值或有效值相量图。

② 用平行四边形法则求出它们的相量和。

和相量的长度表示对应的正弦量和的最大值或有效值，和相量与横轴正方向的夹角就是正弦量和的初相位。

用相量图法求出同频率正弦量的和的最大值和初相位，再根据频率不变的特性，即可写出它的解析式。

同频率正弦量的减法，可用加上它的相反数的方法化为加法来做。采用上述方法试求解例 4-2 中 $i' = i_1 - i_2$。

用相量图法只能求解同频率正弦量的和或差，对不同频率正弦量则不能采用相量图法。

4.3 单一元件的正弦交流电路

正弦交流电源作用下的电路称为正弦交流电路，在正弦交流电路中，电路元件可以是电阻 R、电感 L 和电容 C。本节介绍只有电阻、电感或电容的单一元件正弦交流电路。

4.3.1 纯电阻电路

纯电阻电路由交流电源和电阻元件组成，是最简单的交流电路，如图 4-18 所示。

图 4-18 纯电阻电路

1. 电压与电流的关系

在图 4-18 所示的纯电阻电路中，由欧姆定律可得

$$u_{\mathrm{R}} = Ri$$

若通过电阻 R 的正弦电流为

$$i = I_{\mathrm{m}} \sin(\omega t + \varphi_{\mathrm{i}})$$

则电阻 R 的端电压为

$$u_{\mathrm{R}} = Ri = RI_{\mathrm{m}} \sin(\omega t + \varphi_{\mathrm{i}}) = U_{\mathrm{m}} \sin(\omega t + \varphi_{\mathrm{i}})$$

由此可得

$$U_{\mathrm{m}} = RI_{\mathrm{m}} \text{ 或 } I_{\mathrm{m}} = \frac{U_{\mathrm{m}}}{R}$$

将上式两边同除以 $\sqrt{2}$，则得

$$U = RI \text{ 或 } I = \frac{U}{R} \tag{4-4}$$

式（4-4）称为纯电阻正弦交流电路的欧姆定律表达式。

纯电阻正弦交流电路中欧姆定律表达式与直流电路中的形式完全相同，不同的是，纯电阻正弦交流电路中电压和电流指的是有效值。

由 $u_{\mathrm{R}} = RI_{\mathrm{m}} \sin(\omega t + \varphi_{\mathrm{i}}) = U_{\mathrm{m}} \sin(\omega t + \varphi_{\mathrm{i}})$ 还可以看出，在纯电阻电路中，电压与电流同相位，即

$$\varphi_{\mathrm{u}} = \varphi_{\mathrm{i}}$$

根据上述结论，可作出纯电阻电路中电流与电压的波形图和相量图，如图 4-19 所示。

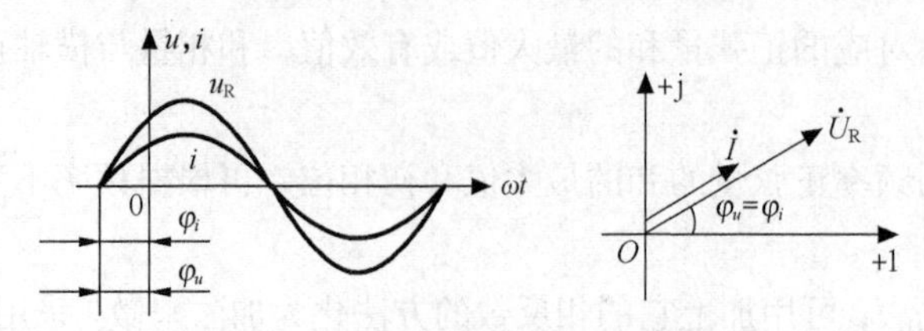

图 4-19 纯电阻电路的波形图和相量图

2. 电路的功率

在交流电路中，电压瞬时值 u 与电流瞬时值 i 的乘积叫做瞬时功率，用 p 表示，即

$$p = ui$$

在纯电阻电路中，设

$$p_{\mathrm{R}} = u_{\mathrm{R}} i = U_{\mathrm{Rm}} \sin \omega t \times I_{\mathrm{m}} \sin \omega t = U_{\mathrm{Rm}} I_{\mathrm{m}} \sin^2 \omega t = \sqrt{2} U_{\mathrm{R}} \sqrt{2} I \sin^2 \omega t = 2 U_{\mathrm{R}} I \sin^2 \omega t$$

u、i 和 p 的波形图如图 4-20 所示。

在纯电阻电路中，由于电压和电流同相位，所以瞬时功率 $p_{\mathrm{R}} \geqslant 0$，其最大值为 $2U_{\mathrm{R}}I$，最小值为零。这表明，电阻是一种耗能元件，它可以把电能转化为热能，而且这种能量转化是不可逆转的。

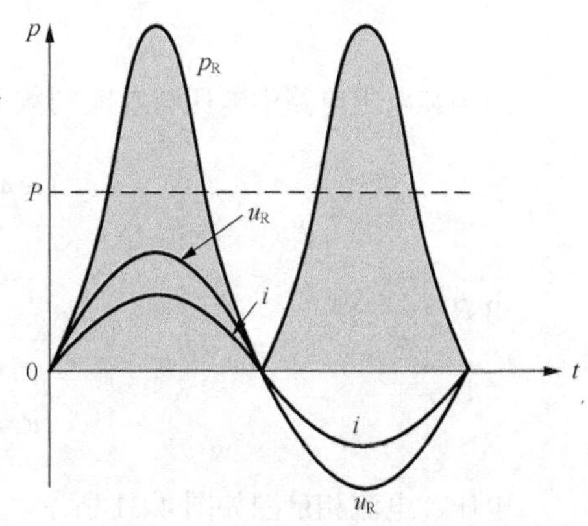

图 4-20 纯电阻电路功率曲线

瞬时功率在一个周期内的平均值称为平均功率，也称有功功率，用字母 P 表示，实际应用中，常用平均功率来表示电阻所消耗的功率。如图 4-20 所示，平均功率在数值上等于瞬时功率曲线的平均高度，即平均功率等于最大功率的一半。

由此可得，纯电阻电路的平均功率为

$$P = \frac{1}{2} P_{\mathrm{m}} = \frac{1}{2} \times \sqrt{2} U_{\mathrm{R}} \times \sqrt{2} I = U_{\mathrm{R}} I$$

根据欧姆定律，有

$$I = \frac{U_{\mathrm{R}}}{R}，\quad U_{\mathrm{R}} = IR$$

平均功率还可以表示为

$$P = U_{\mathrm{R}} I = I^2 R = \frac{U_{\mathrm{R}}^2}{R} \tag{4-5}$$

纯电阻正弦交流电路的平均功率公式与直流电路的功率公式形式完全相同，但 U_{R} 为电阻元件两端交流电压的有效值，I 为通过电阻的交流电流有效值。

由此可以得出如下结论。

① 在纯电阻电路中，电压与电流同频率、同相位，电压与电流的最大值、有效值和瞬时值之间都遵从欧姆定律。

② 电阻对直流电和交流电的阻碍作用相同。直流电和交流电通过电阻时，电流都要做功，将电能转化为热能。

③ 纯电阻电路的平均功率等于电流的有效值与电阻端电压的有效值的乘积。

【例 4-3】 有一个标有“220V，1kW”的电炉，接到电压 $u = 220\sqrt{2}\sin(100\pi t + \frac{\pi}{6})\mathrm{V}$ 的交流电源上，试求：通过电炉丝的电流瞬时值表达式；电炉丝的电阻。画出电压、电流的相量图。

解： 由 $u = 220\sqrt{2}\sin(100\pi t + \frac{\pi}{6})\mathrm{V}$ 可得

$$U_m = 220\sqrt{2}V \quad \omega = 100\pi rad/s$$

$$\varphi = \frac{\pi}{6} \quad U_R = \frac{U_m}{\sqrt{2}} = \frac{220\sqrt{2}}{\sqrt{2}} = 220V$$

由 $P = U_R I$ 得电流有效值为

$$I = \frac{P}{U_R} = \frac{1000}{220} = 4.55A$$

因为纯电阻电路中电压与电流同频率、同相位，所以

$$i = 4.55\sqrt{2}\sin(100\pi t + \frac{\pi}{6})A$$

由 $P = \frac{U_R^2}{R}$ 得

$$R = \frac{U_R^2}{P} = \frac{220^2}{1000} = 48.4\Omega$$

电压、电流相量图如图 4-21 所示。

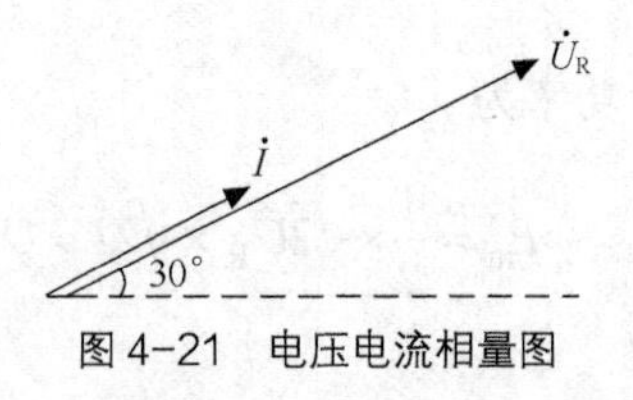

图 4-21　电压电流相量图

4.3.2　纯电感电路

由交流电源与纯电感元件组成的电路称为纯电感电路，如图 4-22 所示，这是一个理想电路的模型。实际的电感线圈都用导线绕制而成，总有一定的电阻。当电阻很小，其影响可忽略不计时，可近似看做纯电感元件。

图 4-22　纯电感电路

1. 电压与电流的关系

在纯电阻电路中，由于电阻元件对电压和电流的相位没有影响，即电阻的端电压和电流同相位，所以电压与电流的最大值、有效值和瞬时值之间都遵从欧姆定律。那么纯电感元件对电压和电流的相位有没有影响呢？通过实验来看看吧。

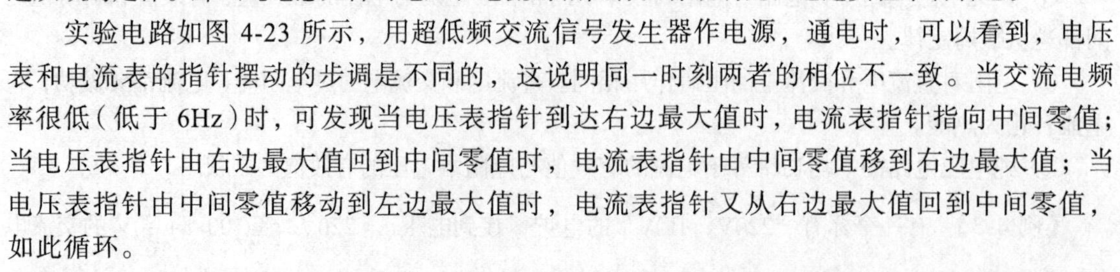

实验电路如图 4-23 所示，用超低频交流信号发生器作电源，通电时，可以看到，电压表和电流表的指针摆动的步调是不同的，这说明同一时刻两者的相位不一致。当交流电频率很低（低于 6Hz）时，可发现当电压表指针到达右边最大值时，电流表指针指向中间零值；当电压表指针由右边最大值回到中间零值时，电流表指针由中间零值移到右边最大值；当电压表指针由中间零值移动到左边最大值时，电流表指针又从右边最大值回到中间零值，如此循环。

实验结果表明，在纯电感电路中，电压与电流不同相，电压超前电流 90°。把电感元件的端电压和线圈中电流的变化信号输送给双踪示波器，在显示屏上可看到电压和电流的波形如图 4-24 所示，可以看出，电感使电流滞后电压 90°。

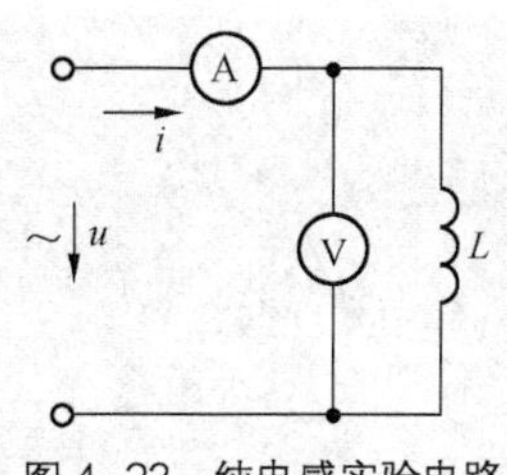

图 4-23 纯电感实验电路

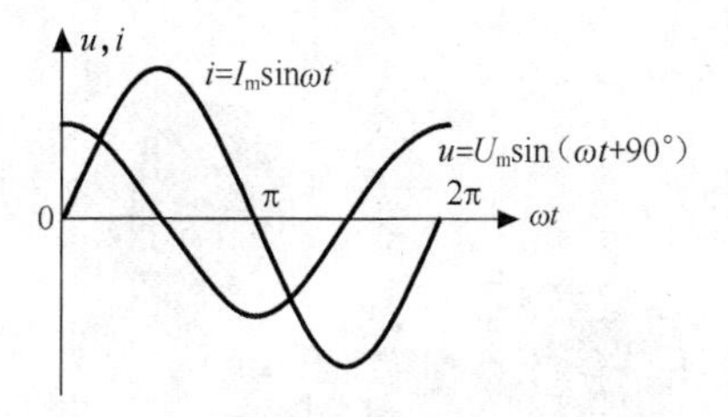

图 4-24 纯电感电路电压电流波形图

纯电感电路电压与电流的相量图如图 4-25 所示。

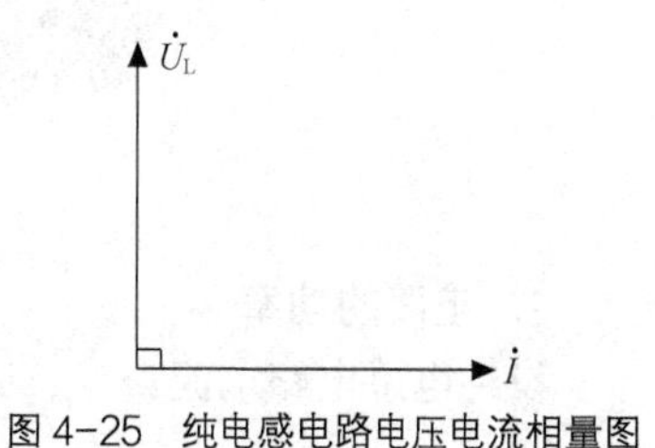
图 4-25 纯电感电路电压电流相量图

通过实验不仅可以研究纯电感电路中电压与电流的相位关系，还可以研究纯电感电路中电压与电流的大小关系。

保持交流信号发生器频率不变，连续改变输出电压的大小，并记录相应电压和电流的值，可以发现，在纯电感电路中电压和电流成正比，即

$$U_L = X_L I \quad (4\text{-}6)$$

式（4-6）称为纯电感电路的欧姆定律表达式，其中比例系数 X_L 称为感抗，对比电阻元件的欧姆定律表达式，可以看出 X_L 相当于电阻 R，表示电感对交流电的阻碍作用，单位也是欧姆（Ω）。

电感线圈的感抗是由于交流电通过线圈时，产生自感电动势来阻碍电流的变化而形成的。

在纯电感电路中，由于电压与电流相位不同，所以电压与电流的瞬时值之间不遵从欧姆定律。

下面仍用图 4-23 所示的实验电路来研究感抗的大小与哪些因素有关，如图 4-26 所示。

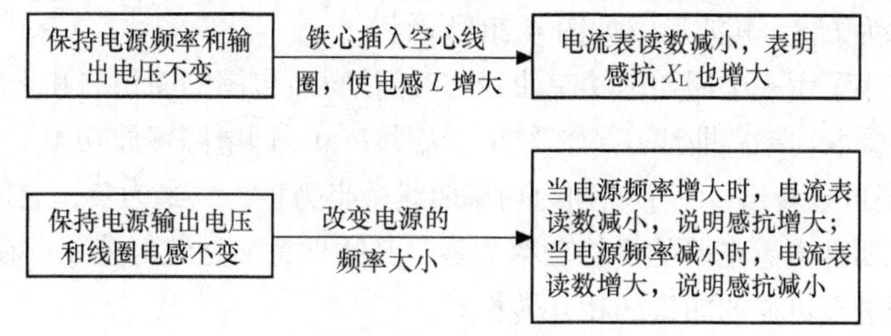

图 4-26 感抗实验结果

上述实验说明，感抗 X_L 的大小与线圈的电感 L 和交流电的频率 f 有关。这是因为感抗是由自感现象引起的，电感 L 越大，自感作用也越大，感抗必然越大；交流电频率越高，电流的变化率就越大，自感作用也越大，感抗也必然越大。理论研究和实验分析证明电感线圈的感抗 X_L 的大小为

$$X_L = \omega L = 2\pi f L \quad (4\text{-}7)$$

式中，ω为交流电的角频率，单位是 rad/s；L 为线圈电感，单位是 H；f 为交流电频率，单位是 Hz。

用电感 L 为几亨的铁心线圈做成低频扼流线圈，可让直流电无阻碍地通过，而对低频交流电则能产生很大阻碍作用。用电感 L 为几毫亨的线圈做成高频扼流线圈，对低频交流电阻碍作用较小，而对高频交流电的阻碍作用则很大。

L 值一定的电感线圈，对于低频交流电，由于 f 值较小，感抗 X_L 就小；而对于高频率交流电，由于 f 很大，感抗 X_L 也很大。所以，电感线圈在电路中具有“通直流，阻交流；通低频，阻高频”的特性，在电工和电子技术中有广泛的应用，图 4-27 所示为电感线圈的实物图。

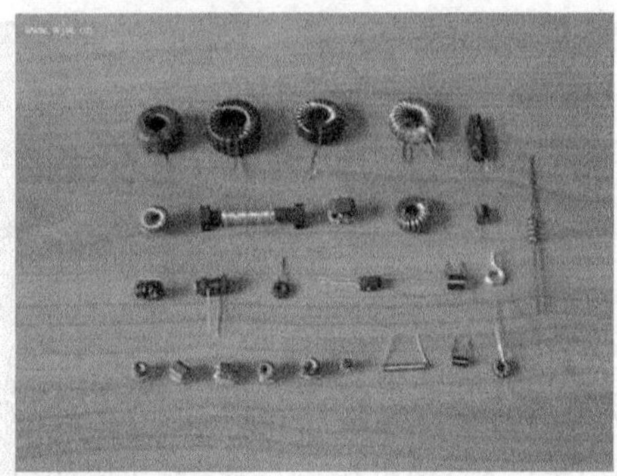

图 4-27 电感线圈的实物

2. 电路的功率

设纯电感电路电流 $i = I_m \sin \omega t$，则

$$u_L = U_m \sin(\omega t + 90^\circ) = U_m \cos \omega t$$

故瞬时功率为

$$\begin{aligned} p_L &= u_L i = U_m \cos \omega t \times I_m \sin \omega t = \sqrt{2} U_L \times \sqrt{2} I \sin \omega t \cos \omega t \\ &= 2U_L I \times \frac{1}{2} \sin 2\omega t = U_L I \sin 2\omega t \end{aligned} \tag{4-8}$$

由式（4-8）可知，纯电感电路的瞬时功率 p_L 也是随时间按正弦规律变化的，其频率是电流频率的 2 倍，最大值为 $U_L I$，其波形图如图 4-28 所示。

平均功率的大小可用一个周期内功率曲线与时间轴 t 所包围的面积的和来表示。曲线在 t 上方，表明 $P>0$，即电路吸取功率；曲线在 t 轴下方，表明 $P<0$，即电路释放功率。

由图 4-28 中还可以看出，一个周期内功率曲线一半为正，一半为负，它们与 t 轴所包围的面积之和为零。这说明纯电感电路的平均功率为零，其物理意义是纯电感元件在交流电路中不消耗功率，而是与电源进行可逆的能量的相互转换。

电感线圈是储能元件，图 4-29 所示为线圈储存及释放能量示意图。

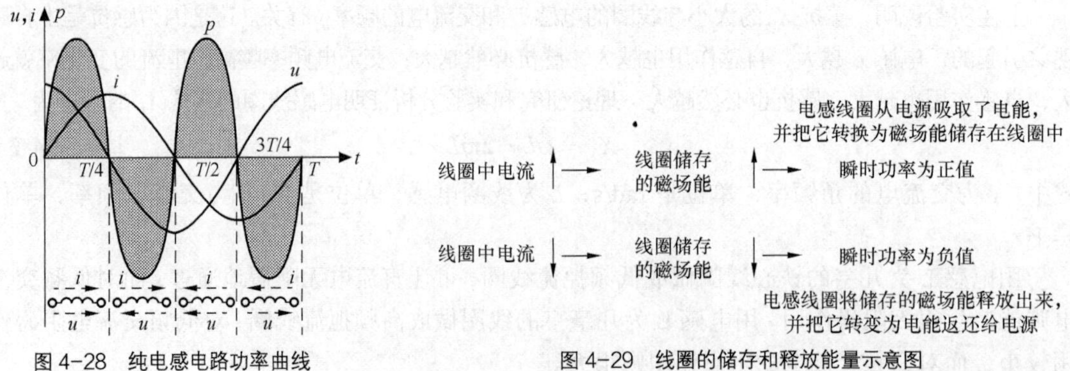

图 4-28 纯电感电路功率曲线

图 4-29 线圈的储存和释放能量示意图

不同的电源与不同的电感线圈之间能量转换的规模也各不相同。为了反映纯电感电路中能量转换的规模，把电感元件与电源之间能量转换的最大速率，即瞬时功率的最大值，称为无功功率，用 Q_L 表示，单位是乏（var）、千乏（kvar）。即

$$Q_L = U_L I = I^2 X_L = \frac{U_L^2}{X_L} \tag{4-9}$$

无功功率的“无功”是相对于“有功”而言的，其含义是“交换”而不是“消耗”。绝不可把“无功”理解为“无用”。无功功率的实质是表征储能元件在电路中能量交换的最大速率，具有重要的现实意义。

变压器、电动机等电感性设备都是依靠电能与磁能相互转换而工作的，如图 4-30 所示，无功功率正是表征这种能量转换最大速率的重要物理量。

由此得到以下内容。

① 在纯电感电路中，电压与电流同频率而不同相位，电压超前电流 90°。

② 电压与电流的最大值和有效值之间都遵从欧姆定律。由于电压与电流的相位不同，它们的瞬时值之间不遵从欧姆定律。

③ 电路的有功功率为零，电感线圈是储能元件。

④ 无功功率表征电感元件与电源之间能量转换的最大速率，它等于电压有效值与电流有效值的乘积。

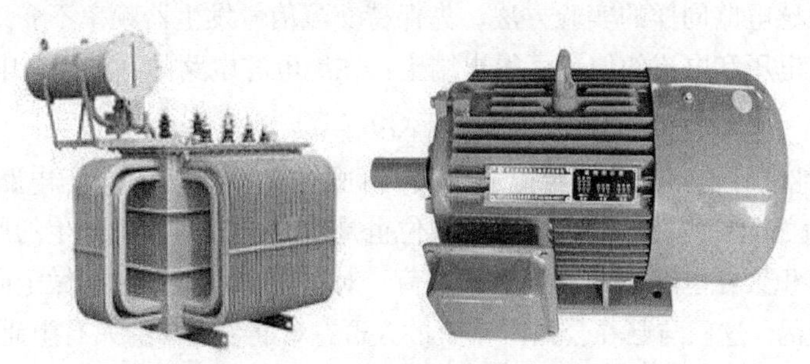

图 4-30　变压器和电动机

【例 4-4】 一个电阻可忽略的线圈 L=0.35H，接到 $u = 220\sqrt{2}\sin(100\pi t + 60^\circ)$V 的交流电源上，试求：（1）线圈的感抗；（2）电流的有效值；（3）电流的瞬时值；（4）电路的有功功率和无功功率。

解：（1）线圈的感抗为 $X_L = \omega L = 314 \times 0.35 = 110\Omega$。

（2）电流的有效值为 $I = \dfrac{U}{X_L} = \dfrac{220}{110} = 2\text{A}$。

（3）在纯电感电路中，电压超前电流 90°，即

$$\varphi = \varphi_u - \varphi_i = 90^\circ$$

所以 $\varphi_i = \varphi_u - 90^\circ = 60^\circ - 90^\circ = -30^\circ$。

则电流的瞬时值为 $i = 2\sqrt{2}\sin(100\pi t - 30^\circ)\text{A}$。

（4）电路的有功功率 $P = 0$。

（5）电路的无功功率 $Q_L = U_L I = 220 \times 2 = 440\,\text{var}$。

4.3.3　纯电容电路

由交流电源与纯电容元件组成的电路，称为纯电容电路。下面仍然采用类似 4.3.2 节的实验来

介绍纯电容电路中电压与电流的大小关系、相位关系及电路的功率，如图4-31所示。

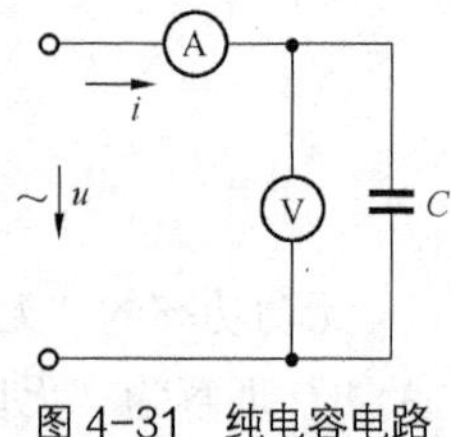

图4-31 纯电容电路

1. **电压与电流的关系**

如图4-31所示的纯电容元件电路中，用超低频信号发生器作电源（频率低于 6Hz），从电压表和电流表指针的摆动情况可以看出，在纯电容电路中，电压滞后电流 90°，正好与纯电感电路情况相反。把电容器端电压 u_C 和电路中电流 i 的变化信号输送给双踪示波器，电压和电流的波形如图4-32所示。

纯电容电路电压与电流的相量图，如图4-33所示。

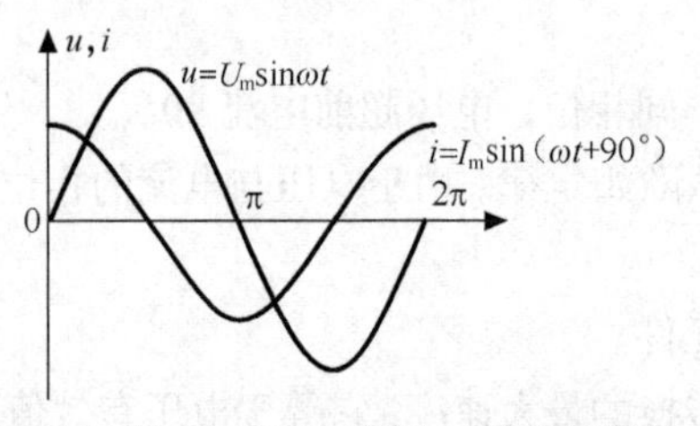

图4-32 纯电容电路电压与电流波形图

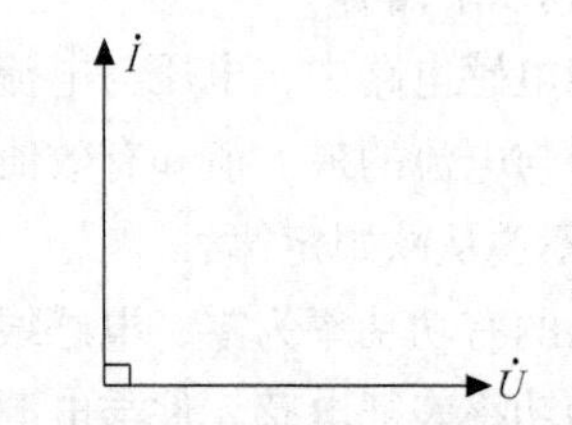

图4-33 纯电容电路电压与电流相量图

仍采用研究纯电感电路同样的实验方法。先保持交流信号发生器频率不变，连续改变输出电压的大小，记录对应电压和电流的值，可得出结论：在纯电容电路中，电压与电流成正比，即

$$U_C = X_C I \tag{4-10}$$

式（4-10）称为纯电容电路的欧姆定律表达式，即式中 X_C 相当于纯电阻电路欧姆定律中的 R。X_C 表示电容对交流电的阻碍作用，称为容抗，单位也是欧姆（Ω）。容抗产生的原因又不同于电阻和感抗。容抗是由于积聚在电容器两极板上的电荷，对在电源电压作用下做定向移动的自由电荷产生阻碍作用而形成的。这就与已在公共汽车上的人群，对继续上车的人有阻碍作用的情况相似。

与纯电感电路一样，在纯电容电路中由于电压与电流相位不同，所以，电压与电流的瞬时值之间也不遵从欧姆定律。

仍仿照研究感抗大小的实验方法，来讨论影响容抗大小的因素，如图4-34所示。

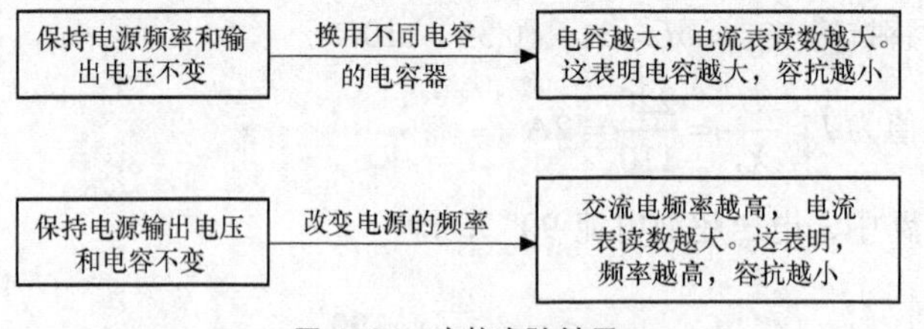

图4-34 容抗实验结果

上述实验说明，容抗 X_C 的大小与电容器的电容 C 和交流电的频率 f 有关。这是因为，频率一定时，电容越大，在相同电压下容纳的电荷越多，充放电电流就越大，容抗就越小。当外加电压和电容一定时，交流电频率越高，充放电的速度就越快，电路中电流也就越大，容抗就越小。

理论研究和实验分析都可以证明，电容器的容抗 X_C 的大小计算公式为

$$X_C = \frac{1}{\omega C} = \frac{1}{2\pi f C} \tag{4-11}$$

式中，ω 为交流电的角频率，单位是 rad/s；C 为电容器的电容，单位是 F；f 为交流电频率，单位

是 Hz。

当电容器的电容 C 一定时，对低频率交流电，由于 f 值小，容抗 X_C 就大；而对高频率交流电，由于 f 值很大，容抗 X_C 很小。所以，电容器在电路中具有“通交流，隔直流”和“通高频，阻低频”的特性，在电工和电子技术中也得以广泛应用。

例如，在某电子线路的电流中，既含直流成分，又含交流成分。若只需把交流成分输送到下一级，则只要在这两级之间串联一个隔直流电容器就可以了。隔直流电容器的电容 C 一般较大，常用电解电容器，如图 4-35 所示。

若在线路的交流电中，既含低频成分，又含高频成分，只需将低频成分输送到下一级，则只要在输出端并联一个高频旁路电容器即可达到目的，如图 4-36 所示。高频旁路电容器的电容一般较小，对高频成分容抗小，而对低频成分容抗大。

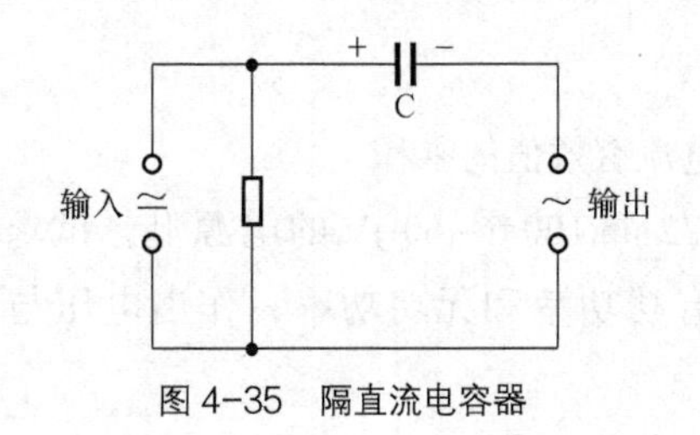

图 4-35　隔直流电容器

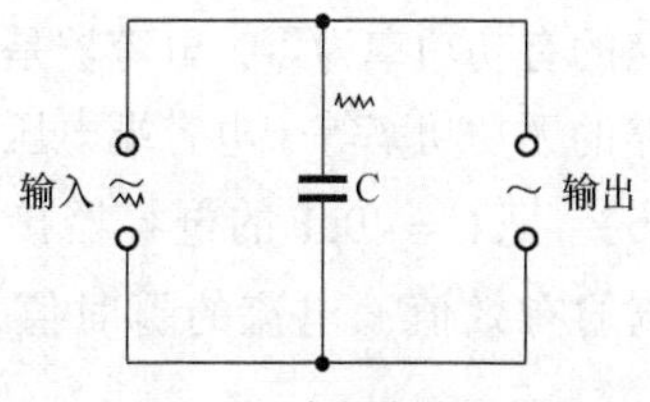

图 4-36　高频旁路电容器

电感元件具有“通直流，阻交流”和“通低频，阻高频”的性质；而电容器具有“通交流，隔直流”和“通高频，阻低频”的特性。这两种储能元件在电路中除与电路频繁交换能量外，还起电路的“交通警察”的作用，让电路中直流、交流、高频、低频各种成分，按人们的意愿、电路的需要，“各行其道”，有序通行。

2. 电路的功率

设纯电容电路中 $u_C = u_{Cm}\sin\omega t$，则 $i = I_m\sin(\omega t + 90^\circ) = I_m\cos\omega t$，所以

$$\begin{aligned} p = u_C i &= U_{Cm}\sin\omega t \times I_m\cos\omega t = \sqrt{2}U_C\sqrt{2}I\sin\omega t\cos\omega t \\ &= 2U_C I\times\frac{1}{2}\sin 2\omega t = U_C I\sin 2\omega t \end{aligned} \tag{4-12}$$

由式（4-12）可知，纯电容电路的瞬时功率 P 也随时间按正弦规律变化，其频率是电流频率的两倍，最大值为 $U_C I$，其波形图如图 4-37 所示。

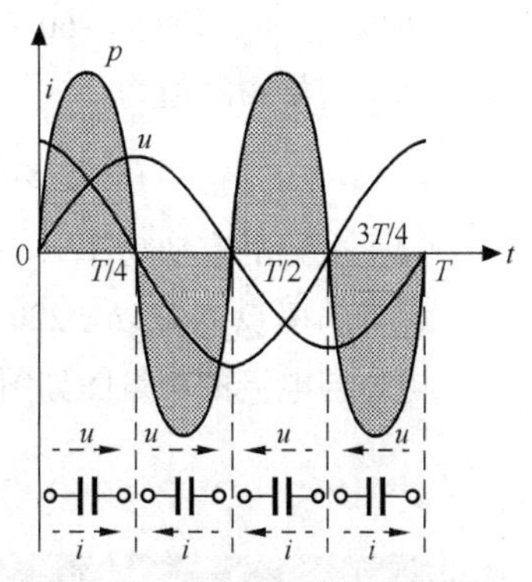

图 4-37　纯电容电路的功率曲线

与纯电感电路相同，纯电容电路的功率曲线一半为正，一半为负，一个周期内它们与 t 轴所包围的面积之和为零，即表示纯电容电路的平均功率为零，说明纯电容元件在交流电路中不消耗功率。

电容器也是储能元件，图 4-38 所示为电容储存和释放能量示意图。

电容元件与电源之间能力转换的最大速率，即瞬时功率最大值，称为无功功率，即

$$Q_C = U_C I = I^2 X_C = \frac{U_C^2}{X_C} \tag{4-13}$$

电容器从电源吸取了电能，并把它转换为电场能储存在电容器两极板之间

电容器端电压↑ → 电容器中储存的电场能↑ → 瞬时功率为正值

电容器端电压↓ → 电容器中储存的电场能↓ → 瞬时功率为负值

电容器将储存的电场能释放出来返还给电源

图 4-38 电容储存和释放能量示意图

由此在纯电容电路中可以得出以下结论

① 电压与电流同频率而不同相位，电流超前电压 90°。

② 电压与电流的最大值和有效值之间遵从欧姆定律，由于电压与电流相位不同，它们的瞬时值之间不遵从欧姆定律。

③ 电路的有功功率为零，电容器是储能元件。

④ 电路的无功功率等于电容端电压有效值与电流有效值的乘积。

【例 4-5】 把 $C = 40\mu F$ 的电容器接到 $u = 220\sqrt{2}\sin(100\pi t - 60^\circ)V$ 的电源上，试求：电容的容抗；电流的有效值；电流的瞬时值；电路的有功功率和无功功率；作出电压与电流的相量图。

解：由 $u = 220\sqrt{2}\sin(100\pi t - 60^\circ)V$，可得

$$U = \frac{220\sqrt{2}}{\sqrt{2}} = 220V \quad \omega = 100\pi rad/s \quad \varphi_u = -60^\circ$$

（1）电容的容抗为 $X_C = \frac{1}{\omega C} = \frac{1}{314 \times 40 \times 10^{-6}} \approx 80\Omega$。

（2）电流的有效值为 $I = \frac{U}{X_C} = \frac{220}{80} = 2.75A$。

（3）在纯电容电路中，电流超前电压 90°，即

$$\varphi = \varphi_u - \varphi_i = -90^\circ$$

所以 $\varphi_i = \varphi_u + 90^\circ = -60^\circ + 90^\circ = 30^\circ$。

则电流的瞬时值为

$$i = 2.75\sqrt{2}\sin(100\pi t + 30^\circ)A$$

（4）电路的有功功率 $P_C = 0$。

无功功率 $Q_C = U_C I = 220 \times 2.75 = 605\,var$。

电压与电流的相量图如图 4-39 所示。

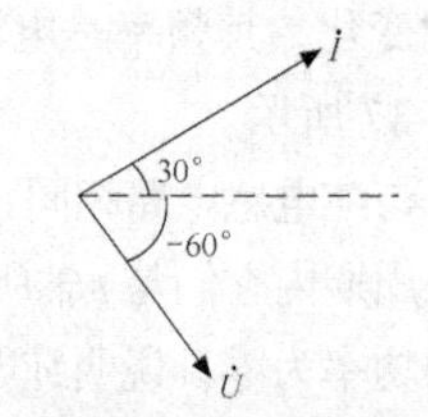

图 4-39 电压与电流的相量图

4.4 RLC 串联电路

由电阻 R、电感 L 和电容 C 串联而成的交流电路，称为 RLC 串联电路，如图 4-40 所示。RLC

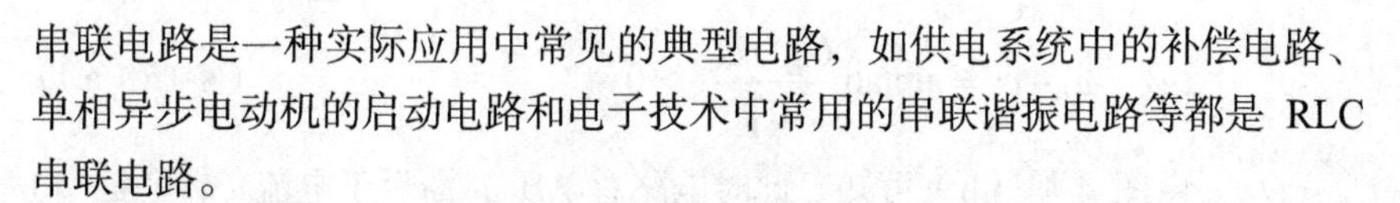

串联电路是一种实际应用中常见的典型电路，如供电系统中的补偿电路、单相异步电动机的启动电路和电子技术中常用的串联谐振电路等都是 RLC 串联电路。

串联电路中电流处处相等，电阻元件端电压与电流同相位，电感元件端电压超前电流 90° ，电容元件端电压滞后电流 90° 。

图 4-40 RLC 串联电路

设 RLC 串联电路中的电流为

$$i=\sqrt{2}I\sin\omega t$$

则电阻 R 的端电压为

$$u_{\mathrm{R}}=\sqrt{2}IR\sin\omega t$$

电感 L 的端电压为

$$u_{\mathrm{L}}=\sqrt{2}IX_{\mathrm{L}}\sin(\omega t+90^{\circ})$$

电容 C 的端电压为

$$u_{\mathrm{C}}=\sqrt{2}IX_{\mathrm{C}}\sin(\omega t-90^{\circ})$$

当电流正方向与电压 u、u_{R}、u_{L}、u_{C} 正方向关联一致时，电路总电压瞬时值等于各元件上电压瞬时值之和，即

$$u=u_{\mathrm{R}}+u_{\mathrm{L}}+u_{\mathrm{C}} \qquad (4\text{-}14(a))$$

对应的有效值相量关系是

$$\dot{U}=\dot{U}_{\mathrm{R}}+\dot{U}_{\mathrm{L}}+\dot{U}_{\mathrm{C}} \qquad (4\text{-}14(b))$$

4.4.1 RLC 串联电路中电压与电流的相位关系

作出与 i、u_{R}、u_{L} 和 u_{C} 相对应的相量图，方法如下。

以电流相量 $\dot{I}$ 为参考相量，画在水平位置上；再按比例分别作出与 $\dot{I}$ 同相的 $\dot{U}_{\mathrm{R}}$，超前 $\dot{I}$ 90° 的 $\dot{U}_{\mathrm{L}}$ 和滞后 $\dot{I}$ 90° 的 $\dot{U}_{\mathrm{C}}$ 的相量图，如图 4-41 所示。

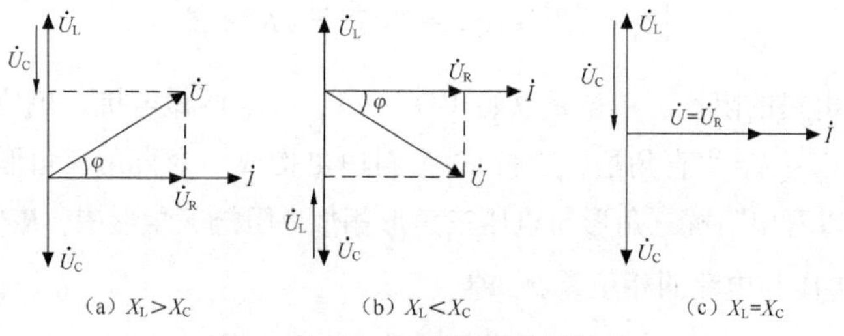

图 4-41 RLC 串联电路的相量图

当 $X_{\mathrm{L}}>X_{\mathrm{C}}$ 时，$U_{\mathrm{L}}>U_{\mathrm{C}}$。由图 4-41（a）可知，此时电路总电压 u 超前电流 i 锐角 φ，电路呈电感性，称为电感性电路。总电压 u 与电流 i 的相位差为

$$\varphi = \varphi_u - \varphi_i = \arctan\frac{U_L - U_C}{U_R} > 0 \tag{4-15（a）}$$

当 $X_L < X_C$ 时，$U_L < U_C$。由图 4-41（b）可知，此时电路总电压 u 滞后于电流 i 锐角φ，电路呈电容性，称为电容性电路。总电压 u 与电流 i 的相位差为

$$\varphi = \varphi_u - \varphi_i = \arctan\frac{U_L - U_C}{U_R} < 0 \tag{4-15（b）}$$

当 $X_L = X_C$ 时，$U_L = U_C$。由图 4-41（c）可知，此时电路电感 L 和电容 C 端电压大小相等，相位相反，电路总电压就等于电阻的端电压。总电压 u 与电流 i 同相位，即它们的相位差为

$$\varphi = \varphi_u - \varphi_i = 0 \tag{4-15（c）}$$

电路呈电阻性，把 RLC 串联电路中电压与电流同相位，电路呈电阻性的状态叫做串联谐振。

4.4.2 RLC 串联电路电压与电流的大小关系

由图 4-41（a）和图 4-41（b）可以看到，以电阻电压 $\dot{U}_R$、电感电压与电容电压的相量和 $\dot{U}_L + \dot{U}_C$ 为直角边，总电压 $\dot{U}$ 为斜边构成一个直角三角形，称为电压三角形。

由电压三角形可知，电路总电压的有效值与各元件端电压有效值的关系是相量和而不是代数和。这是因为在交流电路中，各种不同性质元件的端电压除有数量关系外还存在相位关系，所以其运算规律与直流电路有明显差异。

根据电压三角形，有

$$U = \sqrt{U_R^2 + (U_L - U_C)^2}$$

将 $U_R = IR$，$U_L = IX_L$，$U_C = IX_C$ 代入上式，得

$$\begin{aligned} U &= \sqrt{U_R^2 + (U_L - U_C)^2} = I\sqrt{R^2 + (X_L - X_C)^2} \\ &= I\sqrt{R^2 + X^2} = I|Z| \end{aligned} \tag{4-16（a）}$$

或

$$I = \frac{U}{|Z|} \tag{4-16（b）}$$

式（4-16）称为 RLC 串联电路中欧姆定律的表达式，式中

$$|Z| = \sqrt{R^2 + (X_L - X_C)^2} = \sqrt{R^2 + X^2}$$

其中，$|Z|$ 叫做电路的阻抗，单位是欧姆（Ω）；$X_L - X_C$ 叫做电抗，单位也是欧姆（Ω）。

电阻 R、电抗 $X_L - X_C$ 为直角边，阻抗 $|Z|$ 为斜边也构成一个直角三角形，称为阻抗三角形，如图 4-42 所示，可以看出阻抗三角形与电压三角形相似。阻抗三角形中，R 与 $|Z|$ 的夹角 φ 叫做阻抗角，其大小等于电压与电流的相位差 φ，即

$$\varphi = \arctan\frac{X_L - X_C}{R} = \arctan\frac{X}{R} \tag{4-17}$$

由阻抗三角形可写出 $|Z|$、φ 与 R、X 关系为

$$R = |Z|\cos\varphi$$

$$X = |Z|\sin\varphi$$

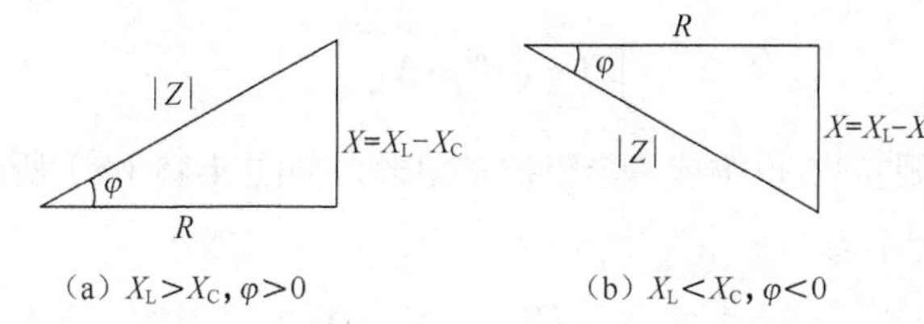

图 4-42　阻抗三角形

【例 4-6】 在 RLC 串联电路中，已知 $R=20\Omega$、$L=10\text{mH}$、$C=10\mu\text{F}$、电源电压 $u=50\sqrt{2}\sin(2500t+30^\circ)$ V。试求：

电路感抗 X_L、容抗 X_C 和阻抗 $|Z|$；电路的电流 I 和各元件的端电压 U_R、U_L、U_C；电压与电流的相位差 φ，并确定电路的性质；画出相量图；

解：（1）由 $u=50\sqrt{2}\sin(2500t+30^\circ)$ V 可知

$$\omega = 2500\text{rad/s}$$

$$X_L = \omega L = 2500\times10\times10^{-3} = 25\Omega$$

$$X_C = \frac{1}{\omega C} = \frac{1}{2500\times10\times10^{-6}} = 40\Omega$$

$$|Z| = \sqrt{R^2+(X_L-X_C)^2} = \sqrt{20^2+(25-40)^2} = 25\Omega$$

（2）$I = \dfrac{U}{|Z|} = \dfrac{50}{25} = 2\text{A}$，$U_R = IR = 20\times2 = 40\text{V}$，

$U_L = IX_L = 25\times2 = 50\text{V}$，$U_C = IX_C = 40\times2 = 80\text{V}$。

（3）$\varphi = \arctan\dfrac{X_L-X_C}{R} = \arctan\dfrac{25-40}{20} = -36.87^\circ < 0$，电路呈电容性。

（4）相量图如图 4-43 所示。

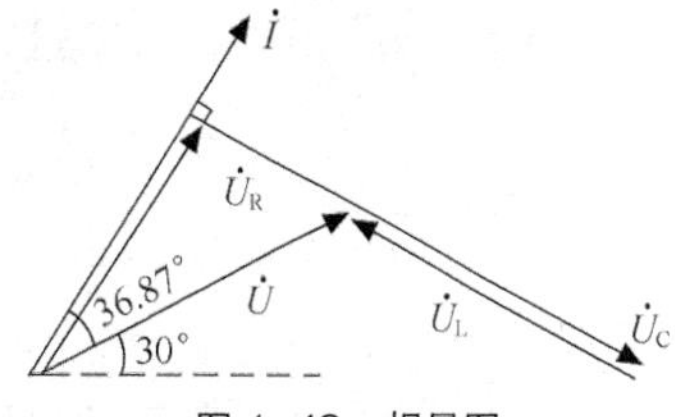

图 4-43　相量图

4.4.3　RLC 串联电路的两个特例

当电路中 $X_C=0$，即 $U_C=0$ 时，RLC 串联电路就成了 RL 串联电路，如图 4-44（a）所示；当电路中 $X_L=0$，即 $U_L=0$ 时，RLC 串联电路就成了 RC 串联电路，如图 4-44（b）所示。

（1）RL 串联电路

电动机等电感性负载和由镇流器及灯管组成的日光灯电路都可以看做是 RL 串联电路，其相量图如图 4-45（a）所示。

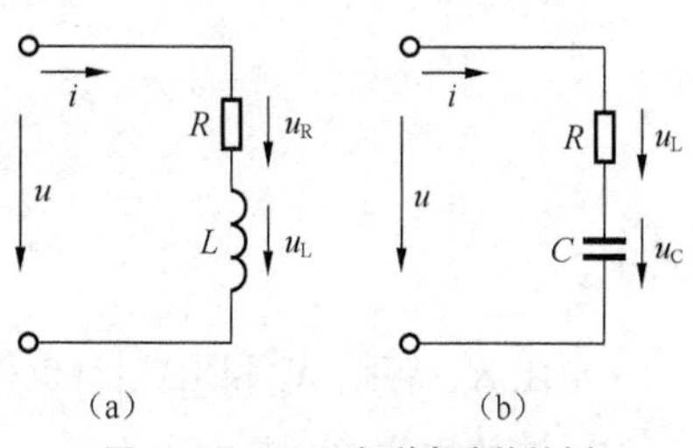

图 4-44　RLC 串联电路的特例

由图 4-45（b）所示的电压三角形可知，总电压与电流的大小关系为

$$U=\sqrt{U_{\mathrm{R}}^2+{U_{\mathrm{L}}}^2}=I\sqrt{R^2+{X_{\mathrm{L}}}^2}=I|Z|$$

$$|Z|=\sqrt{R^2+{X_{\mathrm{L}}}^2}$$

电阻 R、感抗 X_{L} 和阻抗 $|Z|$ 也构成一个阻抗三角形，如图 4-45（c）所示。阻抗角 φ 就是总电压与电流的相位差，其大小为

$$\varphi=\arctan\frac{U_{\mathrm{L}}}{U_{\mathrm{R}}}=\arctan\frac{X_{\mathrm{L}}}{R}>0$$

因此，在 RL 串联电路中，电压超前电流 φ，电路呈电感性。

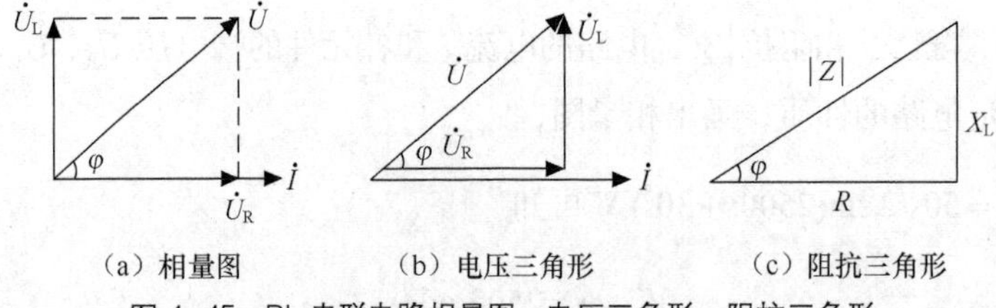

图 4-45　RL 串联电路相量图、电压三角形、阻抗三角形

（2）RC 串联电路

电子技术中常见的如图 4-46 所示的阻容耦合放大电路、RC 振荡器、RC 移相电路等都是 RC 串联电路的实例，其相量图如图 4-47（a）所示。

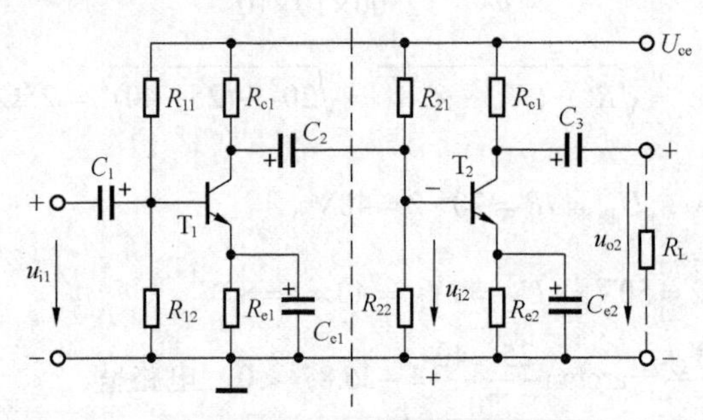

图 4-46　电子技术中的阻容耦合放大电路

由图 4-47（b）所示的电压三角形可知，总电压与电流的大小关系为

$$U=\sqrt{U_{\mathrm{R}}^2+{U_{\mathrm{C}}}^2}=I\sqrt{R^2+{X_{\mathrm{C}}}^2}=I|Z|$$

$$I=\frac{U}{|Z|}$$

式中，

$$|Z|=\sqrt{R^2+{X_{\mathrm{C}}}^2}$$

电阻 R、容抗 X_{C} 和阻抗 $|Z|$ 也构成一个阻抗三角形，如图 4-47（c）所示，阻抗角 φ 等于总电压与电流的相位差，其大小为

$$\varphi = \arctan\frac{U_C}{U_R} = \arctan\frac{X_C}{R} < 0$$

因此在 RC 串联电路中，电压滞后电流φ，电路呈电容性。

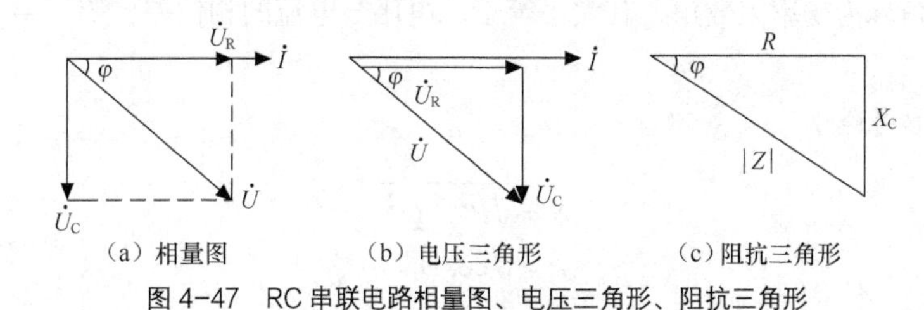

图 4-47　RC 串联电路相量图、电压三角形、阻抗三角形

另外，前面介绍的纯电阻电路、纯电感电路和纯电容电路也可看做是 RLC 串联电路的特例。

4.4.4　RLC 串联电路的功率

在 RLC 串联电路中，既有耗能元件电阻 R，又有储能元件电感 L 和电容 C。所以，电路既有有功功率 P，又有无功功率 Q_L 和 Q_C。

由于 RLC 串联电路中只有电阻 R 是消耗功率的，所以电路的有功功率 P 就是电阻上所消耗的功率，即

$$P = U_R I$$

由电压三角形可知，电阻端电压 U_R 与总电压 U 的关系为

$$U_R = U\cos\varphi$$

故

$$P = U_R I = UI\cos\varphi = I^2 R \tag{4-18}$$

式（4-18）为 RLC 串联电路的有功功率公式。

电路中的储能元件电感 L 和电容 C 虽然不消耗能量，但与电源之间进行着周期性的能量交换。无功功率 Q_L 和 Q_C 分别表征它们这种能量交换的最大速率，即

$$Q_L = U_L I$$

$$Q_C = U_C I$$

由于电感和电容的端电压在任何时刻都是反相的，所以 Q_L 和 Q_C 的符号相反。RLC 串联电路的无功功率为

$$Q = Q_L - Q_C = (U_L - U_C)I = I^2(X_L - X_C) \tag{4-19}$$

而由电压三角形可知

$$U_L - U_C = U\sin\varphi$$

故

$$Q = UI\sin\varphi$$

把电路的总电压有效值和电流有效值的乘积称为视在功率，用符号 S 表示，单位是伏安（VA）或千伏安（kVA），即

$$S = UI \tag{4-20}$$

视在功率表征电源提供的总功率，也用来表示交流电源的容量。

将电压三角形的各边同时乘以电流有效值 I，就可得到功率三角形，如图 4-48 所示。

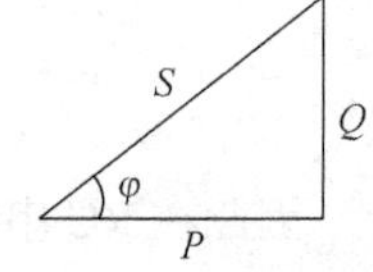

图 4-48　功率三角形

P 与 S 的夹角称为功率因数角，其大小等于总电压与电流的相位差，等于阻抗角。

由功率三角形可得

$$\begin{aligned} S &= \sqrt{P^2 + Q^2} \\ P &= S\cos\varphi \\ Q &= S\sin\varphi \end{aligned} \qquad (4\text{-}21)$$

4.5　串联谐振电路

电路中的谐振是由 L、C 组成的正弦交流电路中的一种特殊现象。电路的谐振可能会造成设备的损坏和人员的伤害，但是也可以被人们所利用，所以对谐振的研究具有重要的现实意义。

谐振电路包括串联谐振和并联谐振两种电路，这里只介绍串联谐振电路。首先请思考图 4-49 所示的 RLC 串联电路中当感抗 X_L 与容抗 X_C 相等时电路中电压电流的相位关系。

当 RLC 串联电路中 $X_L = X_C$ 时，电路中的电压和电流同相位，电路呈电阻性，把这种状态叫做串联谐振。

由此可知，产生串联谐振的条件是电路中的感抗与容抗相等，即

$$X_L = X_C$$

串联谐振时的相量图如图 4-50 所示。

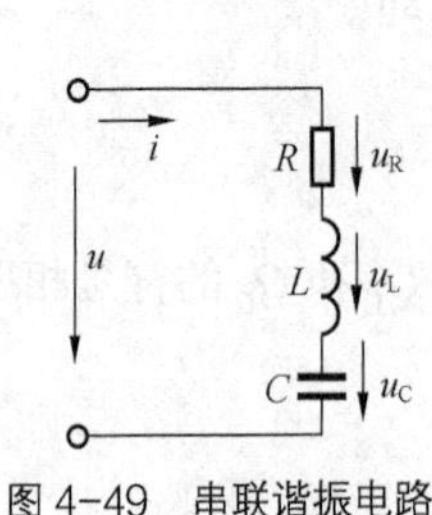

图 4-49　串联谐振电路

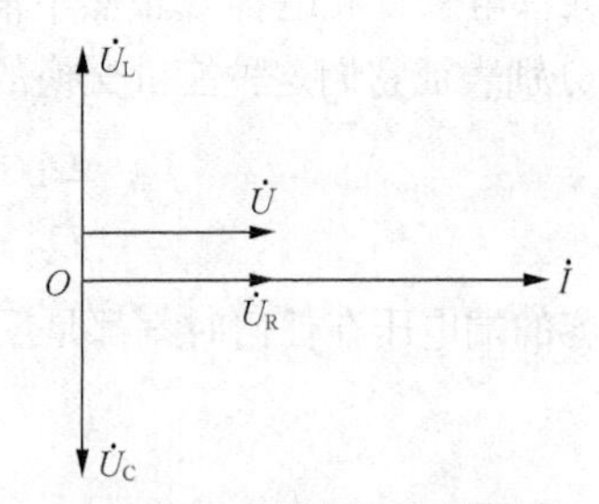

图 4-50　串联谐振时的相量图

满足串联谐振条件的电源电压频率，称为串联谐振频率。串联谐振角频率用 ω_0 表示，串联谐振频率用 f_0 表示，则由

$$X_L = \omega L\,,\quad X_C = \frac{1}{\omega C}\,,\quad X_L = X_C = \omega L = \frac{1}{\omega C}$$

可求得串联谐振时的角频率 ω_0

$$\omega_0 = \frac{1}{\sqrt{LC}} \qquad (4\text{-}22)$$

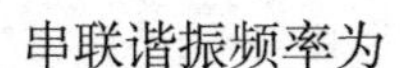

串联谐振频率为

$$f_0 = \frac{1}{2\pi\sqrt{LC}} \tag{4-23}$$

可见，串联谐振电路的谐振角频率和谐振频率仅由电路参数 L 和 C 决定，故谐振频率有时又称为电路的固有频率。式（4-23）中，L 的单位为亨利（H），C 的单位为法拉（F）时，f_0 的单位为赫兹（Hz）。

由此总结串联谐振时的特点如下。

① 串联谐振时，电路呈现纯电阻性，总阻抗最小。电路的功率因数为 1。

② 串联谐振时，电路的总电流最大，且与电源电压同相。

③ 串联谐振时，电感上的电压和电容器上的电压大小相等，相位相反。电阻两端电压就等于电源电压。

串联谐振时定义电感上的电压或电容上的电压与电源电压的比值为电路的品质因数，用大写字母 Q 表示，即

$$Q = \frac{U_{\mathrm{L}}}{U} = \frac{U_{\mathrm{C}}}{U} \tag{4-24}$$

又因谐振时

$$U_{\mathrm{L}} = I_0 X_{\mathrm{L}} = I_0 \omega_0 L \text{，} U_{\mathrm{C}} = I_0 X_{\mathrm{C}} = I_0 \frac{1}{\omega_0 C}$$

$$U_{\mathrm{R}} = I_0 R = U \text{，} \omega_0 = \frac{1}{\sqrt{LC}}$$

故可以推导电路的品质因数为

$$Q = \frac{\omega_0 L}{R} = \frac{1}{\omega_0 C R} = \frac{\sqrt{\frac{L}{C}}}{R} \tag{4-25}$$

可见，谐振电路的品质因数仅由电路的参数 L、C 及 R 决定，电路确定后，它的品质因数也就确定了。由于电路的损耗电阻 R 通常是很小的，因此品质因数要远大于 1。一般谐振电路品质因数 Q 的数值范围为几十至 200。

由式（4-24）可知，如果电源电压为 220V，电路的品质因数为 100，则在发生串联谐振时，将使

$$U_{\mathrm{L}} = U_{\mathrm{C}} = QU = 100 \times 220 = 22000\mathrm{V}$$

因此，串联谐振又称为电压谐振。

串联谐振时，电感和电容器上的电压等于电源电压的 Q 倍，过高的电压会远远超过电气设备的额定电压和绝缘等级，造成设备的损坏及人员伤害。因此，在电力工程中（强电系统）应避免发生串联谐振。但在电子技术领域（弱电系统）中，串联谐振又得到了广泛应用。

交流电路中的无功功率也用字母 Q 表示，但与谐振电路中的品质因数意义完全不同，不要混淆。

串联谐振时，电感和电容两端的电压是电源电压的 Q 倍。正是利用这一宝贵特点，串联谐振在无线电通信系统中得到了广泛应用，收音机中用来选择不同电台信号的输入回路就是典型的一例，如图 4-51 所示。

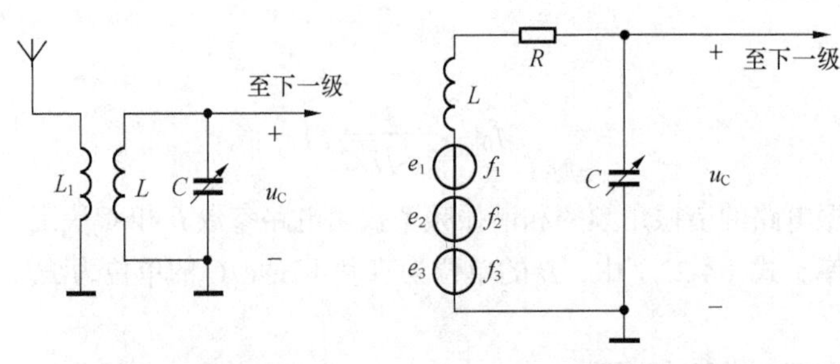

（a）收音机的输入回路　　（b）等效的串联谐振电路

图 4-51　串联谐振在收音机中的应用

图 4-51（a）所示是收音机中的输入回路，它的作用是将需要接收的电台信号从天线收到的众多不同频率的信号中选择出来，而将其他不需要的电台信号尽量抑制掉。输入回路的主要部分是接收天线、天线线圈 L_1、电感线圈 L 和可变电容器 C。天线接收的众多不同频率的信号经过 L_1 与 L 之间的电磁感应，在 L 上产生众多不同频率的感应电动势 e_1，e_2，e_3，…，它们的频率分别为 f_1，f_2，f_3，…，这些感应电动势与 L 及其损耗电阻 R 和 C 构成了串联谐振电路，如图 4-51（b）所示。

调节可变电容器 C 的容量，改变了电路谐振频率，使之等于所要接收的电台频率，如接收 e_1，则有

$$f_0=\frac{1}{2\pi\sqrt{LC}}=f_1$$

此时，电路就对信号 e_1（即 f_1）发生串联谐振，电容器两端的电压就等于 e_1（有效值为 E_1）的 Q 倍，即

$$U_C=QE_1$$

而对其他频率的信号 e_2，e_3，…，电路不对它们谐振，在电容器 C 两端形成的电压就很小，即被抑制掉了。这样，由 RLC 组成的串联谐振电路就完成了“选择信号、抑制干扰”的任务。

【例 4-7】某 RLC 串联电路中，$R=100\Omega$、$L=20\text{mH}$、$C=200\text{pF}$，电源电压有效值 $U=10\text{V}$。试求：电路的串联谐振频率；电路的品质因数；串联谐振时的电路电流；电容器两端电压。

解：（1）电路的谐振频率

$$f_0=\frac{1}{2\pi\sqrt{LC}}=\frac{1}{2\times3.14\sqrt{20\times10^{-3}\times200\times10^{-12}}}\approx0.08\times10^6\,\text{Hz}=80\text{kHz}$$

（2）电路的品质因数

$$Q=\frac{\omega_0L}{R}=\frac{2\times3.14\times0.08\times10^6\times20\times10^{-3}}{100}=100$$

（3）串联谐振时电路的电流

$$I=I_0=\frac{U}{Z_0}=\frac{U}{R}=\frac{10}{100}=0.1\text{A}$$

（4）串联谐振时电容器上的电压

$$U_C=QU=100\times10=1000\text{V}$$

本章小结

大小和方向随时间按正弦规律变化的电动势、电压和电流统称为正弦交流电。正弦交流电的三要素是最大值、角频率和初相位，它们反映了正弦交流电的特点。例如，在正弦交流电压的解析式 $u=10\sin(314t+60°)$ V 中，$U_m=10$ V 是正弦交流电的最大值，$\omega=314$ rad/s 称为正弦交流电的角频率，$\varphi_0=60°$ 是正弦交流电的初相位。正弦交流电可用 4 种方法表示：解析式表示法、波形图表示法、相量式表示法及相量图表示法。4 种表示方法之间可以相互转换。

热效应相等的直流电数值称为对应交流电的有效值。最大值等于有效值的 $\sqrt{2}$ 倍。交流电压表、电流表测量出的数值是有效值，电动机、电器铭牌上标出的电压、电流值均为交流电压、电流的有效值。

相位差反映了两个同频率正弦交流电间的相位关系。两个同频率正弦交流电的相位之差等于它们的初相位之差，二者的相位关系一般为超前、滞后、同相、反相和正交。

能表示正弦量特征的复数称为相量。相量用复平面上的几何图形表示，称为相量图。相量用上面加点的大写字母表示。如电流、电压、电动势的有效值相量分别为：$\dot{I}=I\angle\varphi_i$，$\dot{U}=U\angle\varphi_u$，$\dot{E}=E\angle\varphi_E$，对应复数的模称为该正弦量的有效值，对应复数的幅角称为该正弦交流电的初相角。

正弦交流电路各定律、定理的相量形式与直流电路对照表如表 4-1 所示。

表 4-1　正弦交流电路与直流电路对照表

电路形式 / 定律	正弦交流电路（相量模型）	直流电路
欧姆定律	$\dot{U}=\dot{I}Z$	$U=IR$
KCL	$\sum\dot{I}=0$	$\sum I=0$
KVL	$\sum\dot{U}=0$，$\sum\dot{E}=\sum\dot{I}Z$	$\sum U=0$，$\sum E=\sum IR$

单一参数正弦交流电路中电压、电流关系和功率特性如表 4-2 所示。

表 4-2　单一参数正弦交流电路中电压，电流关系和功率特性

电路元件	电路图	伏安特性	瞬时值表达式	电压电流关系			平均功率	无功功率
				相量式	相量图	有效值		
R	i, u, R	$u=iR$	$u=\sqrt{2}U\sin\omega t$ $i=\frac{\sqrt{2}U}{R}\sin\omega t$	$\dot{U}=\dot{I}R$	$\dot{U}$, $\dot{I}$	$U=IR$	$P=UI$ $=I^2R$	0
L	i_L, u_L, L	$u_L=L\frac{di_L}{dt}$	$i_L=\sqrt{2}I_L\sin\omega t$ $u_L=\sqrt{2}I_LX_L\sin(\omega t+90°)$ $X_L=\omega L$	$\dot{U}_L=j\dot{I}_LX_L$	$\dot{U}_L$, $\dot{I}_L$	$U_L=I_LX_L$	$P_L=0$	$Q_L=U_LI_L$ $=I_L^2X_L$

续表

电路元件	电路图	伏安特性	瞬时值表达式	电压电流关系			平均功率	无功功率
				相量式	相量图	有效值		
C	i_C u_C C	$i_C = C\dfrac{du_C}{dt}$	$i_C = \sqrt{2}I_C\sin(\omega t + 90°)$ $u_C = \sqrt{2}I_C X_C \sin\omega t$ $X_C = \dfrac{1}{\omega_C}$	$\dot{U}_C = -j\dot{I}_C X_C$	$\dot{I}_C$ $\dot{U}_C$	$U_C = I_C X_C$	$P_C=0$	$Q_C = U_C I_C = I_C^2 X_C$

RLC 串联电路中电压、电流关系及功率特性如表 4-3 所示。

表 4-3 RLC 串联电路中电压，电流关系及功率特性

项目 \ 电路形式		RL 串联电路	RC 串联电路	RLC 串联电路
阻抗		$\lvert Z\rvert = \sqrt{R^2 + X_L{}^2}$	$\lvert Z\rvert = \sqrt{R^2 + X_C{}^2}$	$\lvert Z\rvert = \sqrt{R^2 + (X_L - X_C)^2}$
电流和电压间的关系	大小	$I = \dfrac{U}{\lvert Z\rvert}$	$I = \dfrac{U}{\lvert Z\rvert}$	$I = \dfrac{U}{\lvert Z\rvert}$
	相位	电压超前电流φ $\tan\varphi = \dfrac{X_L}{R}$	电压滞后电流φ $\tan\varphi = -\dfrac{X_C}{R}$	$\tan\varphi = \dfrac{X_L - X_C}{R}$ $X_L>X_C$，电压超前电流φ $X_L<X_C$，电压滞后电流φ $X_L=X_C$，电压与电流同相
有功功率		$P = U_R I = UI\cos\varphi$	$P = U_R I = UI\cos\varphi$	$P = U_R I = UI\cos\varphi$
无功功率		$Q = U_L I = UI\sin\varphi$	$Q = U_C I = UI\sin\varphi$	$Q = (U_L - U_C) I = UI\sin\varphi$
视在功率		$S = UI = \sqrt{P^2 + Q^2}$		

串联谐振与并联谐振对照表，如表 4-4 所示。

表 4-4 串联谐振与并联谐振对照表

	RLC 串联谐振电路	电感线圈与电容器并联谐振电路
谐振条件	$X_L = X_C$	$X_L \approx X_C$
谐振频率	$f_0 = \dfrac{1}{2\pi\sqrt{LC}}$	$f_0 \approx \dfrac{1}{2\pi\sqrt{LC}}$
谐振阻抗	$Z_0 = R$（最小）	$Z_0 = \dfrac{1}{RC}$（最大）
谐振电流	$I_0 = \dfrac{U}{R}$（最大）	$I_0 = \dfrac{U}{Z_0}$（最小）
品质因数	$Q = \dfrac{\omega_0 L}{R} = \dfrac{1}{\omega_0 RC}$	$Q = \dfrac{\omega_0 L}{R} = \dfrac{1}{\omega_0 RC}$
元件上的电压或电流	$U_L = U_C = QU$ $U_R = U$	$I_{RL} \approx I_C \approx QI_0$

日光灯电路以及电力系统中大多数负载属于感性负载，大量感性负载的存在使电源设备的利用率降低。在感性负载的两端并联电容器（欠补偿）可提高电路的功率因数。提高功率因数可以减少线路上的电能损耗和电压降，充分利用电源设备，改善供电质量。

思考与练习题

一、填空题

1. 已知正弦交流电动势有效值为 100 V，周期为 0.02 s，初相位是−30°，则其解析式为________。

2. 电阻元件正弦电路的复阻抗是________，电感元件正弦电路的复阻抗是________，电容元件正弦电路的复阻抗是________，多参数串联电路的复阻抗是________。

3. 画串联电路相量图时，通常选择________作为参考相量，画并联电路相量图时，一般选择________作为参考相量。

4. 能量转换过程不可逆的功率（电路消耗的功率）常称为________功率，能量转换过程可逆的功率（电路占用的功率）叫做________功率，电源提供的总功率称为________功率。

5. 在交流电源电压不变、内阻不计的情况下，给 RL 串联电路并联一只电容器 C 后，该电路仍为感性，则电路中的总电流（变大、变小、不变）________，电源提供的有功功率（变大、变小、不变）________。

6. RLC 串联电路发生谐振时，若电容两端电压为 100 V，电阻两端电压为 10 V，则电感两端电压为________，品质因数为________。

7. 只有电阻和电感元件相串联的电路性质呈________；只有电阻和电容元件相串联的电路性质呈________。

8. 当 RLC 串联电路发生谐振时，电路中阻抗 $z_0=$________；电路中电压一定时电流最大，且与电路的总电压同相。

9. 在 RLC 串联正弦交流电路中，当频率为 f 时发生谐振，当电源频率变为 $2f$ 时，电路为________负载。

10. 实际电气设备大多为感性设备，功率因数往往较低。提高感性负载功率因数的方法是________。

二、判断题

1. 正弦量的三要素是指其最大值、角频率和相位。(　　)

2. 正弦量可以用相量表示，因此可以说，相量等于正弦量。(　　)

3. 正弦交流电路的视在功率等于有功功率和无功功率之和。(　　)

4. 电压三角形、阻抗三角形和功率三角形都是相量图。(　　)

5. 功率表应串接在正弦交流电路中，用来测量电路的视在功率。(　　)

6. 正弦交流电路的频率越高，阻抗越大；频率越低，阻抗越小。(　　)

7. 单一电感元件的正弦交流电路中，消耗的有功功率比较小。(　　)

8. 阻抗由容性变为感性的过程中，必然经过谐振点。(　　)

9. 在感性负载两端并接适当电容就可提高电路的功率因数。(　　)

10. 电抗和电阻由于概念相同，所以它们的单位也相同。(　　)

三、选择题

1. 有“220 V、100 W”和“220 V、25 W”的白炽灯两盏，串联后接入 220 V 交流电源，其亮度情况是(　　)。

A. 100 W 灯泡最亮　　B. 25 W 灯泡最亮　　C. 两只灯泡一样亮

2. 已知工频正弦电压的有效值和初始值均为 380 V，则该电压的瞬时值表达式为(　　)。

A. $u = 380\sin 314t$V　　B. $u = 537\sin(314t + 45°)$ V

C. $u = 380\sin(314t + 90°)$ V

3. 一个电热器接在 10 V 的直流电源上，产生的功率为 P。把它改接在正弦交流电源上，使其产生的功率为 $P/2$，则正弦交流电源电压的最大值为(　　)。

A. 7.07 V　　B. 5 V

C. 14 V　　D. 10 V

4. 若提高供电线路的功率因数，则下列说法正确的是(　　)。

A. 减少了用电设备中无用的无功功率　　B. 可以节省电能

C. 减少了用电设备的有功功率，提高了电源设备的容量

D. 可提高电源设备的利用率并减小输电线路中的功率损耗

5. 已知 $i_1 = 10\sin(314t + 90°)$ A，$i_2 = 10\sin(628t + 30°)$ A，则(　　)。

A. i_1 超前 i_2 60°　　B. i_1 滞后 i_2 60°　　C. 相位差无法判断

6. 在纯电容正弦交流电路中，电压有效值不变，当频率增大时，电路中的电流将(　　)。

A. 增大　　B. 减小　　C. 不变

7. 在 RLC 串联电路中，$U_R = 16$ V，$U_L = 12$ V，则总电压为(　　)。

A. 28 V　　B. 20 V　　C. 2 V

8. RLC 串联电路在 f_0 时发生谐振，当频率增加到 $2f_0$ 时，电路性质呈(　　)。

A. 电阻性　　B. 电感性　　C. 电容性

9. 串联正弦交流电路的视在功率表征了该电路的(　　)。

A. 总电压有效值与电流有效值的乘积　　B. 平均功率

C. 瞬时功率最大值

10. 实验室中的功率表是用来测量电路中的(　　)。

A. 有功功率　　B. 无功功率

C. 视在功率　　D. 瞬时功率

11. 我们常说的“负载大”是指用电设备的(　　)大。

A. 电压　　B. 电阻　　C. 电流

12. 两个同频率正弦交流电的相位差等于 180° 时，它们的相位关系是(　　)。

A. 同相　　B. 反相　　C. 相等

13. 当流过纯电感线圈的电流瞬时值为最大值时，线圈两端的瞬时电压值为(　　)。

A. 零　　B. 最大值

C. 有效值　　D. 不一定

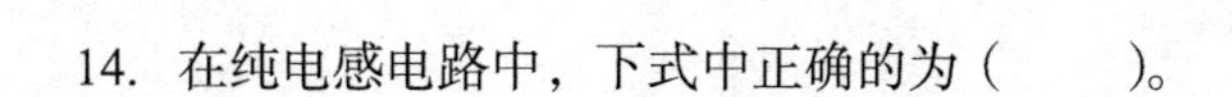

14. 在纯电感电路中，下式中正确的为（　　）。

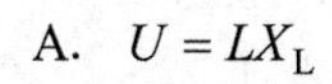

A. $U = LX_L$　　B. $\dot{U} = jX_L\dot{I}$　　C. $U = -j\omega LI$

15. 已知某电路端电压 $u = 220\sqrt{2}\sin(\omega t + 30°)$ V，通过电路的电流 $i = 5\sin(\omega t + 40°)$ A，u、i 为关联参考方向，该电路负载是（　　）。

A. 容性　　B. 感性

C. 电阻性　　D. 无法确定

16. $u(t) = 5\sin(6\pi t + 10°)$ V 与 $i(t) = 3\cos(6\pi t - 15°)$ A 的相位差是（　　）。

A. 25°　　B. 5°

C. −65°　　D. −25°

17. 下列有关正弦交流电路中电容元件上的伏安关系式中正确的是（　　）。

A. $I_C = X_C U_C$　　B. $i_C(t) = \frac{U_C}{\omega C}$

C. $i_C(t) = U_m \omega C \sin(\omega t + \varphi_u + \frac{\pi}{2})$　　D. $\dot{U}_C = j\frac{1}{\omega C}\dot{I}_C$

18. 在交流电的相量式中，不能称为相量的参数是（　　）。

A. $\dot{U}$　　B. $\dot{I}$

C. $\dot{E}$　　D. Z

19. 纯电感电路中无功功率用来反映电路中（　　）。

A. 纯电感不消耗电能的情况　　B. 消耗功率的多少

C. 能量交换的规模　　D. 无用功的多少

20. 在 RL 串联电路中，下列计算功率因数公式中错误的是（　　）。

A. $\cos\varphi = U_R/U$　　B. $\cos\varphi = P/S$

C. $\cos\varphi = R/|Z|$　　D. $\cos\varphi = S/P$

21. 某 RLC 串联电路中，已知 R、L、C 元件两端的电压均为 100 V，则电路两端总电压应是（　　）。

A. 100 V　　B. 200 V

C. 300 V　　D. 0 V

22. 在 RLC 并联交流电路中，电路的总电流为（　　）。

A. $I = I_R + I_L - I_C$　　B. $I = \sqrt{I_R^2 + (I_L - I_C)^2}$

C. $I = \sqrt{i_R^2 + (i_L - i_C)^2}$　　D. $I = \sqrt{I_R^2 + (I_L + I_C)^2}$

23. 把一个 30 Ω的电阻和 80 μF 的电容器串联后，接到正弦交流电源上，电容器的容抗为 40 Ω，则该电路的功率因数为（　　）。

A. 0.6　　B. 0.75

C. 0.8　　D. 1

24. 3只功率相同的白炽灯A、B、C分别与电阻、电感、电容串联后，再并联到220 V的正弦交流电源上，灯A、B、C的亮度相同，若改接为220 V的直流电源后，下述说法正确的是（　　）。

A. A灯比原来亮　　B. B灯比原来亮

C. C灯比原来亮　　D. A、B灯和原来一样亮

25. 在RLC串联的正弦交流电路中，下列功率的计算公式正确的是（　　）。

A. $S=P+Q$　　B. $P=UI$

C. $S=\sqrt{P^2+(Q_L-Q_C)^2}$　　D. $P=\sqrt{S^2+Q^2}$

四、简述题

1. 有“110 V、100 W”和“110 V、40 W”两盏白炽灯，能否将它们串联后接在220 V的工频交流电源上使用？为什么？

2. 试述提高功率因数的意义和方法。

3. 一位同学在做日光灯电路实验时，用万用表的交流电压挡测量电路各部分的电压，实测路端电压为220 V，灯管两端电压$U_1=110$ V，镇流器两端电压$U_2=178$ V，即总电压既不等于两分电压之和，又不符合$U^2=U_1^2+U_2^2$，此实验结果如何解释？

五、计算题

1. 正弦电流频率$f=50$ Hz，有效值$I=15$ A，且$t=0$时，$i=15$ A。写出该正弦电流的瞬时值表示式。

2. 正弦电压、电流频率$f=50$ Hz，波形如图4-52所示。指出电压、电流的最大值、有效值、初相位以及它们之间的相位差，并说明哪个正弦量超前，超前多少角度，超前多少时间。

3. 下面有4组正弦电量，分别写出每一组电量的相量式，画出相量图，并说明每组内两个电量的超前、滞后关系及其相位差。

（1）$i_1=10\sin(2513t+45°)$ A，$i_2=8\sin(2513t-15°)$ A

（2）$u_1=20\sin(314t+45°)$ V，$u_2=8\sin(314t-75°)$ V

（3）$u=8\sin(1000t+40°)$ V，$i=2.5\sin(1000t-40°)$ A

（4）$u=100\sqrt{2}\sin(314t-45°)$ V，$i=8\sqrt{2}\sin(314t+60°)$ A

4. 写出下列各相量所表示的正弦电量的瞬时值表示式。

（1）$\dot{U}=220\angle 60°$ V，$f=50$ Hz；（2）$\dot{I}=4.4\angle(-60°)$ A，$f=50$ Hz

（3）$\dot{U}=220\angle 60°$ V，$\omega=314$ rad/s；（4）$\dot{I}=50\angle(-45°)$ A，$f=60$ Hz

5. 已知正弦电流$i_1=70.7\sqrt{2}\sin(\omega t-30°)$ A，$i_2=60\sin(\omega t+60°)$ A，计算$i=i_1+i_2$，并画出相量图。

6. 有一正弦电流的波形图如图4-53所示，频率$f=50$ Hz，试写出它的解析式、相量式，并画出相量图。

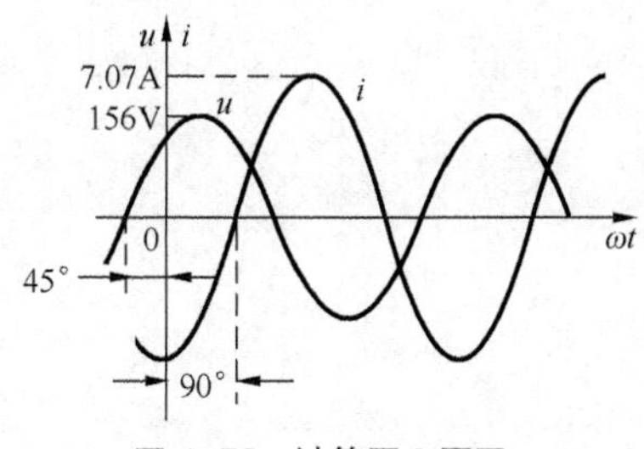

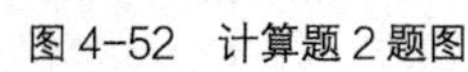
图 4-52 计算题 2 题图

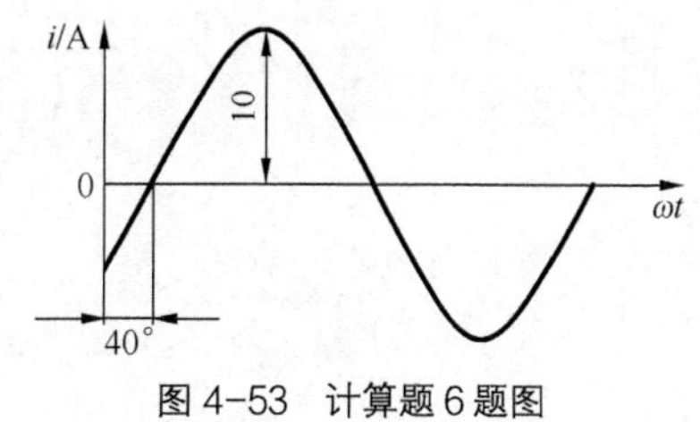

图 4-53 计算题 6 题图

7. 3 个正弦电流 i_1、i_2、i_3 的最大值分别为 1 A、2 A、3 A，若 i_1 超前 i_2 30°，而滞后 i_3 150°，试以 i_3 为参考正弦量，分别写出它们的解析式。设角频率均为 ω。

模块五

三相正弦交流电路

三相正弦交流电路可以看成三个特殊单相正弦交流电路的结合。由三相正弦交流电源和三相负载组成的交流电路称为三相正弦交流电路。和单相交流电路相比，它具有传输功率大、使用维护简单、在远距离输电时节约材料等优点。

5.1 三相交流电基础知识

三相交流电是通过三相交流发电机获得的，图 5-1 所示为三相交流发电机实物图。

图 5-1 三相交流发电机实物图

5.1.1 三相交流电的产生

三相交流发电机原理示意图如图 5-2 所示，它主要由定子和转子两部分组成。发电机定子铁心由内圆开有槽口的绝缘薄硅钢片叠制而成，槽内嵌有 3 个尺寸、形状、匝数和绕向完全相同的独立绕组 U_1U_2、V_1V_2 和 W_1W_2。它们在空间位置互差 120°，其中 U_1、V_1 和 W_1 分别是绕组的始端，U_2、V_2 和 W_2 分别是绕组的末端。每个绕组称为发电机中的一相，分别称为 U 相、V 相和 W 相。发电机的转子铁心上绕有励磁绕组，通过固定在轴上的两个滑环引入直流电流，使转子磁化成磁极，建立磁场，产生磁通。

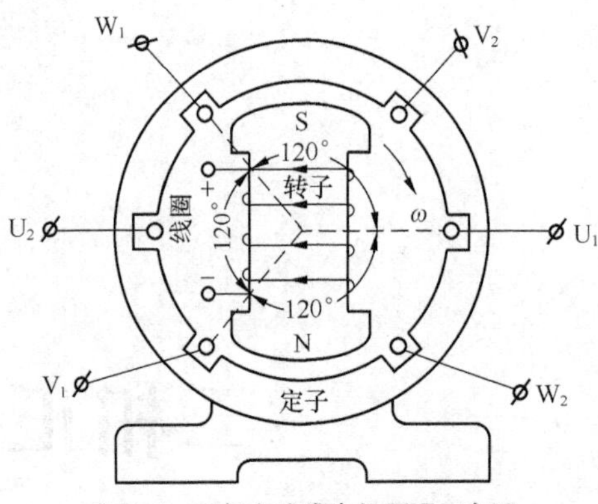

图 5-2 三相交流发电机原理示意图

当转子磁极在风力、水力或者蒸汽（火力）等动力驱动下以角速度 ω 顺时针匀速旋转时，相当于每相绕组沿逆时针方向匀速旋转，做切割磁力线运动，从而产生 3 个感应电压 u_U、u_V 和 u_W，三相电就这样产生了，如图 5-3 所示。

图 5-3 各种发电方式

5.1.2 三相对称正弦量

由于三相绕组的结构完全相同，在空间位置互差 120°，并以相同角速度ω切割磁感线，所以转子磁极切割磁感线运动产生的 3 个感应电压 u_U、u_V 和 u_W 的最大值相等，频率相同，而相位互差 120°。以 u_U 为参考电压，则这 3 个绕组的感应电压瞬时值表达式为

$$
\begin{aligned}
u_{\mathrm{U}} &= \sqrt{2}U_{相}\sin\omega t \\
u_{\mathrm{V}} &= \sqrt{2}U_{相}\sin(\omega t-120^{\circ}) \\
u_{\mathrm{W}} &= \sqrt{2}U_{相}\sin(\omega t-240^{\circ}) = \sqrt{2}U_{相}\sin(\omega t+120^{\circ})
\end{aligned} \tag{5-1}
$$

式（5-1）中 u_{U}、u_{V} 和 u_{W} 分别叫 U 相电压、V 相电压和 W 相电压。把这种最大值（有效值）相等、频率相同、相位互差 120° 的三相电压称为三相对称电压。每相电压都可以看做是一个单独的正弦电压源，其参考极性规定：各绕组的始端为“+”极，末端为“−”极，如图 5-4 所示。将发电机三相绕组按一定方式连接后，就组成一个三相对称电压源，可对外供电。

由式（5-1）可作出三相对称电压的波形图和相量图，如图 5-5 所示。

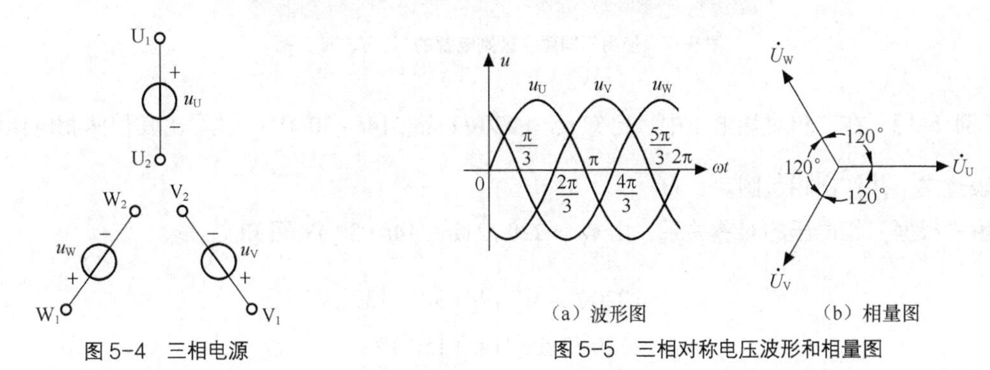

图 5-4　三相电源

图 5-5　三相对称电压波形和相量图

由图 5-5 所示三相对称电压的波形图可以看出，三相对称电压的瞬时值在任一时刻的代数和等于零，即 $u_{\mathrm{U}}+u_{\mathrm{V}}+u_{\mathrm{W}}=0$。将图 5-5（b）所示相量图中任意两个电压相量按平行四边形法则合成，其相量和必与第 3 个电压相量大小相等、方向相反、相量和为零，即

$$
\dot{U}_{\mathrm{U}}+\dot{U}_{\mathrm{V}}+\dot{U}_{\mathrm{W}}=0 \tag{5-2}
$$

三相对称电压瞬时值的代数和等于零，有效值的相量和等于零的结论同样适用于三相对称电动势和三相对称电流，即三相对称正弦量之和恒等于零。

试在图 5-5（b）所示的相量图上作出 $\dot{U}_{\mathrm{U}}+\dot{U}_{\mathrm{V}}$，看看是多少？

5.1.3　三相交流电的相序

在三相电压源中，各相电压到达正的或负的最大值的先后次序，称为三相交流电的相序，如图 5-6 所示。

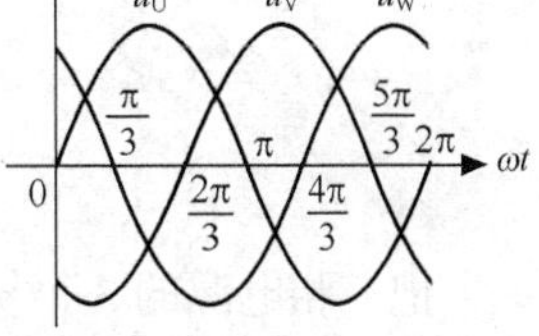

习惯上，选用 U 相电压作参考，V 相电压滞后 U 相电压 120°，W 相电压又滞后 V 相电压 120°，所以它们的相序为 U-V-W，称为正序，反之则为负序。

图 5-6　三相交流电的相序

在实际工作中，相序是一个很重要的问题。例如，几个发电厂并网供电，相序必须相同，否则发电机都会遭到重大损害。因此，统一相序是整个电力系统安全、可靠运行的基本要求。为此，电力系统并网运行的发电机、变压器，发电厂的汇流排、输送电能的高压线路和变电所等，都按技术标准采用不同颜色来区别电源的 U、V 和 W 三相，即用黄色表示 U 相，绿色表示 V 相，红色表示 W 相，如图 5-7 所示。相序可用相序器来测量。

图 5-7 使用不同颜色区别电源的 U、V、W 三相

【例 5-1】 在三相对称电压中，已知 $u_{\mathrm{V}}=220\sqrt{2}\sin(314t+30^{\circ})\mathrm{V}$，试写出其他两相电压的瞬时值表达式，并作出相量图。

解：根据三相电压的对称关系，由 $u_{\mathrm{V}}=220\sqrt{2}\sin(314t+30^{\circ})\mathrm{V}$ 可知

$$\begin{aligned}u_{\mathrm{U}}&=220\sqrt{2}\sin(314t+30^{\circ}+120^{\circ})\mathrm{V}\\&=220\sqrt{2}\sin(314t+150^{\circ})\mathrm{V}\end{aligned}$$

$$\begin{aligned}u_{\mathrm{W}}&=220\sqrt{2}\sin(314t+30^{\circ}-120^{\circ})\mathrm{V}\\&=220\sqrt{2}\sin(314t-90^{\circ})\mathrm{V}\end{aligned}$$

三相对称电压的相量图如图 5-8 所示。

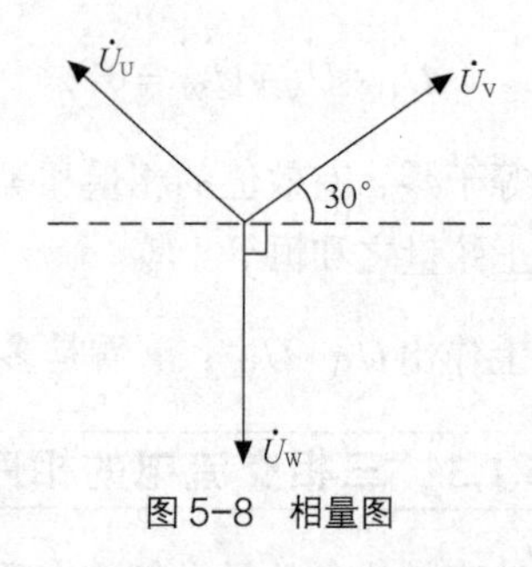

图 5-8 相量图

5.2 三相电源的星形连接

把三相电源的 3 个绕组的末端 U_2、V_2 和 W_2 连接成 1 个公共点 N，由 3 个始端 U_1、V_1 和 W_1 分别引出 3 根导线 L_1、L_2 和 L_3，向负载供电的连接方式，称为星形（Y形）连接，如图 5-9 所示。

公共点 N 称为中点或零点，从 N 点引出的导线称为中线或零线，如图 5-9 所示。若 N 点接地，则中线又称为地线。由 U_1、V_1 和 W_1 端引出的 3 根输电线 L_1、L_2 和 L_3 称为相线，俗称火线。这种由 3 根火线和 1 根中线组成的三相供电系统称为三相四线制供电系统，在低压配电中常采用这种系统。

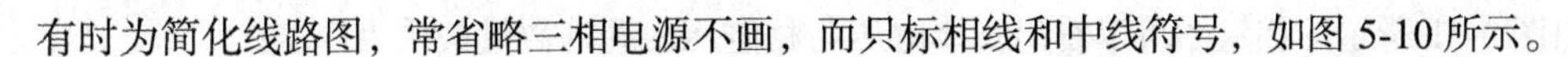

有时为简化线路图，常省略三相电源不画，而只标相线和中线符号，如图 5-10 所示。

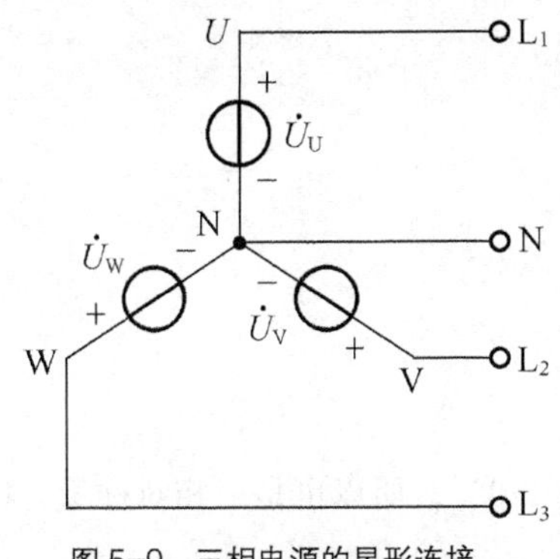

图 5-9　三相电源的星形连接

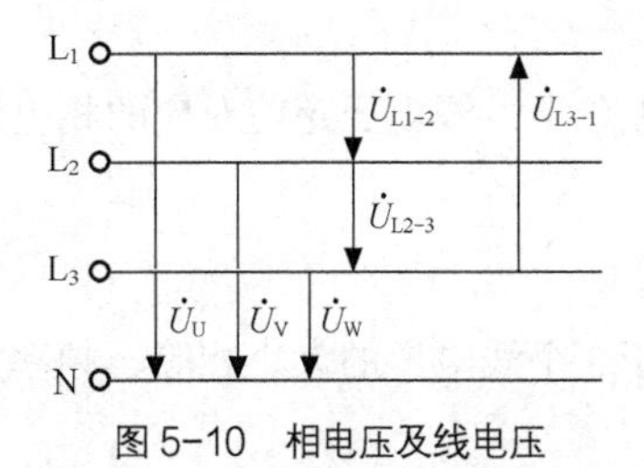

图 5-10　相电压及线电压

三相电源每相绕组两端的电压称为相电压，在三相四线制中，相电压就是相线与中线之间的电压。3 个相电压的瞬时值用 u_U、u_V 和 u_W 表示，通用符号为 $u_{相}$，相电压的正方向规定为：由绕组的始端指向末端，即由相线指向中线，如图 5-10 所示。

相线与相线之间的电压称为线电压，它们的瞬时值用 u_{L1-2}、u_{L2-3}、u_{L3-1} 表示，通用符号为 $u_{线}$，线电压的正方向由下标数字的先后次序来标明。例如，表示两相线 L_1 和 L_2 之间的线电压 u_{L1-2} 是由 L_1 指向 L_2 线，如图 5-10 所示。

根据电压与电位关系，可得出线电压与相电压的关系式

$$\begin{aligned} u_{L1-2} &= u_U - u_V \\ u_{L2-3} &= u_V - u_W \\ u_{L3-1} &= u_W - u_U \end{aligned} \tag{5-3}$$

式（5-3）表明，线电压的瞬时值等于相应两个相电压的瞬时值之差。由此可得它们对应的相量关系为

$$\begin{aligned} \dot{U}_{L1-2} &= \dot{U}_U - \dot{U}_V \\ \dot{U}_{L2-3} &= \dot{U}_V - \dot{U}_W \\ \dot{U}_{L3-1} &= \dot{U}_W - \dot{U}_U \end{aligned} \tag{5-4}$$

以 $\dot{U}_U$ 为参考相量，图 5-11 所示为各相电压、线电压的相量图。

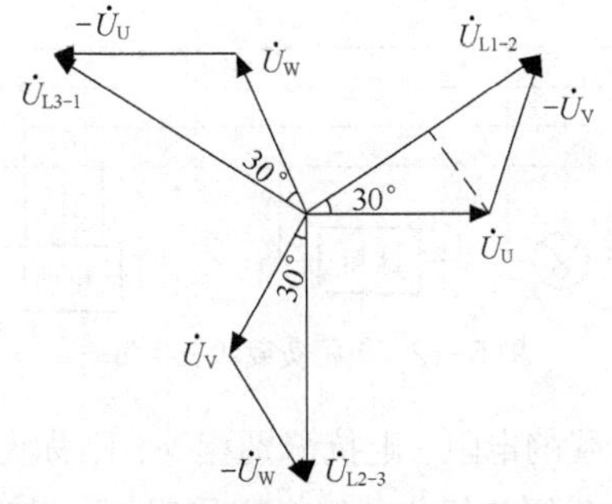

图 5-11　三相电源星形连接相电压和线电压相量图

由图 5-11 所示的相量图可以看出，线电压与相电压之间的数量关系为

$$\frac{1}{2}U_{线} = U_{相}\cos 30^{\circ}$$

即

$$U_{线} = \sqrt{3}U_{相} \qquad (5\text{-}5（a）)$$

在相位上，线电压超前对应的相电压 30°

$$\varphi_{线} = \varphi_{相} + 30^{\circ} \qquad (5\text{-}5（b）)$$

由于 3 个线电压的大小相等、频率相同、相位互差 120° ，所以也是三相对称量，即

$$\dot{U}_{L1-2} + \dot{U}_{L2-3} + \dot{U}_{L3-1} = 0 \qquad (5\text{-}6)$$

【例 5-2】 星形连接的三相对称电源电压为 380V，试以 u_U 为参考，写出 u_V、u_W、u_{L1-2}、u_{L2-3}、u_{L3-1} 的表达式。

解： 三相对称电源电压 380V 指的是线电压的有效值为 380V，故相电压有效值为

$$U_{相} = \frac{U_{线}}{\sqrt{3}} = \frac{380}{\sqrt{3}} = 220\text{V}$$

以 u_U 为参考，即 $u_U = 220\sqrt{2}\sin \omega t\text{V}$。

则 $u_V = 220\sqrt{2}\sin(\omega t - 120^{\circ})\text{V}$ 、$u_W = 220\sqrt{2}\sin(\omega t + 120^{\circ})\text{V}$ 。

因为线电压超前对应相电压 30° ，则

$$u_{L1-2} = 380\sqrt{2}\sin(\omega t + 30^{\circ})$$
$$u_{L2-3} = 380\sqrt{2}\sin(\omega t - 90^{\circ})$$
$$u_{L3-1} = 380\sqrt{2}\sin(\omega t + 150^{\circ})$$

5.3 三相负载的接法

电灯、电冰箱等家用电器都是交流用电设备，它们是接在三相电源中任意一相上工作的，称为单相负载；而三相电动机、三相工业电炉等负载必须接上三相电压才能正常工作，称为三相负载，如图 5-12 所示。

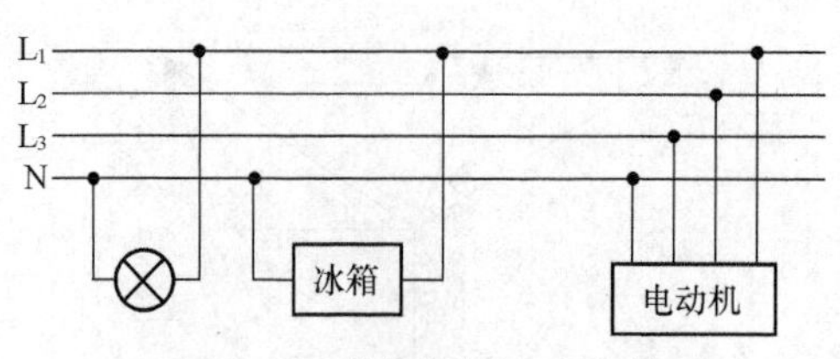

图 5-12 单相负载和三相负载

在三相负载中，如果每相负载的电阻、电抗分别相等，则称为三相对称负载，如图 5-13 所示，否则，称为三相不对称负载。由三组单相负载组合成的三相负载通常是不对称的，如图 5-14 所示

的照明电路。

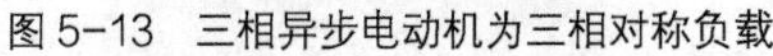

图 5-13　三相异步电动机为三相对称负载

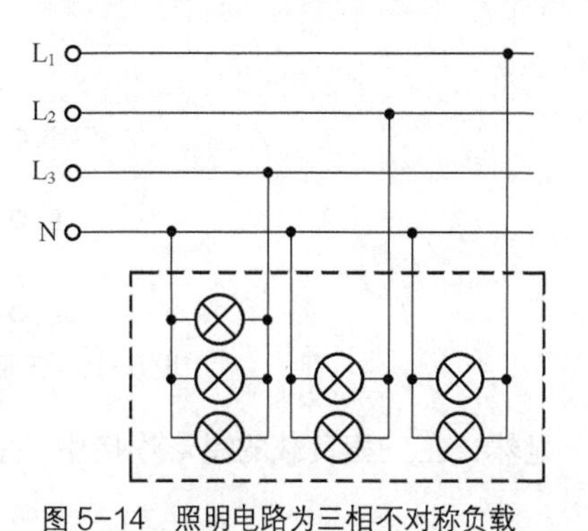

图 5-14　照明电路为三相不对称负载

三相负载与三相电源的连接有星形（Y形）和三角形（△形）两种连接方式。

5.3.1　三相负载的星形连接

三相负载的星形连接是指把三相负载的一端连接在一起，称为负载中性点，如图 5-15（a）所示用 N′表示，它常与三相电源的中线连接；把三相负载的另一端分别与三相电源的三根相线连接，如图 5-15（a）所示。这种连接方式就是“著名”的三相四线制供电线路。图 5-15（b）所示为各种负载连接到电源上。

在三相四线制电路中，每相负载两端的电压叫做负载的相电压，用 $U_{Y相}$表示，其正方向规定为由相线指向负载的中性点，即相线指向中线。

若忽略输电线电阻上的电压降，由图 5-15（a）可以看出，负载的相电压等于电源的相电压，电源的线电压等于负载相电压的 $\sqrt{3}$ 倍，即

$$U_{线} = \sqrt{3}U_{Y相} \tag{5-7}$$

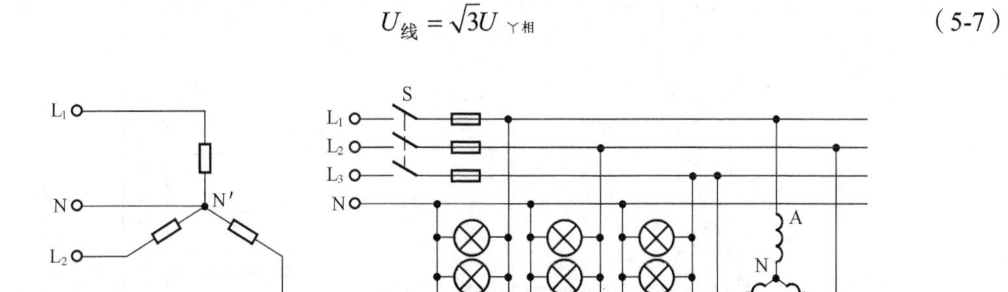

图 5-15　三相负载的星形连接

当电源的线电压为各相负载额定电压的 $\sqrt{3}$ 倍时，三相负载必须采用星形连接。

在三相电路中，流过每相负载的电流叫相电流，用 $I_{相}$ 表示，正方向与相电压方向相同。流过每根相线的电流叫线电流，用 $I_{线}$ 表示，正方向规定由电源流向负载。工程上通称的三相电流，若无特别说明，都是指线电流的有效值。流过中线的电流称为中线电流，用 I_N 表示，正方向规定为

由负载中性点流向电源中点，如图 5-16 所示。

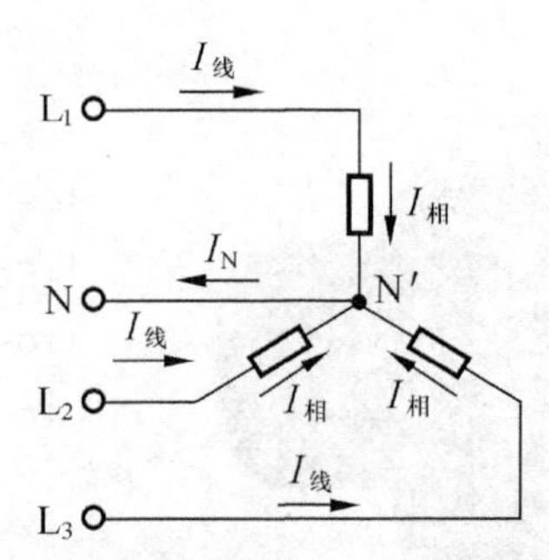

图 5-16　三相电路的相电流、线电流和中线电流

显然，在三相负载的星形连接中，线电流就是相电流，即

$$I_{\curlyvee线}=I_{\curlyvee相} \tag{5-8}$$

由三相对称电源和三相对称负载组成的电路称为三相对称电路。在三相四线制三相对称电路中，每一相都组成一个单相交流电路，各相电压与电流的数量和相位关系都可采用单相交流电路的方法来处理。

在三相对称电压作用下，流过三相对称负载的各相电流也是对称的，因此，在计算三相对称电路时，只要计算出其中一相，再根据对称特点，就可以写出其他两相。

当三相对称负载为电感性负载时，其相电压与相电流的相量图如图 5-17 所示。

由于 $I_{\curlyvee线}=I_{\curlyvee相}$，故 3 个线电流也是对称的。由基尔霍夫电流定律可知三相对称负载做星形连接时，中线电流为零，因此可以把中线去掉，而不影响电路的正常工作，各相负载的相电压仍为对称的电源相电压，三相四线制变成了三相三线制，称为Y-Y对称电路，如图 5-18 所示。

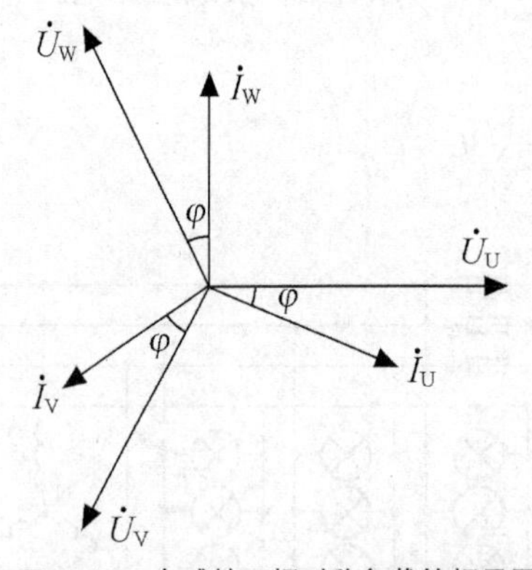

图 5-17　电感性三相对称负载的相量图

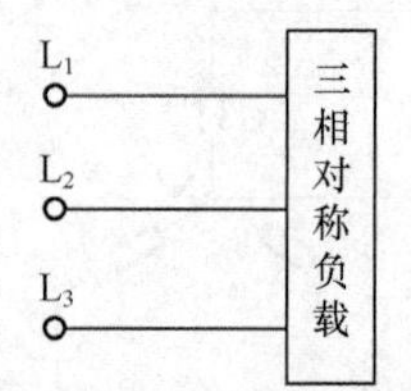

图 5-18　三相三线制

因为在工农业生产中普遍使用的三相异步电动机、三相变压器等三相负载一般都是对称的，所以三相三线制也得到了广泛应用，图 5-19 所示为三相变压器的星形连接示意图。

当三相负载不对称时，若无中线，各相负载实际承受的电压就不再等于对称的电源相电压，负载将不能正常工作，这时就需要接上中线。因此，星形连接的三相负载不论是否对称，只要有中线，各相负载都可在对称的相电压作用下，通过额定电流，保证负载正常工作。

在三相四线制系统中规定，中线不准安装保险丝和开关，并必须有足够的机械强度，以免断开。

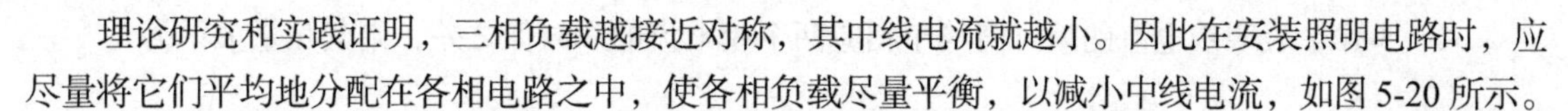

理论研究和实践证明，三相负载越接近对称，其中线电流就越小。因此在安装照明电路时，应尽量将它们平均地分配在各相电路之中，使各相负载尽量平衡，以减小中线电流，如图 5-20 所示。

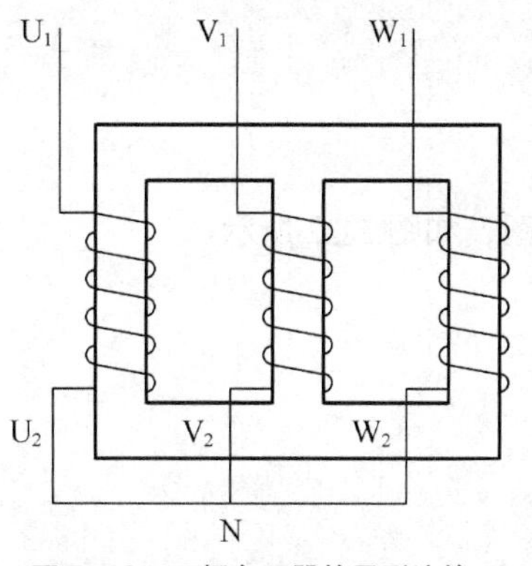

图 5-19　三相变压器的星形连接

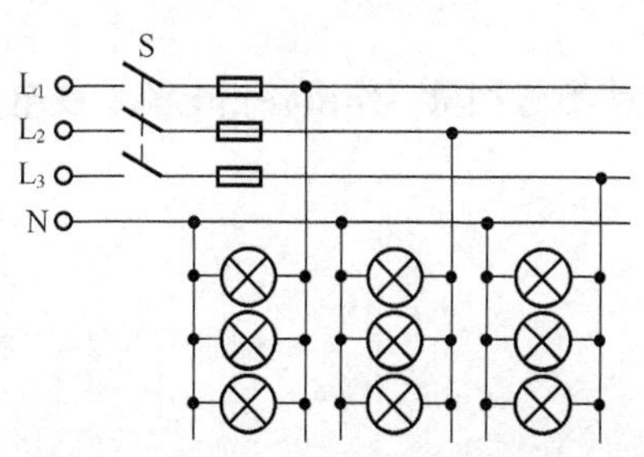

图 5-20　照明电路应尽量平均分配到各相电路

5.3.2　三相负载的三角形连接

三相负载分别接在三相电源的每两根相线之间的连接方式，称为三相负载的三角形连接，如图 5-21 所示。

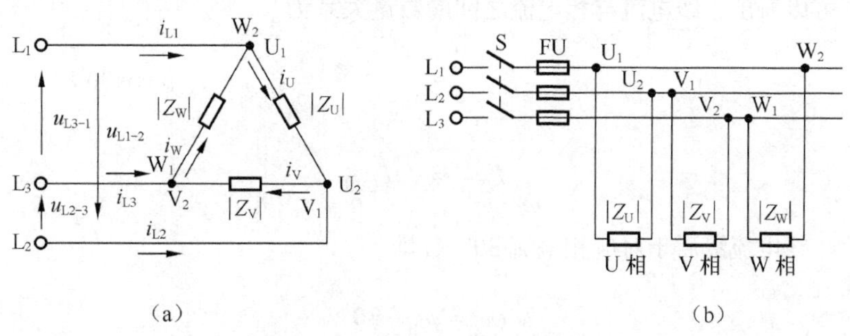

图 5-21　三相负载的三角形连接

三相负载做三角形连接时，不论负载是否对称，各相负载所承受的相电压就是对称的电源线电压，即

$$U_{\triangle相} = U_{线} \tag{5-9}$$

当电源线电压等于各相负载的额定电压时，三相负载应该接成三角形。

由图 5-21 可知，三相负载做三角形连接时，线电流与相电流是不一样的。线电流的正方向仍然是由电源流向负载，而相电流的正方向与相电压的正方向一致。相电流 i_U 由 L_1 指向 L_2、i_V 由 L_2 指向 L_3、i_W 由 L_3 指向 L_1。

对三角形连接的每一相负载都可按照单相交流电路的方法计算其相电流。

若三相负载对称，则流过各相负载的相电流也对称，即它们的大小相等，相位互差 120° 。

如图 5-21 所示的线电流与相电流的关系可由基尔霍夫电流定律求出

$$\begin{aligned} i_{L1} &= i_U - i_W \\ i_{L2} &= i_V - i_U \\ i_{L3} &= i_W - i_V \end{aligned} \tag{5-10}$$

式（5-10）表明线电流的瞬时值等于相应两个相电流的瞬时值之差，则其相量关系为

$$\begin{aligned} \dot{I}_{L1} &= \dot{I}_U - \dot{I}_W \\ \dot{I}_{L2} &= \dot{I}_V - \dot{I}_U \\ \dot{I}_{L3} &= \dot{I}_W - \dot{I}_V \end{aligned} \quad (5\text{-}11)$$

以 $\dot{I}_U$ 为参考相量，作出各相电流、线电流的相量图，如图 5-22 所示。

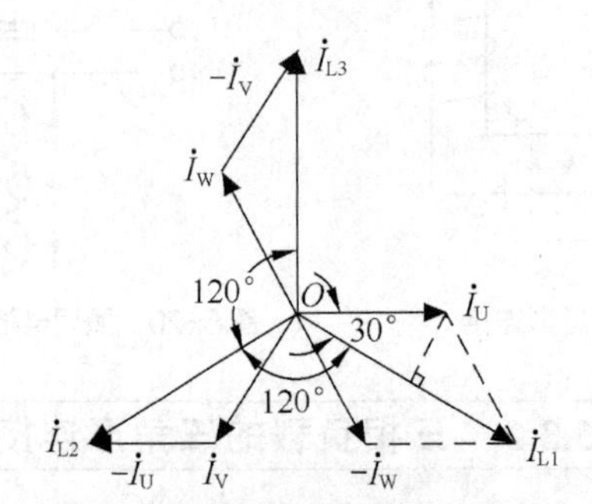

图 5-22 对称负载三角形连接时的相量图

由相量图可以看出，线电流与相电流之间的数量关系为

$$\frac{1}{2}I_{\triangle线} = I_{\triangle相}\cos 30^\circ$$

$$I_{\triangle线} = \sqrt{3}I_{\triangle相} \quad (5\text{-}12)$$

在相位上，线电流滞后于对应相电流 30°，即

$$\varphi_{线} = \varphi_{相} - 30^\circ \quad (5\text{-}13)$$

三相对称负载做三角形连接时，3 个线电流也是对称的。需要注意的是，不论三相负载是否对称，做三角形连接时，线电压总等于相电压；而只有三相负载对称时，线电流才等于相电流的 $\sqrt{3}$ 倍，且相位滞后对应的相电流 30°。若三相负载不对称，则应根据基尔霍夫电流定律分别求出各个线电流。

【例 5-3】 有 3 个 100Ω的电阻分别接成星形和三角形，接到电压为 380V 的对称三相电源上，如图 5-23 所示，试分别求出它们的线电压、相电压、线电流和相电流。

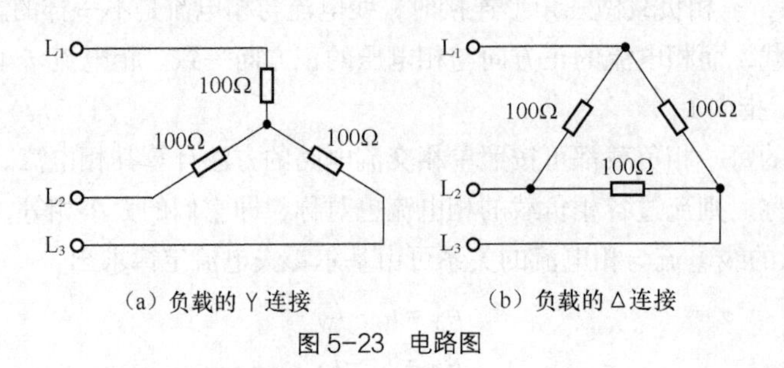

（a）负载的 Y 连接　（b）负载的 △ 连接

图 5-23 电路图

解：（1）负载做星形连接时，负载的线电压为

$$U_{\curlyvee线} = U_{\curlyvee线}=380\text{V}$$

由于三相负载对称，负载相电压为线电压的$\frac{1}{\sqrt{3}}$，即

$$U_{\curlyvee相} = \frac{U_{线}}{\sqrt{3}} = \frac{380}{\sqrt{3}} = 220\text{V}$$

负载的线电流等于相电流

$$I_{\curlyvee线} = I_{\curlyvee相} = \frac{U_{\curlyvee相}}{R} = \frac{220}{100} = 2.2\text{A}$$

（2）负载做三角形连接时，线电压等于相电压，即

$$U_{\triangle线} = U_{\triangle相} = U_{线} = 380\text{V}$$

负载相电流为

$$I_{\triangle相} = \frac{U_{\triangle相}}{R} = \frac{380}{100} = 3.8\text{A}$$

负载线电流等于相电流的$\sqrt{3}$倍，即

$$I_{线} = \sqrt{3}I_{相} = \sqrt{3}\times 3.8 = 6.6\text{A}$$

通过上述计算可知，在同一个三相对称电源作用下，同一个三相对称负载做三角形连接时的相电流是做星形连接时相电流的$\sqrt{3}$倍，做三角形连接时的线电流是做星形连接时线电流的3倍。根据这个规律，有时为了减小大功率三相电动机启动时产生很大的启动电流，可以采用如图5-24所示的星三角启动器，它采用Y–△降压启动的方法，启动时将三相绕组先接成Y形，使启动电流降为△连接启动时的1/3，启动完毕后再改接成△全压运行。

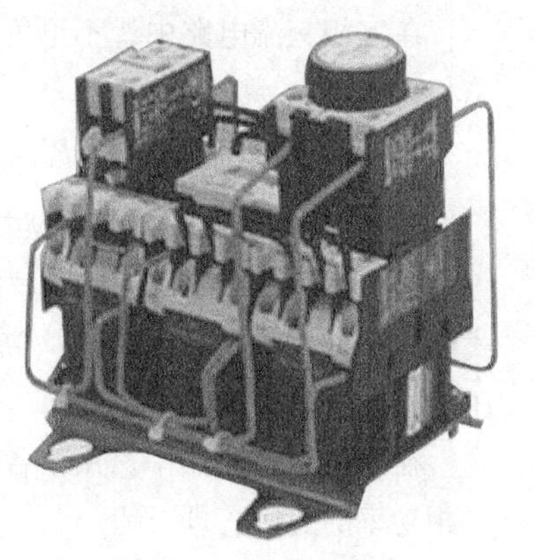
图5-24　星三角启动器

【课外拓展】

三相四线制系统中零线的重要作用

在低压供电系统中，大多数采用三相四线制方式供电，因为这种方式能够提供线电压（380V）和相电压（220V）两种不同的电压以适应用户不同的需要。在三相四线制系统中，如果三相负载是完全对称的，则零线可有可无，如三相异步电动机中的三相绕组完全对称，连接成星形后，即使没有零线，三相绕组也能得到三相对称的电压，电动机能照常工作。但是对于住宅楼、学校、机关和商场等以单相负荷为主的用户来说，零线就起着举足轻重的作用了。尽管这些地方在设计、安装供电线路时都尽可能使三相负荷接近平衡，但是这种平衡只是相对的，不平衡则是绝对的，而且每时每刻都在变化。在这种情况下，如果零线中断了，三相电压不平衡了，有的相电压就可能大大超过电器的额定电压，轻则烧毁电器，重则引起火灾等重大事故；而有的相电压大大低于电器的额定电压，轻则使电器无法工作，重则也会

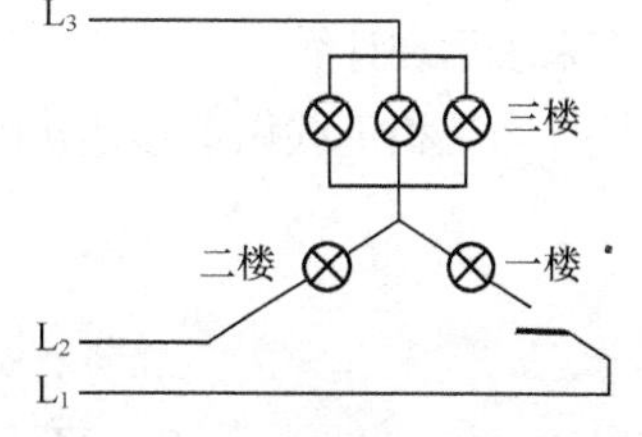

图5-25　未接零线的三相交流电路

烧毁电器（因为电压过低，空调、冰箱和洗衣机等设备中的电动机无法启动，时间长了也会烧毁）。

下面以一个简单的例子来帮助理解没有零线时各相负载两端电压的变化情况，如图5-25所示。

假定某住宅楼为3层，二相电源分别送入1楼、2楼和3楼住户。零线正常时，各层楼的住户用电互不相干。当零线中断后，假定1楼住户都不用电，2楼住户只开了1只灯，3楼住户开了3只同样的灯，如图5-25所示，不难看出，3楼的3只灯并联后再与1只灯串联，接到了380V的电压上，由于2楼负载的电阻就是3楼负载电阻的3倍，所以380V电压的四分之三（285V）都加到了2楼灯泡上，那么灯泡就会被烧坏，而3楼灯泡两端的电压只有95V，自然就不能正常发光了。2楼的灯泡烧毁（开路）后，3楼的灯泡也就不能构成回路了，所以都不工作了。

因此，在三相四线制系统中零线是非常重要的。

5.4 三相交流电路的功率

在三相交流电路中，不论负载采用何种连接方式，三相负载的总功率都等于各相负载功率的总和，即

$$P = P_U + P_V + P_W = U_U I_U \cos\varphi_U + U_V I_V \cos\varphi_V + U_W I_W \cos\varphi_W$$
$$Q = Q_U + Q_V + Q_W = U_U I_U \sin\varphi_U + U_V I_V \sin\varphi_V + U_W I_W \sin\varphi_W$$
$$S = S_U + S_V + S_W = U_U I_U + U_V I_V + U_W I_W$$

式中，U_U、U_V、U_W和I_U、I_V、I_W分别为各相电压和相电流，φ_U、φ_V、φ_W分别为各相负载的相电压与相电流之间的相位差。

在三相对称电路中，由于各线电压、相电压、线电流都对称，所以各相功率相等，总功率为一相功率的3倍，即

$$\begin{aligned} P &= 3P_{相} = 3U_{相}I_{相}\cos\varphi_{相} \\ Q &= 3Q_{相} = 3U_{相}I_{相}\sin\varphi_{相} \\ S &= 3S_{相} = 3U_{相}I_{相} \end{aligned} \tag{5-14}$$

在实际应用中，由于测量线电压、线电流比较方便，故三相电路的总功率常用线电压、线电流来表示和计算。

当三相负载做星形连接时有

$$U_{\curlyvee相} = \frac{U_{线}}{\sqrt{3}} \qquad I_{\curlyvee相}=I_{\curlyvee线}$$

故

$$P_{\curlyvee}=3U_{\curlyvee相}I_{\curlyvee相}\cos\varphi_{相} = 3\frac{U_{线}}{\sqrt{3}}I_{\curlyvee线}\cos\varphi_{相} = \sqrt{3}U_{线}I_{线}\cos\varphi_{相}$$

当三相负载做三角形连接时有

$$U_{\triangle相} = U_{线} \qquad I_{\triangle相} = \frac{I_{\triangle线}}{\sqrt{3}}$$

所以 $$P_{\triangle}=3U_{\triangle相}I_{\triangle相}\cos\varphi_{相}=3U_{线}\frac{I_{线}}{\sqrt{3}}\cos\varphi_{相}=\sqrt{3}U_{线}I_{线}\cos\varphi_{相}$$

因此三相负载不论做星形还是三角形连接，总有功功率公式可以统一写成

$$P=\sqrt{3}U_{线}I_{线}\cos\varphi_{相} \tag{5-15}$$

同理可得三相对称负载的无功功率和视在功率的计算公式为

$$\begin{aligned}Q&=\sqrt{3}U_{线}I_{线}\sin\varphi_{相}\\S&=\sqrt{3}U_{线}I_{线}\end{aligned} \tag{5-16}$$

如图 5-26 所示，三相对称电路中有功功率 P、无功功率 Q 和视在功率 S 三者之间的关系为

$$S=\sqrt{P^2+Q^2}$$

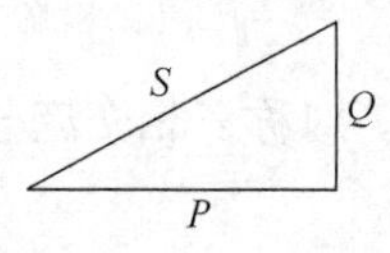

图 5-26 三相对称电路有功功率、无功功率和视在功率的关系

【例 5-4】 某三相对称负载电阻 $R=80\Omega$、电抗 $X=60\Omega$，接到电压为 380V 的三相对称电源上，试求负载做Y连接和△连接时的有功功率各为多大？

解：每相负载阻抗为

$$|Z|=\sqrt{R^2+X^2}=\sqrt{80^2+60^2}=100\Omega$$

（1）负载做Y连接时

$$U_{Y相}=\frac{U_{线}}{\sqrt{3}}=\frac{380}{\sqrt{3}}=220\text{V}$$

所以有功功率为

$$P_{Y}=\sqrt{3}U_{线}I_{线}\cos\varphi_{相}=\sqrt{3}\times380\times2.2\times0.8=1158\text{W}$$

或

$$P_{Y}=3U_{\triangle相}I_{\triangle相}\cos\varphi_{相}=3\times220\times2.2\times0.8=1161.6\text{W}$$

（2）负载做△连接时

$$U_{\triangle相}=U_{线}=380\text{V}$$

$$I_{\triangle相}=\frac{U_{\triangle相}}{R}=\frac{380}{100}=3.8\text{A}$$

$$I_{\triangle线}=\sqrt{3}I_{\triangle相}=\sqrt{3}\times3.8=6.58\text{A}$$

负载功率因数不变，所以有功功率为

$$P_{\triangle}=\sqrt{3}U_{线}I_{线}\cos\varphi_{相}=\sqrt{3}\times380\times6.58\times0.8=3465\text{W}$$

或

$$P_{\triangle}=3U_{\triangle相}I_{\triangle相}\cos\varphi_{相}=3\times380\times3.8\times0.8=3466\text{W}$$

通过计算证明，在相同的线电压作用下，三相对称负载做△连接时的线电流和功率分别是做Y连接时的 3 倍。因此在实际应用中，必须根据电源的线电压和负载的额定电压来选择负载的正确连接方式，使每相负载的实际承受电压都等于其额定电压，才能保证负载正常工作。

本章小结

三相交流电是由三相发电机产生的。对称三相交流电的特征是幅值相等，频率相同，相位互差 120°。

三相电路由三相电源和三相负载组成。若三相电源和三相负载都是对称的，则这个三相电路称为对称三相电路，否则称为不对称三相电路。

三相电源或三相负载均有星形（Y）和三角形（△）两种连接方式。Y连接的对称三相负载多采用三相三线制供电，Y连接的不对称负载常采用三相四线制供电；△连接的三相负载无论对称与否，均采用三相三线制供电。

对称三相电路中，负载线电量与相电量的关系如表 5-1 所示。

表 5-1　三相负载线电量与相电量之间的关系

三相负载接法	供电系统	负载情况	电压	电流	说明
星形（Y）接法	三相四线制	负载对称	$U_{相}=\frac{1}{\sqrt{3}}U_{线}$	$I_{相}=I_{线}$	$I_N=0$
		负载不对称			$I_N\neq0$
	三相三线制	负载对称	$U_{相}=\frac{1}{\sqrt{3}}U_{线}$	$I_{相}=I_{线}$	
		负载不对称	$U_{相}\neq\frac{1}{\sqrt{3}}u_{线}$		故障情况
三角形（△）接法	三相三线制	负载对称	$U_{相}=U_{线}$	$I_{相}=\frac{1}{\sqrt{3}}I_{线}$	
		负载不对称		$I_{相}\neq\frac{1}{\sqrt{3}}I_{线}$	

不对称三相电路的计算中，各相分别按单相电路的计算方法计算。

中线使Y连接的不对称负载的相电压保持对称，使负载能正常工作，而且负载若发生故障，也可缩小故障的范围。

对称电路中三相功率的计算采用下列公式。

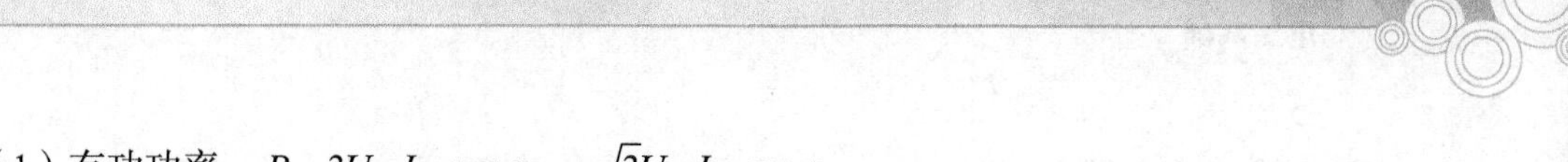

（1）有功功率：$P = 3U_{相}I_{相}\cos\varphi_{相} = \sqrt{3}U_{线}I_{线}\cos\varphi_{相}$

（2）无功功率：$Q = 3U_{相}I_{相}\sin\varphi_{相} = \sqrt{3}U_{线}I_{线}\sin\varphi_{相}$

（3）视在功率：$S = \sqrt{P^2 + Q^2} = \sqrt{3}U_{线}I_{线}$

利用对称关系可使对称三相电路的计算过程简化为单相电路的计算。计算的基本公式是 $I_{相} = \dfrac{U_{相}}{Z_{相}}$，$\varphi = \arctan\dfrac{X}{R}$。

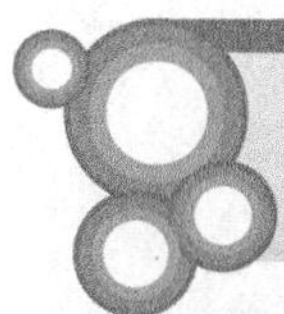

思考与练习题

一、填空题

1. 习惯上正相序是指________。

2. 三相四线制是由________组成的供电体系，其中相电压是指________之间的电压，线电压是指________之间的电压，且有 $U_{线}$________$U_{相}$。

3. 三相负载的连接方式有________和________。

4. 对称三相负载星形连接时，通常采用________制供电，不对称负载星形连接时一定要采用________制供电。

二、判断题

1. 三相对称电压的瞬时值之和为零。（　　）

2. 三相四线制供电和三相三线制是一样的。（　　）

3. 三相对称电源电压作用下，流过三相对称负载的电流也是对称的。（　　）

4. 三相负载不对称时，一定要接上中线。（　　）

5. 三相负载星形连接和三角形连接的功率是不同的。（　　）

三、选择题

1. 三相对称负载，三角形连接，已知相电流 $I_{BC}=10\angle-10°$A，则线电流 $I=$（　　）A。

A. $17.3\angle-40°$　　B. $10\angle-160°$　　C. $10\angle80°$　　D. $17.3\angle80°$

2. 三相电源Y连接，已知 $U_B=220\angle-10°$V，其 $U_{AB}=$（　　）V。

A. $220\angle20°$　　B. $220\angle140°$　　C. $380\angle140°$　　D. $380\angle20°$

3. 三相负载对称是（　　）。

A. 各相阻抗值相等　　B. 各相阻抗值差　　C. 各相阻抗复角相差 120°

D. 各相阻抗值复角相等　　E. 各相阻抗复角相差 180°

4. 三相对称电感性负载，分别采用三角形和星形接到同一电源上，则有以下结论：（　　）。

A. 负载相电压：$U_{\triangle相}=3U_{Y相}$　　B. 线电流：$I_{\triangle相}=3I_{Y}$

C. 功率：$P_{\triangle}=3P_{Y}$　　D. 相电流：$I_{\triangle相}=I_{Y}$

E. 承受的相电压相同

5. 设三相正弦交流电的 $i_a=I_m\sin\omega t$，则 i_b 为（　　）。

A. $i_b=I_m\sin(\omega t-120°)$　　B. $i_b=I_m\sin(\omega t+240°)$

C. $i_b=I_m\sin(\omega t-240°)$　　D. $i_b=I_m\sin(\omega t+120°)$

E. $i_b = I_m \sin(\omega t \pm 0°)$

四、问答思考题

1. 写出三相对称电压的瞬时值表达式。
2. 画出三相四线制供电线路图。
3. 在三相四线制中，中线的作用是什么?
4. 列举周围三相负载的实例，并说明其连接方式。

五、计算题

在三相对称电压中，已知 $u_U = 220\sqrt{2}\sin(314t - 30^{\circ})\text{V}$，试写出其他两相电压的瞬时值表达式，并作出相量图。

模块六

常用电工工具

常用电工工具是指一般专业电工经常使用的工具，有验电器、螺钉旋具、电工用钳、电工刀、活动扳手、喷灯、电烙铁、登高工具等。对电气操作人员而言，能否熟悉和掌握电工工具的结构、性能、使用方法和规范操作，将直接影响工作效率和工作质量以及人身安全。

6.1 低压验电器

低压验电器又称试电笔，是检验导线、电器是否带电的一种常用工具，检测范围为 50 ~ 500 V，有钢笔式、旋具式、数显式和组合式多种。低压验电器由笔尖、降压电阻、氖管、弹簧、笔尾金属体等部分组成，如图 6-1 所示。

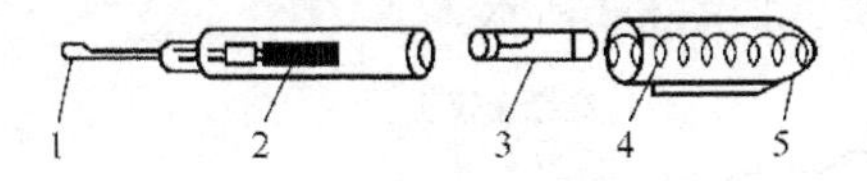

（a）钢笔式低压验电器

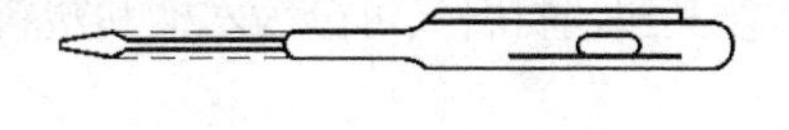

（b）螺钉旋具式低压验电器

1—笔尖 2—降压电阻 3—氖管 4—弹簧 5—笔尾金属体

图 6-1 低压验电器

使用低压验电器时，必须按照图 6-2 所示的握法操作。注意手指必须接触笔尾的金属体（钢笔式）或测电笔顶部的金属螺钉（螺丝刀式）。这样，只要带电体与大地之间的电位差超过 50 V时，电笔中的氖管就会发光。

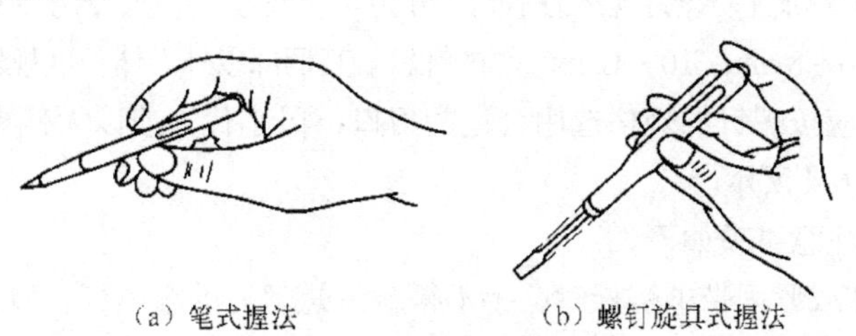

（a）笔式握法 （b）螺钉旋具式握法

图 6-2 低压验电器握法

低压验电器的使用方法和注意事项介绍如下。

① 使用前，先要在有电的导体上检查电笔是否正常发光，检验其可靠性。验电时应将电笔逐渐靠近被测体，直至氖管发光。只有在氖管不发光时，并在采取防护措施后，才能与被测物体直接接触。

② 在明亮的光线下往往不容易看清氖管的辉光，应注意避光。

③ 电笔的笔尖虽与螺钉旋具形状相同，它只能承受很小的扭矩，不能像螺钉旋具那样使用，否则会损坏。

④ 低压验电器可以用来区分相线和零线，氖管发亮的是相线，不亮的是零线。低压验电器也可用来判别接地故障。如果在三相四线制电路中发生单相接地故障，用电笔测试中性线时，氖管会发亮；在三相三线制线路中，用电笔测试三根相线，如果两相很亮，另一相不亮，则这相可能有接地故障。

⑤ 低压验电器可用来判断电压的高低。氖管越暗，则表明电压越低；氖管越亮，则表明电压越高。

⑥ 低压验电器可用来区别直流电与交流电，交流电通过验电器时，氖管里的两个极同时发光。直流电通过验电器时，氖管里两个极只有一个发光，发光的一极即为直流电的负极。

6.2 旋具

6.2.1 螺钉旋具（螺丝刀）

螺丝刀又称起子或改锥，是用来紧固或拆卸带槽螺钉的常用工具。按头部形状可分为一字形和十字形两种；按其握柄材料又可分为木柄和塑料柄两类，如图 6-3 所示。

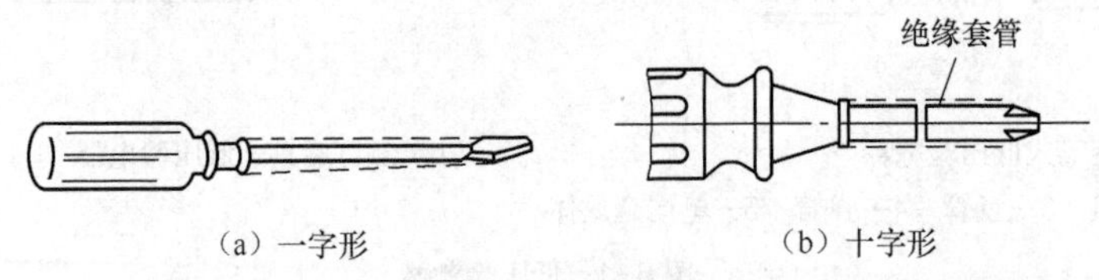

（a）一字形　　（b）十字形

图 6-3　螺丝刀

一字形螺丝刀以柄部以外的刀体长度表示规格，单位为 mm，电工常用的有 50 mm、75 mm、100 mm、125 mm、150 mm、300 mm 等几种。

十字形螺丝刀按其头部旋动螺钉规格的不同，分为 4 个型号：1 号、2 号、3 号、4 号，分别用于旋动直径为 2 ~ 2.5 mm、6 ~ 8 mm、10 ~ 12 mm 等的螺钉。其柄部以外刀体长度规格与一字形螺丝刀相同。

使用螺丝刀时，应按螺钉的规格选用合适的刀口，以小代大或以大代小均会损坏螺钉或电气元件。使用方法如图 6-4 所示。

使用螺丝刀时的注意事项如下。

① 用螺丝刀拆卸或紧固带电螺栓时，手不得触及螺丝刀的金属杆，以免发生触电事故。

② 为避免螺丝刀的金属杆触及带电体时手指碰触金属杆，电工用螺丝刀应在螺丝刀金属杆上穿套绝缘管。

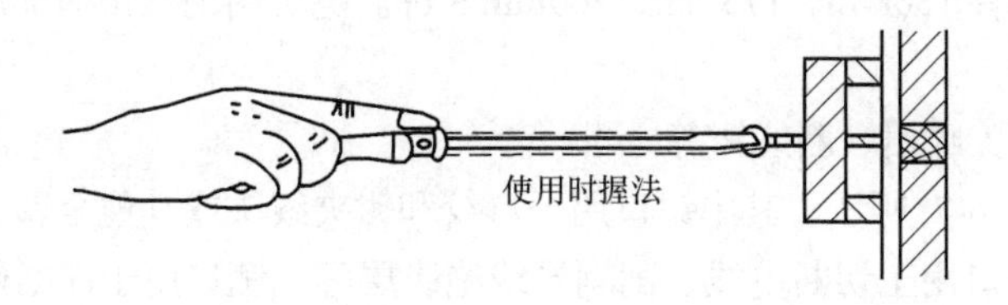

（a）大螺丝钉螺丝刀的用法

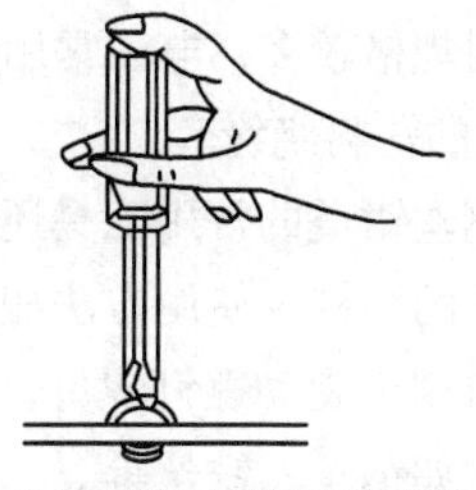

（b）小螺丝钉螺丝刀的用法

图 6-4　螺丝刀的使用方法

6.2.2　螺母旋具（活络扳手）

活络扳手又称活动扳手，是一种旋紧或拧松有角螺丝钉或螺母的工具，如图 6-5 所示。

活络扳手规格较多，电工常用的有 150 mm × 19 mm、200 mm × 24 mm、250 mm × 30mm 等几种，前一个数表示体长，后一个数表示扳口宽度，使用时应根据螺母的大小选配。

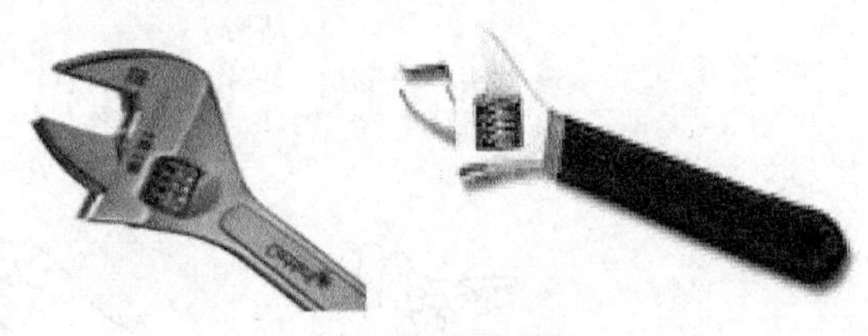

图 6-5　活络扳手

活络扳手的扳口夹持螺母时，呆扳唇在上，活络扳唇在下，如图 6-6 所示。使用时，右手握手柄，手越靠后，扳动起来越省力。

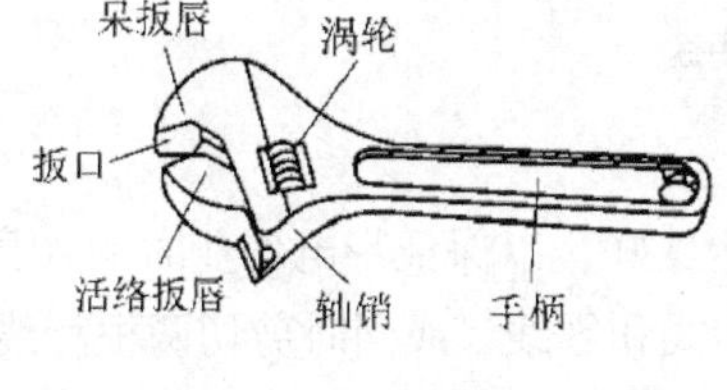

（a）构造

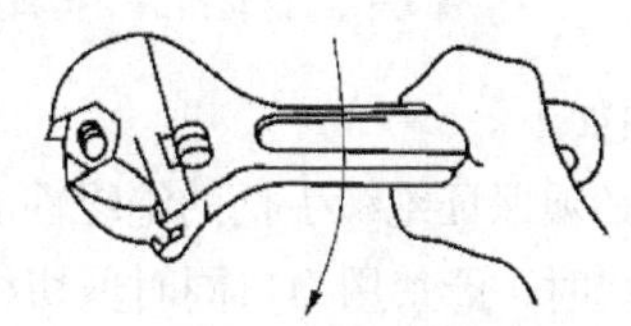

（b）扳大螺母的握法

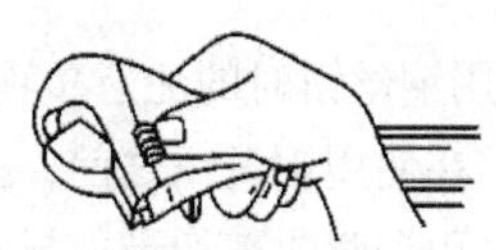

（c）扳较小螺母的握法

图 6-6　活络扳手的构造和使用方法

活络扳手的钳口可在规格范围内任意调整大小，用于旋动螺杆螺母。

扳动小螺母时，需要不断地转动涡轮，调节扳口的大小，所以手应握在靠近呆扳唇处，并用大拇指调制涡轮，以适应螺母的大小。扳动较大螺杆螺母时，所用力矩较大，手应握在手柄尾部，拧不动时，切不可采用钢管套在活络扳手的手柄上来增加扭力，因为这样极易损伤活络扳唇。

使用活络扳手旋动螺杆螺母时，必须把工件的两侧平面夹牢，以免损坏螺杆螺母的棱角。使用活络扳手不能反方向用力，否则容易扳裂活络扳唇；不允许用钢管套在手柄上作加力杆使用；不允许用作撬棍撬重物；不允许把扳手当作手锤，否则将会对扳手造成损坏。

6.3　电工用钳

6.3.1　钢丝钳

钢丝钳是电工用于剪切或夹持导线、金属丝、工件等的常用钳类工具。

钢丝钳规格较多，电工常用的有 150mm、175mm、200mm 3 种。电工用钢丝钳柄部加有耐压 500 V 以上的塑料绝缘套。

属于钢丝钳类的常用工具还有尖嘴钳、断线钳等。

钢丝钳的结构及使用方法如图 6-7 所示。其中钳口用于弯绞和钳夹线头或其他金属、非金属物体；齿口用于旋动螺钉螺母；刀口用于切断电线、削剥导线绝缘层等；铡口用于铡断硬度较大的金属丝，如钢丝、铁丝等。

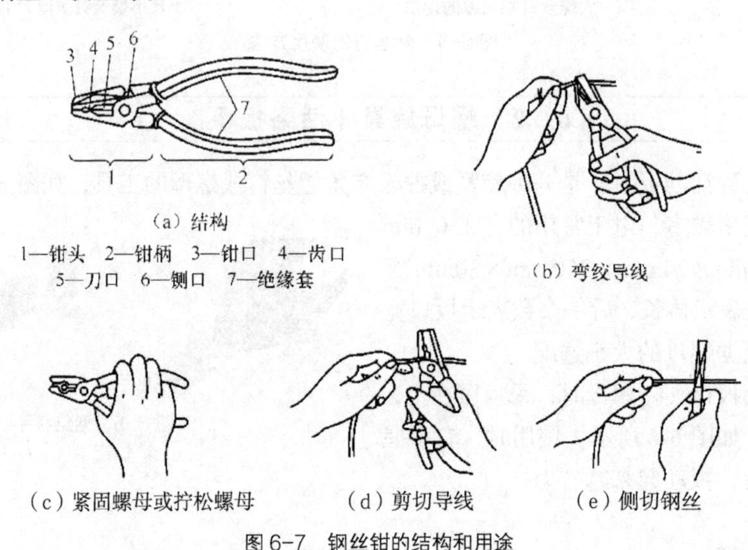

图 6-7　钢丝钳的结构和用途

使用钢丝钳时的注意事项如下。

① 在使用钢丝钳之前，必须保证绝缘手柄的绝缘性能良好，以保证带电作业时的人身安全。

② 用钢丝钳剪切带电导线时，严禁用刀口同时剪切相线和零线，或同时剪切两根相线，以免发生短路事故。

③ 不可将钢丝钳当锤使用，以免刃口错位、转动轴失圆，影响正常使用。

6.3.2　尖嘴钳

尖嘴钳的头部尖细，适用于在狭小的空间操作，其外形如图 6-8 所示。钳头用于夹持较小螺钉、垫圈、导线和把导线端头弯曲成所需形状，小刀口用于剪断细小的导线、金属丝等。尖嘴钳规格通常按其全长分为 130 mm、160 mm、180 mm、200 mm 4 种。

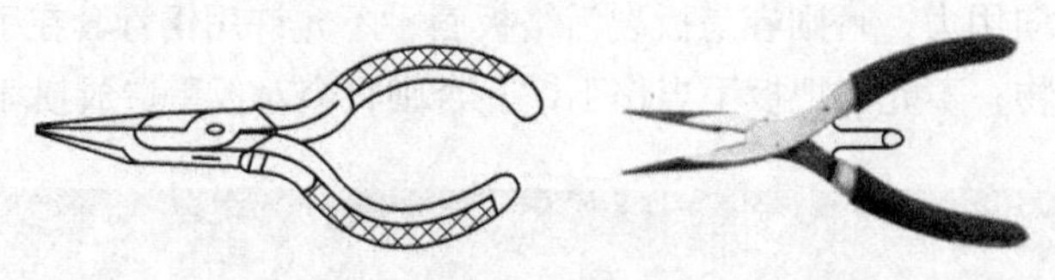

图 6-8　尖嘴钳

尖嘴钳手柄套有绝缘耐压 500 V 的绝缘套。其使用注意事项与钢丝钳使用注意事项相同。

6.3.3　剥线钳

剥线钳用来剥削直径 3 mm 及以下绝缘导线的塑料或橡胶绝缘层，它由钳口和手柄两部分组成。剥线钳钳口分有 0.5 ~ 3 mm 的多个直径切口，用于与不同规格线芯线的直径相匹配。剥线钳也装有绝缘套。剥线钳的外形如图 6-9 所示。

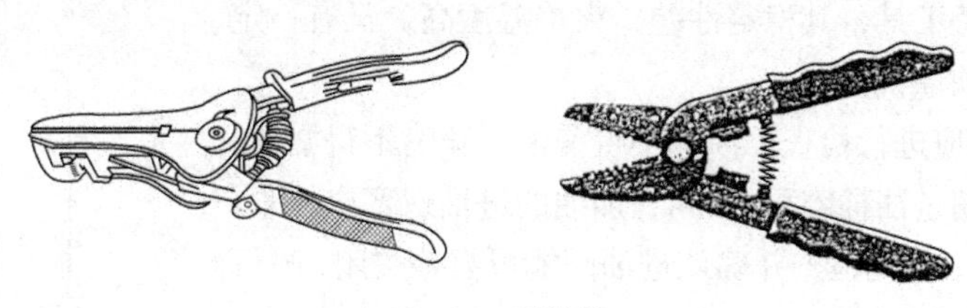

图 6-9　剥线钳

剥线时，切口过大难以剥离绝缘层，切口过小会切断芯线。为了不损伤线芯，线头应放在稍大于线芯的切口上剥削。在使用剥线钳之前，必须保证绝缘手柄的绝缘性能良好，以保证带电作业时的人身安全；严禁用刀口同时剪切相线和零线，或同时剪切两根相线，以免发生短路事故。

6.4　电工刀

电工刀在安装维修中用于切削导线的绝缘层、电缆绝缘、木槽板等。其规格有大号、小号之分，如图 6-10 所示。大号刀片长 112 mm，小号刀片长 88 mm。有的电工刀上带有锯片和锥子，可用来锯小木片和钻削锥孔。

图 6-10　电工刀

使用电工刀时的注意事项如下。

① 电工刀没有绝缘保护，禁止带电作业。

② 使用电工刀应避免切割坚硬的材料，以保护刀口。剖削导线绝缘层时，应使刀面与导线成较小的锐角，以免割伤导线。

③ 工作时应将刀口朝外剖削，并注意避免伤及手指。

④ 如果电工刀刀刃部分损坏较重，可用砂轮磨，但必须防止退火。

⑤ 使用完毕，应随即将刀身折进刀柄。

6.5　喷灯

喷灯是利用高温喷射火焰对工件进行加热的一种工具，火焰温度可达 900℃左右。在电工作业中，常用来制作电力电缆终端头或中间接头、锡焊、焊接电缆接地线等，如图 6-11 所示。

按照使用燃料油的不同，喷灯分为煤油喷灯和汽油喷灯两种。

1. 喷灯的使用方法

① 根据喷灯所用燃料油的种类，加注燃料油。首先旋开进油螺塞，注入燃料油，注入油量不得超过油桶最大容量的 3/4，然后旋紧进油螺塞。

② 预热喷头。先操作手动泵增加油桶内的油压，加压切勿过高，然后在点火碗中加入燃料油，点燃并烧热喷嘴后，再慢慢打开进油阀，观察喷灯的火焰。如果火焰喷射力达到要求即可开始工作。

③ 工作时，手持手柄，使喷灯保持直立，将火焰对准工件即可。

2. 喷灯的使用注意事项

由于喷灯是手持工具，其稳定性差，火焰温度高，又有一定的压力，使用时必须谨慎。

① 喷灯使用前应进行检查：油桶不得漏油，喷嘴不得漏气，油桶内的油量不得超过油桶容积的 3/4，加油的进油螺塞应拧紧。

② 打气加压时，首先检查并确认进油阀能可靠地关闭，喷灯点火时喷嘴前严禁站人。

③ 严禁在火炉上加热喷灯。

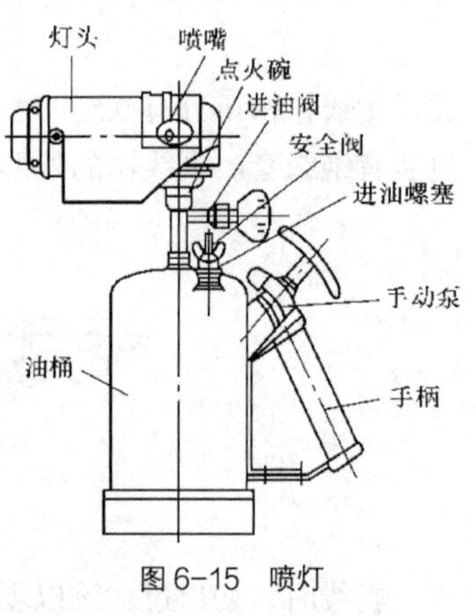

图 6-15　喷灯

④ 严禁在有易燃易爆物的场所使用喷灯，在有带电体的场所使用喷灯时，喷灯火焰与带电体距离应符合要求：10 kV 及以下电压不得小于 1.5 m，10 kV 以上电压不得小于 3 m。

⑤ 油桶内的油压应根据火焰喷射力掌握。喷灯的加油、放油及维修应在喷灯熄灭火焰并待冷却后放尽油压方可进行。

⑥ 喷灯用完后应卸压，待冷却后倒出剩余燃料油并回收，然后进行维护，妥善保管。

6.6　电烙铁

电烙铁是通过熔解锡进行焊接的工具。

1. 常用电烙铁的种类和功率

（1）常用电烙铁的分类

① 内热式电烙铁。由连接杆、手柄、弹簧夹、烙铁心、烙铁头（也称铜头）5 个部分组成。烙铁心安装在烙铁头内（发热快，热效率高）。烙铁心采用镍铬电阻丝绕在瓷管上制成，一般 20 W 的电烙铁的电阻为 2.4 kΩ左右，35 W 的电烙铁的电阻为 1.6 kΩ左右。

② 外热式电烙铁。一般由烙铁头、烙铁心、外壳、手柄、插头等部分所组成。烙铁头安装在烙铁心内，用以热传导性好的铜为基体的铜合金材料制成。烙铁头的长短可以调整（烙铁头越短，烙铁头的温度就越高），且有凿式、尖锥形、圆斜面、圆、尖锥形和半圆沟形等不同的形状，以适应不同焊接面的需要，如图 6-12 所示。

（2）电烙铁的功率

电烙铁的工作电源一般采用 220 V 交流电。电工通常使用 20 W、25 W、30 W、35 W、40 W、45 W、50 W 的电烙铁。

一般来说，电烙铁的功率越大，热量越大，烙铁头的温度越高。焊接集成电路、印制线路板、CMOS 电路一般选用 20 W 内热式电烙铁。使用的烙铁功率过大，容易烫坏元器件（一般二极管、三极管节点温度超过 200℃时就会烧坏）和使印制导线从基板上脱落；使用的电烙铁功率太小，焊

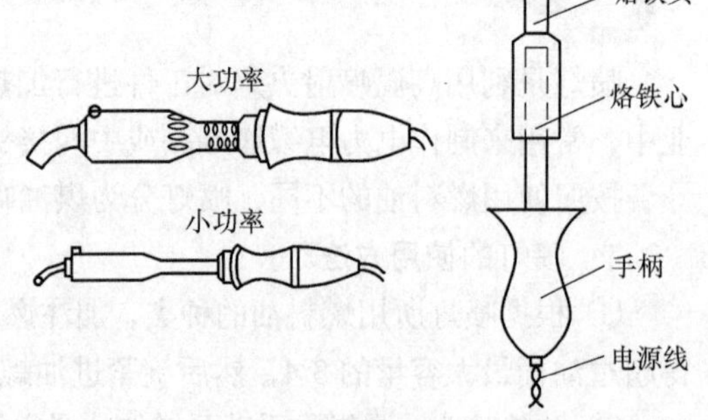

图 6-12　常用电烙铁的种类

锡不能充分熔化，焊剂不能挥发出来，焊点不光滑，不牢固，易产生虚焊。若焊接时间过长，也会烧坏器件，一般每个焊点在 1.5～4 s 完成。

2. 其他烙铁

（1）恒温电烙铁

恒温电烙铁的烙铁头内装有磁铁式的温度控制器，以控制通电时间，实现恒温的目的，价格较高。在焊接温度不宜过高、焊接时间不宜过长的元器件时，应选用恒温电烙铁。

（2）吸锡电烙铁

吸锡电烙铁是将活塞式吸锡器与电烙铁融于一体的拆焊工具，它具有使用方便、灵活、适用范围宽等特点，不足之处是每次只能对一个焊点进行拆焊。

（3）气焊烙铁

气焊烙铁一种用液化气、甲烷等可燃气体燃烧加热烙铁头的烙铁，适用于供电不便或无法供给交流电的场合。

3. 电烙铁使用前的处理

在使用前先通电给烙铁头"上锡"。首先用挫刀把烙铁头按需要挫成一定的形状，然后接上电源，当烙铁头温度升到能熔锡时，将烙铁头在松香上沾涂一下，等松香冒烟后再沾涂一层焊锡，如此反复进行两三次，使烙铁头的刃面全部挂上一层锡即可使用。

电烙铁不宜长时间通电而不使用，这样容易使烙铁心加速氧化而烧断，缩短其寿命，同时也会使烙铁头因长时间加热而氧化，甚至被"烧死"，不再"吃锡"。

4. 焊料、焊剂

用电烙铁焊接导线时，必须使用焊料和焊剂。

（1）焊料

焊料是一种易熔金属，它能使元器件引线与连接点焊接在一起。锡（Sn）是一种质地柔软、延展性大的银白色金属，熔点为 232℃，在常温下化学性能稳定，不易氧化，不失金属光泽，抗大气腐蚀能力强。铅（Pb）是一种较软的浅青白色金属，熔点为 327℃，高纯度的铅耐大气腐蚀能力强，化学稳定性好，但对人体有害。锡中加入一定比例的铅和少量其他金属可制成熔点低、流动性好、对元件和导线的附着力强、机械强度高、导电性好、不易氧化、抗腐蚀性好、焊点光亮美观的焊料，一般称焊锡。

焊锡按含锡量的多少可分为 15 种，按含锡量和杂质的化学成分分为 S、A、B 3 个等级。手工焊接常用丝状焊锡。

（2）焊剂

焊剂分为助焊剂和阻焊剂。

助焊剂一般可分为无机助焊剂、有机助焊剂和树脂助焊剂，能溶解去除金属表面的氧化物，并在焊接加热时包围金属的表面，使之和空气隔绝，防止金属在加热时氧化；可降低熔融焊锡的表面张力，有利于焊锡的湿润。

阻焊剂限制焊料只在需要的焊点上进行焊接，把不需要焊接的印制电路板的板面部分覆盖起来，保护面板，使其在焊接时受到的热冲击小，不易起泡，同时还起到防止桥接、拉尖、短路、虚焊等情况。

使用焊剂时，必须根据被焊件的面积大小和表面状态适量使用。用量过小影响焊接质量；用量过多，焊剂残渣将会腐蚀元件或使电路板绝缘性能变差。

5. 电烙铁的使用

（1）电烙铁的握法

电烙铁的握法没有统一的要求，以不易疲劳、操作方便为原则，一般有笔握法和拳握法两种，如图 6-13 所示。

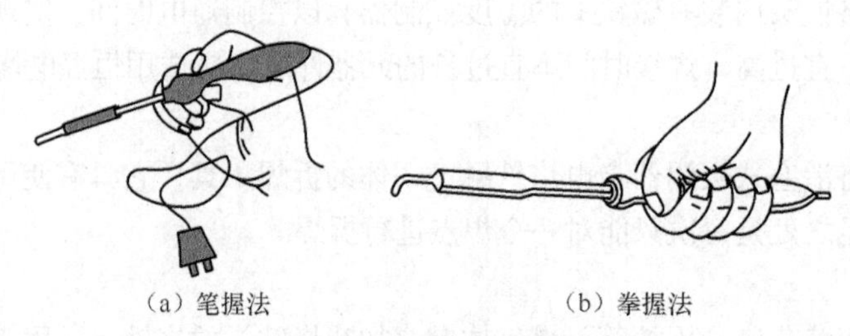

（a）笔握法　　（b）拳握法

图 6-13　电烙铁的握法

（2）焊锡丝的拿法

焊锡丝一般有两种拿法，如图 6-14 所示。由于在焊丝的成分中，铅占一定比例，众所周知，铅是对人体有害的重金属，因此操作时应戴手套或操作后洗手，避免食入。

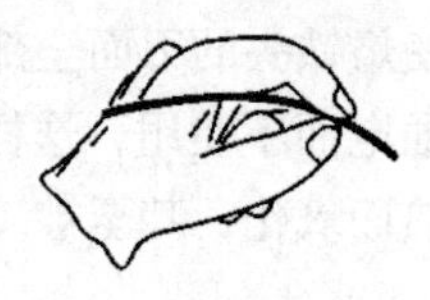

（a）连续焊接时焊锡丝的拿法　　（b）断续焊接时焊锡丝的拿法

图 6-14　焊锡丝的拿法

使用电烙铁时要配置烙铁架，一般放置在工作台右前方，电烙铁用后一定要稳妥地放置在烙铁架上，并注意烙铁头不要碰导线等物，以免烫坏导线绝缘层后发生短路。

（3）准备施焊

准备好焊锡丝和烙铁。烙铁头部要保持干净，即可以沾上焊锡（俗称“吃锡”）。

（4）加热焊件

将烙铁接触焊接点，注意首先要保持烙铁加热焊件各部分，例如，印制板上引线和焊盘都使之受热，其次要注意让烙铁头的扁平部分（较大部分）接触热容量较大的焊件，烙铁头的侧面或边缘部分接触热容量较小的焊件，以保持焊件均匀受热。

（5）熔化焊料

当焊件加热到能熔化焊料的温度后将焊丝置于焊点，焊料开始熔化并润湿焊点。

（6）移开焊锡

当熔化一定量的焊锡后将焊锡丝移开。

（7）移开烙铁

当焊锡完全润湿焊点后移开烙铁，注意移开烙铁的方向应该是大致 45° 的方向。

上述过程对一般焊点而言需要两三秒钟。这是掌握手工烙铁焊接的基本方法。特别是各步骤之间停留的时间，对保证焊接质量至关重要，只有通过实践才能逐步掌握。

对焊接的基本要求：焊点必须牢固，锡液必须充分渗透，焊点表面光滑有泽，应防止出现“虚焊”和“夹生焊”现象。产生“虚焊”的原因是焊件表面未清除干净或焊剂太少，使得焊锡不能充分流动，造成焊件表面挂锡太少，焊件之间未能充分固定；造成“夹生焊”的原因是烙铁温度低或焊接时烙铁停留时间太短，焊锡未能充分熔化。

6. 电烙铁使用注意事项

① 根据焊接对象合理选用不同类型的电烙铁。

② 新烙铁在使用前要使头部上锡，接通电源后烙铁头的颜色变黄，用焊锡丝放在松香上使锡熔化并反复拉动烙铁头就容易“吃”上锡，烙铁头部保持常有锡，焊接时锡就容易熔化。

③ 为了防止烙铁温度太高“烧死”烙铁头和加速烙铁头的老化，尽量使用烙铁架和带“自动恒温”或“调温”功能的烙铁。

④ 一般右手持烙铁，左手用镊子夹住元件或导线。将烙铁头紧贴在焊点处，烙铁与水平面约成 60° 角，烙铁头在焊点处停留的时间为 2 s 左右。每个焊点要接触良好，防止“虚焊”。

⑤ 焊接时间过长容易损坏元件或使电路板的铜箔翘起，可用镊子夹住管脚帮助散热。焊接集成电路时，电烙铁要可靠接地，或断电后利用余热焊接，防止损坏。

⑥ 使用过程中不要任意敲击电烙铁头以免损坏。内热式电烙铁连接杆钢管壁厚度只有 0.2 mm，不能用钳子夹以免损坏。在使用过程中应经常维护，保证烙铁头挂上一层薄锡。

6.7 手电钻

手电钻的种类较多，常见的有手枪式和手提式，其外形如图 6-15 所示，主要利用钻头来钻削金属、塑料及木材等构件上的孔洞，通常使用 220 V 单相交流电源，在潮湿的环境中多采用安全低电压。

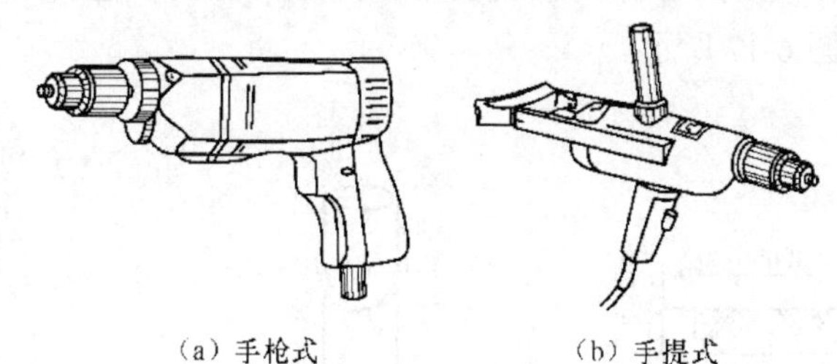

（a）手枪式　　（b）手提式

图 6-15　手电钻

使用手电钻时的注意事项如下。

（1）较长时间未用的手电钻在使用前应测试其绝缘电阻，一般不应小于 0.5 MΩ；

（2）根据所钻孔的大小，合理选择钻头尺寸，钻头装夹要合理、可靠；

（3）钻孔时不要用力过大，当电钻运转吃力，转速变低时，应减轻压力，以防电钻烧毁。

（4）被钻孔的构件应固定，以防其随钻头一起旋转，造成事故。

6.8 登高工具

电工常用的登高工具有梯子、踏板、脚扣、腰带、保险绳和腰绳等。

6.8.1 梯子

登高用梯子有直梯和人字形梯两种，如图 6-16 所示。

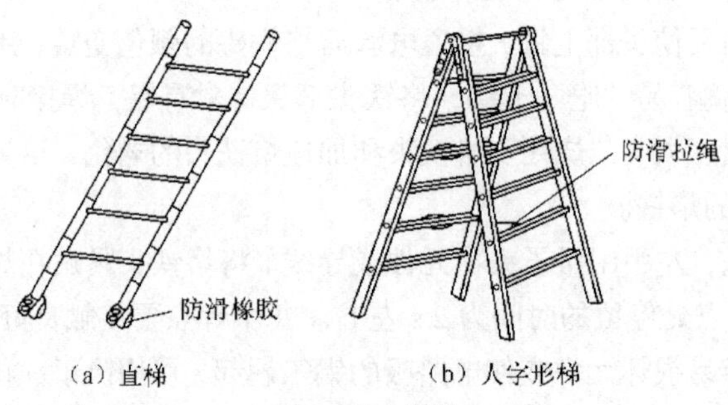

图 6-16 梯子

人字形梯是主要用于周围无依靠体的登高工具，如吊灯安装就用到它。在用人字形梯子登高作业时，人字形梯脚宽支开的角度不大于 30°，并且应设有限制滑开的拉绳。操作时，脚踏人字形梯两边，两脚用力踏一下，看梯子放置是否稳固。

使用直梯时，梯子与地面之间的角度以 60° 左右为宜。在水泥地面上使用直梯时，要有防滑措施。对于没有搭钩的梯子，在工作中要有人扶持。

6.8.2 踏板

踏板又称蹬板、升降板或三角木，由脚板、绳索、套环及钩子组成，是用于电杆登高的工具。其尺寸、承重及绳长如图 6-17 所示。

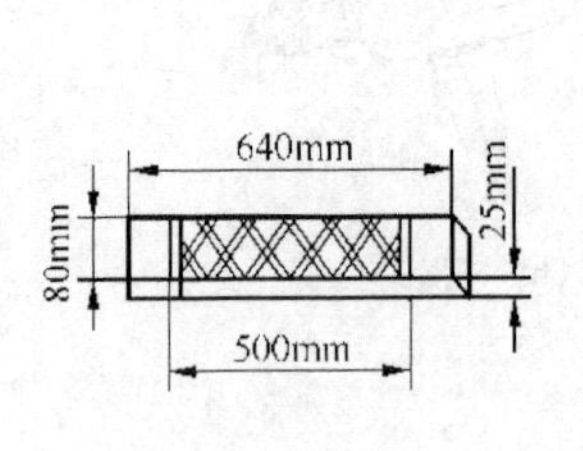

（a）踏板尺寸

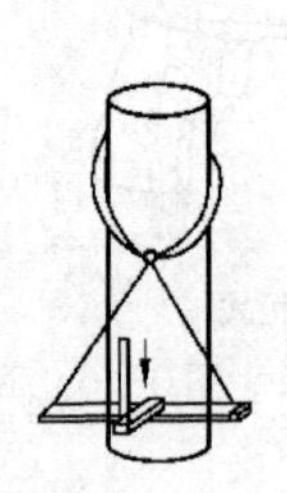

（b）踏板绳应能承受 300kg 以上的质量

（c）踏板绳长度

图 6-17 踏板

踏板是由质地坚韧的木材制成的，踏板绳采用白棕绳或锦纶绳制成，绳的两端牢固地绑扎在踏板两端的槽内，绳的中间穿有一个铁制挂钩。踏板和踏板绳应能承受 300 kg 以上的质量。

6.8.3 脚扣

脚扣有木杆用脚扣和水泥杆用脚扣两种，每副脚扣由左右两只组成，用于电杆登高。

每只脚扣主要由活动钩、扣体、踏盘、顶扣、扣带和防滑橡胶垫组成，如图 6-18 所示。

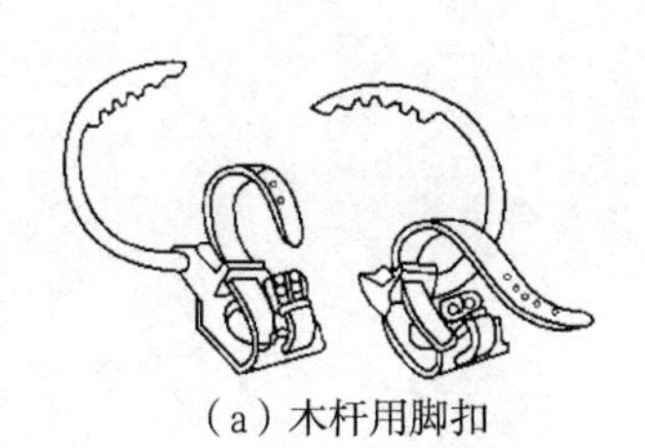

(a) 木杆用脚扣

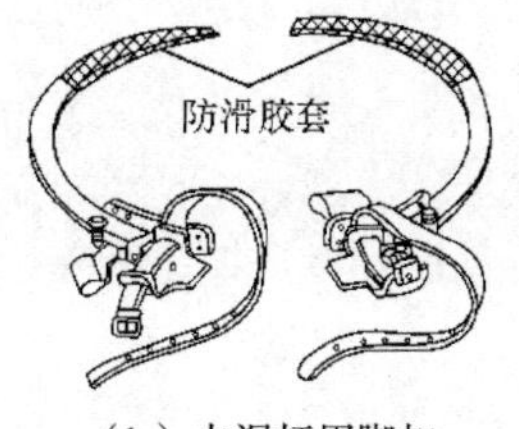

(b) 水泥杆用脚扣

图 6-18　脚扣

本章小结

本章主要介绍常用电工工具的用途、型号、规格及使用方法；另外还介绍了导线连接；焊接技术；梯子、踏脚板、脚扣的登高训练等内容。实训时可根据专业需要和训练条件适当调整课题项目及训练难度。

思考与练习题

1. 试举出一些常用电工工具，简述其用途。
2. 导线绝缘层的剖削应注意哪些事项。
3. 踏板登高的步骤是什么。

常用电工仪表和测量

在实际测量中，总会受到各种因素的影响，使得测量结果不可能是被测量的真值，只能是其近似值。由于被测量的真值通常是难以获得的，所以在测量技术中常常把标准仪表的读数当作真值，而把测得的实际值称为测量结果，被测量的测量结果与真值之间的差值叫做测量误差。

7.1 电工仪表的分类

电工仪表的种类繁多，根据其在进行测量时得到被测量数值的方式不同可分为指示仪表、比较仪表和数字仪表3类。

7.1.1 指示仪表

指示仪表是先将被测量数值转换为可动部分的角位移，从而使指针发生偏转，通过指针偏转角度大小来确定待测量数值的大小，如各种指针式电流表、电压表等。指示仪表目前应用仍然十分广泛。

① 指示仪表按测量对象可分为电流表（包括微安表、毫安表、安培表等）、电压表（包括伏特表和毫伏表等）、功率表、电能表、功率因数表、频率表、相位表、欧姆表、绝缘电阻表（兆欧表或摇表）及万用表等。

② 指示仪表按工作电流性质可分为直流表、交流表及交、直流两用表。

③ 指示仪表按使用方式可分为安装式（配电盘式）和便携式等。

④ 指示仪表按工作原理可分为磁电系、电磁系、电动系、感应系、静电系、整流系等。

⑤ 指示仪表按使用环境条件可分为A、A1、B、B1、C 5个组。其中C组环境条件最差，各组的具体使用条件在GB776—1976中都有详细的说明。例如，A组的使用条件是环境温度应为0～40℃，在25℃时的相对湿度为95%。

⑥ 指示仪表按防御外界电磁场的能力可分为Ⅰ、Ⅱ、Ⅲ、Ⅳ4个等级。Ⅰ级仪表在外磁场或外电场的影响下，允许其指示值改变±0.5%，Ⅱ级仪表允许改变±1.0%，Ⅲ级仪表允许改变±2.5%，Ⅳ级仪表允许改变±5.0%。

⑦ 指示仪表按准确度等级可分为0.1、0.2、0.5、1.0、1.5、2.5、5.0等7级。数字越小，仪

表的准确度等级越高。

7.1.2 比较式仪表

比较式仪表是指在进行测量时，通过被测量与同类标准量进行比较，然后根据比较结果确定被测量的大小。它包括直流比较式仪表和交流比较式仪表两类。例如，直流电桥、电位差计都是直流比较式仪表，而交流电桥属于交流比较式仪表。比较式仪器的测量准确度比较高，但操作过程复杂，测量速度较慢。

7.1.3 数字式仪表

数字式仪表是指在显示器上能用数字直接显示被测量值的仪表。它采用大规模集成电路，把模拟信号转换为数字信号，并通过液晶屏显示测量结果。它有速度快、准确度高、读数方便、容易实现自动测量等优点，是未来测量仪表的主要发展方向。

7.2 电工仪表常用面板符号

为了便于正确选择和使用电工仪表，通常将仪表的类型、测量对象的种类及单位、准确度等级等以文字或图形符号的形式标注在仪表的面板上，作为仪表的表面标志。根据国家标准规定，每个仪表都必须有表示该仪表的型号、被测量的单位、准确度等级、正常工作位置、防御外磁场的等级、绝缘强度等标记。常用的仪表表面标志和电工测量符号如表 7-1 和表 7-2 所示。

表 7–1 常用的电工仪表表面标志

分类	符号	名称	被测量的种类
电流种类	—	直流电表	直流电流、电压
	~	交流电表	交流电流、电压、功率
	~	交直流两用表	直流电量或交流电量
	≋ 或 3~	三相交流电表	三相交流电流、电压、功率
测量对象	(A) (mA) (μA)	安培表、毫安表、微安表	电流
	(V) (kV)	伏特表、千伏表	电压
	(W) (kW)	瓦特表、千瓦表	功率
	kW·h	千瓦时表	电能量
	(φ)	相位表	相位差
	(f)	频率表	频率
	(Ω) (MΩ)	欧姆表、兆欧表	电阻、绝缘电阻

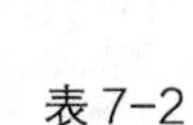

表 7-2　　常用的电工测量符号

分类	符号	名称	被测量的种类
工作原理		磁电式仪表	电流、电压、电阻
		电磁式仪表	电流、电压
		电动式仪表	电流、电压、电功率、功率因数、电能量
		整流式仪表	电流、电压
		感应式仪表	电功率、电能量
准确度等级	1.0	1.0 级电表	以标尺量限的百分数表示
	(1.5)	1.5 级电表	以指示值的百分数表示
绝缘等级	2kV	绝缘强度试验电压	表示仪表绝缘经过 2 kV 的耐压试验
工作位置	⊓	仪表水平放置	—
	⊥	仪表垂直放置	—
	∠60°	仪表倾斜 60℃放置	—
端钮	+	正端钮	—
	-	负端钮	—
	± 或 ⋇	公共端钮	—
	⊥ 或 ⏚	接地端钮	—

7.3　电工仪表的测量

7.3.1　测量误差的分类

不论用什么测量方法，也不论怎样进行测量，测量的结果与被测量的实际数值总存在差别，测量结果与被测量真值之差称为测量误差。

根据误差的性质，测量误差分为 3 类：系统误差、偶然误差和疏失误差。

（1）系统误差

在相同的测量条件下，多次测量同一个量时，测量结果向一个方向偏离，其数值恒定或按一定规律变化，这种误差称为系统误差。它的来源有以下 4 种。

① 仪器误差：由于仪器本身的缺陷而造成的误差。

② 附加误差：没有按规定条件使用仪器而造成的误差。

③ 理论（方法）误差：由于测量方法、测量所依据的理论公式的近似，或实验条件不能达到理论公式所规定的要求等而引起的误差。

④ 个人误差：由于测试人员的自身生理或心理特点造成的误差。

（2）偶然误差

由于人的感官灵敏度和仪器精密度有限，周围环境的干扰以及随测量而来的其他不可预测的

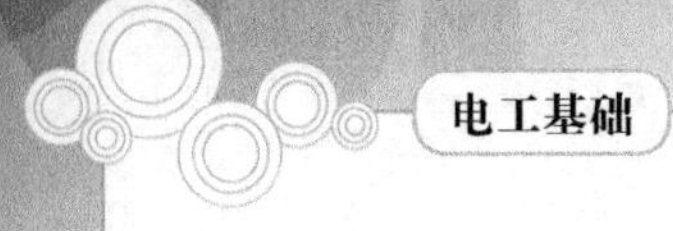

偶然因素造成的误差。

（3）疏失误差

疏失误差由测量中的疏失所引起，是一种明显地歪曲测量结果的误差。

7.3.2 测量误差的消除方法

（1）系统误差的消除

对测量仪器仪表进行修正。采用合理的测量方法和配置适当的测量仪表，改善仪表安装质量和配线方式。

还可以采用特殊的测量方法对测量仪表进行修正。

① 正负消去法。正负消去法就是对同一量反复测量两次，如果其中一次误差为正，另一次误差为负，求取它们的平均值，就可以消除这种系统误差。例如，为了消除一定的外磁场对电流表读数的影响，可以将电流表放置的位置调转 180° 后再测量一次，两种测量结果产生的误差符号正好相反。

② 替代法。将被测量用已知量代替，替代时使仪表的工作状态不变。这样，仪表本身的不完善和外界因素的影响对测量结果不发生作用，从而消除了系统误差。

（2）偶然误差的消除

通常采用增加重复测量次数的方法来消除偶然误差对测量结果的影响。测量次数越多，其算术平均值就越接近于实际值。

（3）疏失误差的消除

疏失误差严重歪曲了测量结果，因此包含有疏失误差的测量结果应该抛弃。

7.3.3 电工测量的主要对象

电工测量就是借助于测量设备，把未知的电量或磁量与作为测量单位的同类标准电量或标准磁量进行比较，从而确定这个未知电量或磁量（包括数值和单位）的过程。

电工测量的对象主要是反映电和磁特征的物理量，如电流（I）、电压（U）、电功率（P）、电能（W）以及磁感应强度（B）等；反映电路特征的物理量，如电阻（R）、电容（C）、电感（L）等；反映电和磁变化规律的非电量，如频率（f）、相位（φ）、功率因数（$\cos\varphi$）等。

7.3.4 电工测量的特点

电工测量是以电工测量仪器和设备为手段，以电量或非电量（可转化为电量）为对象的一种测量技术。电工测量的特点如下。

① 测量仪器的准确度、灵敏度更高，测量范围更宽。电工测量的量值范围很宽。例如，一只普通万用表的测量范围为几伏至几百伏，约 2 个数量级，而毫伏表的测量范围可从几毫伏至几百伏，达 5 个数量级；数字电压表可达 7 个数量级。

② 应用了电子技术，电工测量技术向着快速测量、小型化、数字化、多功能、高准确度、高灵敏度、高可靠性等方面发展。

电工测量的精度与测量方法、测试技术及所选用的仪器等因素有关。单就电工仪器的精度而言，目前已经可达到相当高的水平，测量精度有了飞跃的提高。

③ 实现了遥测遥控、连续测量、自动检测及非电量的电测等。

7.3.5　电工测量的方法

在电工测量中，由于不同的场合、不同的仪器仪表、不同的测量精度要求等因素的影响，因而出现了多种测量方法。测量方法是获得测量结果的手段或途径，测量方法可分为 3 类。

1. 直接测量法

从测量仪器上直接得到被测量值的测量方法叫做直接测量法。此法简单方便，测量目的与测量对象一致。例如，用欧姆表测量电阻、电压表测量电压和用电流表测量电流等都属于直接测量。

由于仪表接入电路后，会使电路工作状态发生变化，所以测量的精度会受到一定影响。

2. 间接测量法

间接测量时，根据被测量和其他量的函数关系，先测得其他量的值，然后按函数式把被测量计算出来的方法叫做间接测量法。例如，测量导体的电阻系数时，可以通过直接测出该导体的电阻 R、长度 l 和截面 S 的值，然后按电阻与长度、截面的关系式 $R=\rho\frac{l}{S}$，求出电阻率ρ。

间接测量法由于涉及的测量值较多，加上计算的误差等，测量精度低于直接法。

3. 比较测量法

将被测量与同种类标准量进行比较后才能得出被测量的数值，这样的测量方法称为比较测量法。常用的比较测量法分为以下 3 种。

（1）零值法

在测量过程中，通过改变标准量使它和被测量相等，当两者差值为零时，确定出被测量数值的测量方法叫做零值法。例如，电桥测量电阻采用的就是零值法。用电桥测量电阻时，调节已知电阻值使电桥平衡，得到 $R_x=\frac{R_0R_1}{R_2}$。

（2）差值法

在测量过程中，通过测出被测量与已知量的差值，从而确定被测量数值的测量方法叫做差值法，例如，用不平衡电桥测量电阻。

（3）替代法

在测量过程中，将被测量与已知的标准量分别接入同一测量装置，若维持仪表读数不变，这时被测量即等于已知标准量。这种测量方法叫做替代法。

比较测量法的测量准确度高，但也存在测量设备复杂、操作麻烦的特点，一般只用于对精度要求较高的测量。

采用什么样的测量方法，要根据测量条件、被测量的特性及对准确度的要求等进行选择，目的是得到合乎要求的科学、可靠的实验结果。

7.4　电流表

7.4.1　电流表的结构及工作原理

电流表分为检测微小电流的检流计和测量较大电流的毫安表、安培表等。由于测量的电流大小不同，它们在结果组成上也有各自的特点。

磁电式测量机构的指针偏转角α与流过线圈的电流I成正比，所以它本身就是一个电流表，如图 7-1 所示。

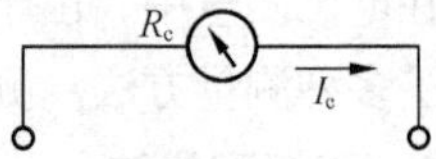

图 7-1 磁电式电流表原理线路图

直接用磁电式仪表测量电流的最简单电路如图 7-2 所示。R_c是仪表的内阻，它包括线圈和游丝（引线）的电阻；I_c是满刻度电流，即量程，也称灵敏度，量程越小，其灵敏度越高，这就是通常所说的表头。

表头只能用作微安表或毫安表，因为线圈的导线很细，电流又要流过游丝，过大的电流会因为发热而烧坏线圈的绝缘或使游丝过热而变质、失去弹性。所以，要测量毫安以上电流时，需要采用分流电阻扩大量程。分流电阻的作用是将被测电流分流，使大部分电流从并联电阻中分走，而测量机构中只流过其允许的电流I_c。

根据并入电阻的不同，磁电系电流表又可以分为单量程电流表和多量程电流表。

1. 单量程电流表

如图 7-3 所示，在表头上并联一个分流电阻R_s，测量时，被测电流大部分都通过分流电阻，只有小部分通过表头。

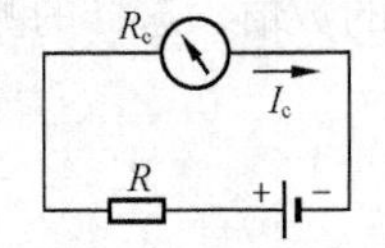

图 7-2 用电流表测量电流的简单电路

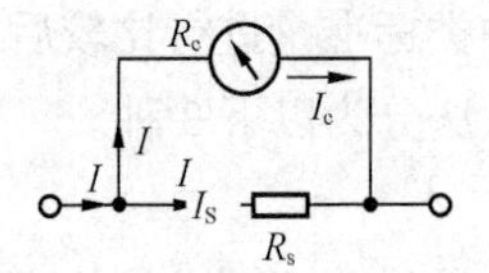

图 7-3 单量程电流表电路图

它们的关系是

$$I_c R_c = \frac{R_s R_c}{R_s + R_c} I \text{ 或 } I_c = \frac{R_s}{R_s + R_c} I$$

由上式可得

$$\frac{I}{I_c} = \frac{R_s + R_c}{R_s}$$

由于R_c和R_s为常数，所以I_c和I成正比。因此，只要将仪表标尺刻度放大I/I_c倍，即可用测量机构的偏转角来直接反映被测电流I的大小。

当电流扩大为$I=nI_c$时（其中n表示量程的扩大倍数）

$$n = \frac{I}{I_c} = 1 + \frac{R_c}{R_s}$$

分流器的电阻值为

$$R_s = \frac{R_c}{n-1}$$

可见欲将表头量程扩大到n倍，分流电阻应为表头内阻的 1/（$n-1$）。量程I越大，分流电阻R_S要越小。

考虑到分流电阻的散热和安装尺寸，当被测电流小于 30 A 时，分流电阻可以安装在电流表内部，称为内附分流器；当被测电流超过 30 A 时，分流电阻一般安装在电流表的外部，称为外附分流器。

外附分流器有两对接线端钮，外侧粗的一对叫做电流端钮，使用时串联于被测的大电流电路中；内侧细的一对叫做电位端钮，使用时与表头并联。采用这种连接方式可使分流电阻中不包括电流端钮的接触电阻，因而减小了测量误差，如图 7-4 所示。

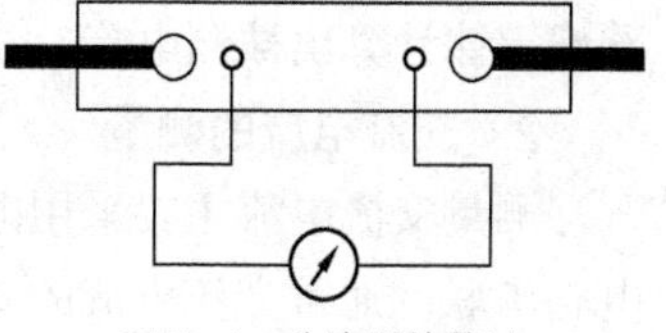
图 7-4　分流器接线法

2. **多量程电流表**

便携式电流表一般为多量程仪表。磁电系测量机构采用不同的分流器，构成了多量程电流表。多量程电流表的分流器有开路式连接和闭路式连接两种接法。

开路式分流电路如图 7-5 所示。它的优点是各量程之间相互独立、互不影响；缺点是其转换开关的接触电阻包含在分流电阻中，可能引起较大的测量误差，特别是在分流电阻较小的挡误差更大。另外，当触头接触不良导致分流电路断开时，被测电流将全部流过表头而使其烧毁，因此并联分流的连接方式很少采用。

闭路式分流电路的电路图如图 7-6 所示。这种方式的优点是转换开关的接触电阻处在被测电路，不在表头与分流器的电路，对分流准确度没有影响。这种方式的缺点是各个量程之间相互影响，计算分流电阻较复杂。因为分流电阻越小，电流表量程越大，量程 $I_1 > I_2 > I_3$。

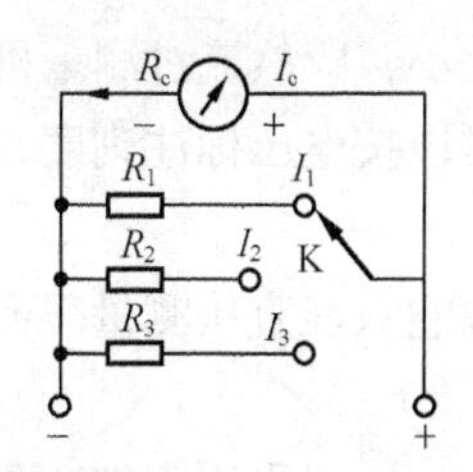

图 7-5　开路式分流电路

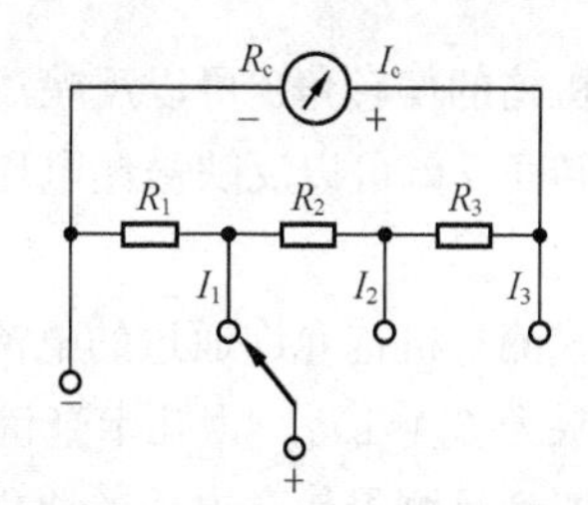

图 7-6　闭路式分流电路

7.4.2　电流的测量

1. **直流电流的测量**

测量直流电流通常采用磁电式电流表。电流表必须与被测电路串联，否则将会烧毁电表。此外，测量直流电流时还要注意仪表的极性。直流电流的测量可采用直接测量法或间接测量法来完成。电流的直接测量法是将电流表串联在被测支路中进行测量，电流表的示数即为测量结果，如图 7-7 所示。

扩大量程的方法是在表头上并联一个称为分流器的低值电阻 R_s，如图 7-8 所示，分流器的阻值为

$$R_s = R_c/(n-1)$$

式中，R_c 为表头内阻；$n = I/I_c$ 为分流系数，其中 I_c 为表头的量程，I 为扩大后的量程。

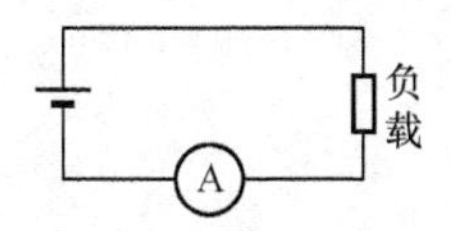

图 7-7　直接测量直流

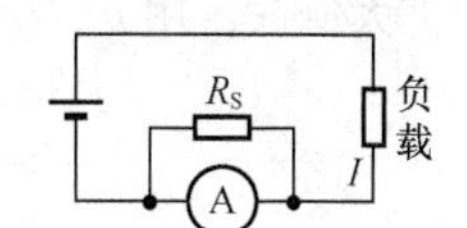

图 7-8　电流表量程的扩大

电流的直接测量法是断开电路后再将电流表接入，这样容易损坏电流表。通常采用间接测量法进行测量，即当被测支路内有一定电阻可以利用时，可以测量电阻两端的直流电压，然后根据

欧姆定律计算出被测电流。

2. 交流电流的测量

测量交流电流主要采用电磁式电流表，进行精密测量时使用电动式仪表，电流表必须与被测电路串联。通常交流电流的测量采用间接测量法，即先用电压表测出电压后，再利用欧姆定律换算成电流。若被测电流很大时，可配以电流互感器来扩大交流电流表量程。

7.5 电压表

7.5.1 磁电式电压表

磁电式测量机构不仅可以构成电流表，还可以构成电压表。将测量机构的两端施加一个允许电压，将有电流流过表头，当被测电压为 U，表头电阻为 R_c 时，通过表头的电流与电压的关系为 $U=IR_c$。

磁电式测量机构的偏转角 α 可以反映流过它的电流的大小，既然流过测量机构的电流与被测电压成正比，偏转角 α 就可以反映被测电压的大小。标尺可以按电压标注刻度，这就成了一只简单的电压表。

但是，磁电式测量机构允许通过的电流是很小的，所以它只能直接测量很低的电压，所能直接测量电压的上限为 $U_c=I_cR_c$，为几十毫伏。

可见，这不能满足测量较高电压的要求。为了扩大量程，一般采用附加电阻和磁电式测量机构相串联。

1. 单量程电压表

磁电式电压表是根据电路分压原理来扩大量程的，方法是将测量机构与附加电阻串联。如图7-9所示。这个串联电阻叫作分压电阻，串联分压电阻后流过测量机构的电流为

$$I_c=\frac{U}{R_c+R_s}$$

根据被测电压选择合适的附加电阻，可以使通过测量机构的电流限制在允许的范围内，但同时 I_c 仍与被测电压成正比，仪表可以用偏转角 α 来反映被测电压的大小。

根据 $U=I_c(R_c+R_s)$ 和 $U_c=I_cR_c$ 有

$$\frac{U}{U_c}=\frac{R_c+R_s}{R_c}$$

$\frac{U}{U_c}$ 是电压量程扩大倍数，用 m 表示，则

$$m=\frac{R_c+R_s}{R_c}$$

故

$$R_s=(m-1)R_c$$

上式说明，当电压量程扩大 m 倍时，需要串入的附加电阻是表头内阻的 m-1 倍。

2. 多量程电压表

磁电式多量程电压表由磁电式测量机构与多个分压电阻串联构成，如图 7-10 所示。

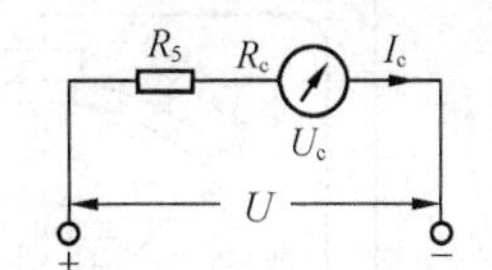

图 7-9 单量程电压表电路图

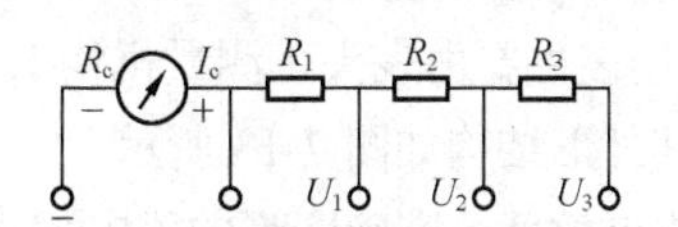

图 7-10 多量程电压表电路图

多量程电压表的内阻是表头内阻和附加的分压电阻之和，各个量程的附加电阻不同，内阻也就不同，量程越大，其内阻也就越大。

7.5.2 直流电压的测量

测量直流电压通常采用磁电式电压表，测量交流电压主要采用电磁式电压表。电压表必须与被测电路并联，否则将会烧毁电表，如图 7-11 所示。

电压表扩大量程的方法是在表头上串联一个称为倍压器的高值电阻 R_s，如图 7-12 所示，倍压器的阻值为

$$R_s=(m-1)R_c$$

式中，R_c 为表头内阻；$m = U/U_c$，为倍压系数，其中 U_c 为表头的量程，U 为扩大后的量程。

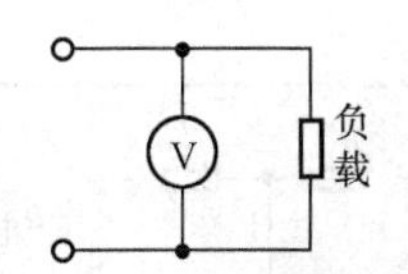

图 7-11 直接测量电压

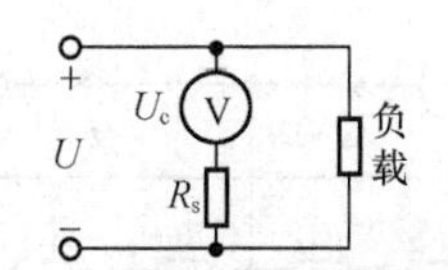

图 7-12 电压表量程的扩大

电压的测量通常采用直接测量，电压的直接测量就是将电压表直接并联在被测支路的两端，电压表的示数即是被测支路两点间的电压值。此外，实际电压表的内阻不可能为无穷大，因此直接测量必定影响被测电路，造成一定的测量误差。需要注意的是测量直流电压时不要将电压表的极性颠倒了。

7.5.3 交流电压的测量

测量交流电压主要采用电磁式电压表，电压表必须与被测电路并联，否则将会烧毁电表。在测量范围内将电压表直接并入被测电路即可。测量 600 V 以上的电压时，一般要配以电压互感器降压后再测量，用电压互感器来扩大交流电压表的量程。

7.6 万用表

万用表是一种多功能、多量程的便携式电工仪表，可以测量直流电流、直流电压、交流电压和电阻等，是电工测量的必备仪表之一。

7.6.1 MF500 型万用表的介绍

MF500 型万用表是一种高灵敏度、多量程的便携式整流式仪表，能分别测量交、直流电压、

直流电流、电阻及音频电平等，并具有较高的电压灵敏度。另外，它还具有外壳坚固、表盘较大、读数清晰等特点，故在生产实践中得到了广泛的应用。

MF500 型万用表主要由表头（测量机构）、测量线路和转换开关组成。其外形结构如图 7-13 所示。

表头通常采用灵敏度、准确度高的磁电式直流微安表，其满刻度电流为几微安到几百微安。

测量电路中，用一只表头能测量多种电量，并且有多种量程，其关键是通过测量线路变换，把被测电量变成磁电式表头所能接受的微小直流电流，测量交流电压线路和整流元件。

转换开关用来选择不同被测量和不同量程时的切换元件。

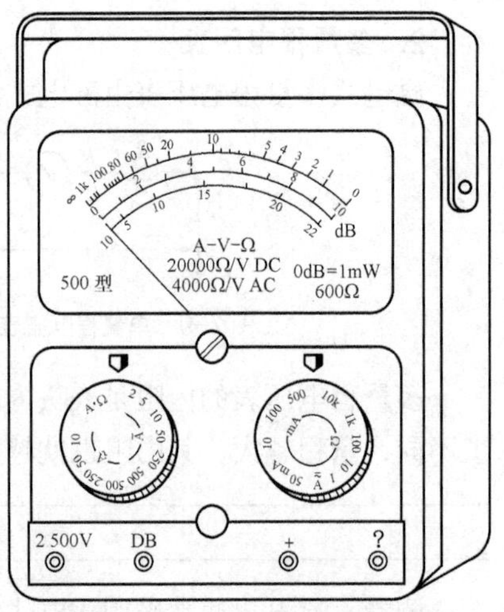

图 7-13 MF500 型万用表外形图

7.6.2 磁电式万用表的结构和工作原理

1. 内部结构

磁电系万用表的内部结构如图 7-14 所示。

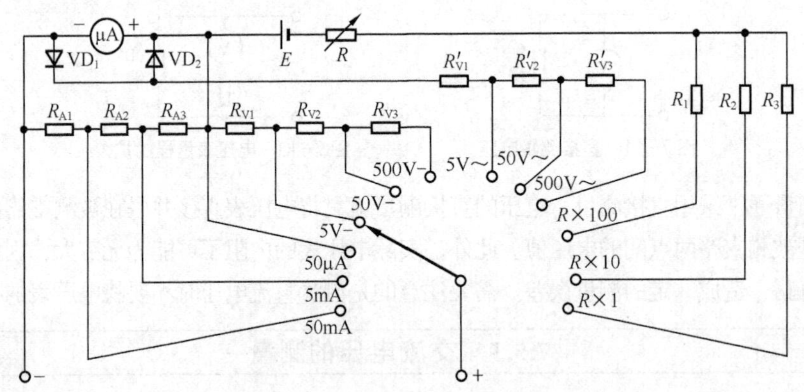

图 7-14 磁电式万用表内部结构图

2. 测量原理

（1）直流电流的测量

将转换开关置于直流电流挡，被测电流从“+”、“−”两端接入，构成直流电流测量电路。图 7-14 中 R_{A1}、R_{A2}、R_{A3} 是分流器电阻，与表头构成闭合电路。通过改变转换开关的挡位来改变分流器电阻，从而达到改变电流量程的目的。

（2）直流电压的测量

将转换开关置于直流电压挡，被测电压接在“+”、“−”两端，构成直流电压的测量电路。图中 R_{V1}、R_{V2}、R_{V3} 是倍压器电阻，与表头构成闭合电路。通过改变转换开关的挡位来改变倍压器电阻，从而达到改变电压量程的目的。

（3）交流电压的测量

将转换开关置于交流电压挡，被测交流电压接在“+”、“−”两端，构成交流电压测量电路。

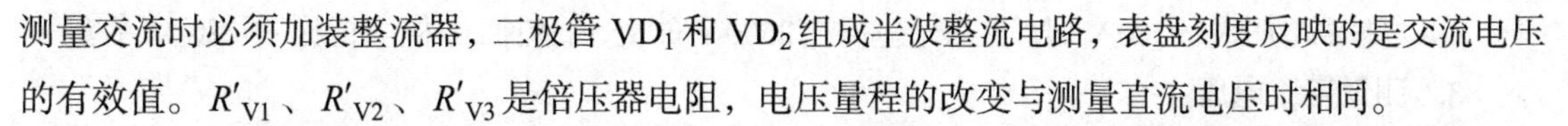

测量交流时必须加装整流器，二极管 VD_1 和 VD_2 组成半波整流电路，表盘刻度反映的是交流电压的有效值。R'_{V1}、R'_{V2}、R'_{V3} 是倍压器电阻，电压量程的改变与测量直流电压时相同。

（4）电阻的测量

将转换开关置于电阻挡，被测电阻接在“+”、“−”两端，便构成电阻测量电路。由于电阻自身不带电源，因此接入电池 E。电阻的刻度与电流、电压的刻度方向相反，且标度尺的分度是不均匀的，如图 7-15 所示。

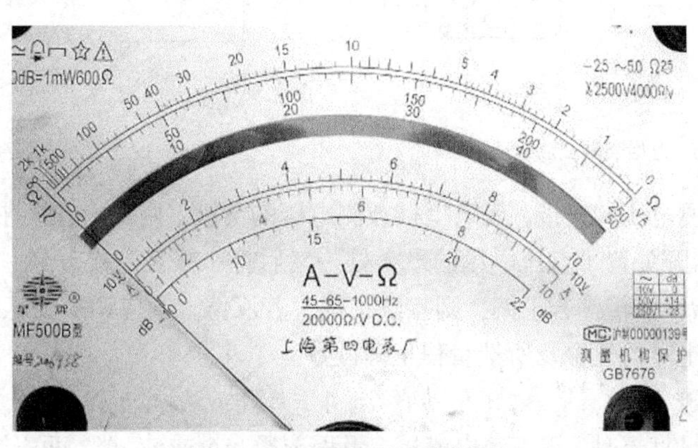

图 7-15　MF500 型万用表标尺

7.6.3　万用表的使用

1. 使用前的准备工作

① 接线柱（或插孔）选择。测量前检查表笔插接位置，红表笔一般插在标有“+”的插孔内，黑表笔插在标有“*”的公共插孔内。

② 测量种类选择。根据所测对象是交、直流电压、直流电流、电阻的种类，将转换开关旋至相应位置上。

③ 量程的选择。根据测量大致范围，将量程转换开关旋至适当量程上，若被测电量数值大小不明，应将转换开关旋至最大量程上，先测试，若读数太小，可逐步减小量程，绝对不允许带电转换量程，切不可使用电流挡或欧姆挡测量电压，否则会损坏万用表。

④ 正确读数。万用表的表盘上有 4 条标度尺。上面第 1 条为欧姆（电阻）挡读数尺；第 2 条为交、直流电压，直流电流标尺；第 3 条为交流 10 V 专用标尺，第 4 条为电平标尺。一般读数应在表针偏转满刻度的 1/2～2/3 为宜。

⑤ 万用表用完后，应将转换开关置于空挡或交流挡 500 V 位置上。若长期不用，应将表内电池取出。

⑥ 万用表的机械调零是供测量电压、电流时调零用。旋动万用表的机械调零螺钉，使指针对准刻度盘左端的“0”位置。

2. 测量交流电压

① 使用交流电压挡，如图 7-16 所示。

② 将两表笔并接线路两端，不分正负极。

③ 在相应量程标尺上读数。

④ 当交流电压小于 10 V 时，应从专用表度尺读数。

⑤ 当被测电压大于 500 V 时，红表笔应插在 2500 V 的交、直流插孔内，并且必须戴绝缘手套。

3. 测量直流电压

① 使用直流电压挡，如图 7-17 所示。

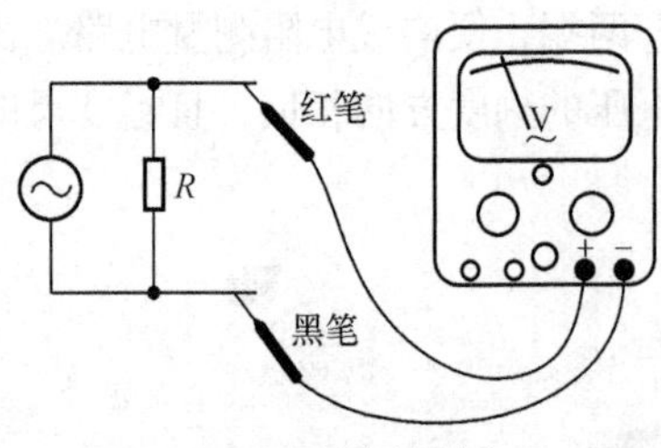

图 7-16　万用表测交流电压

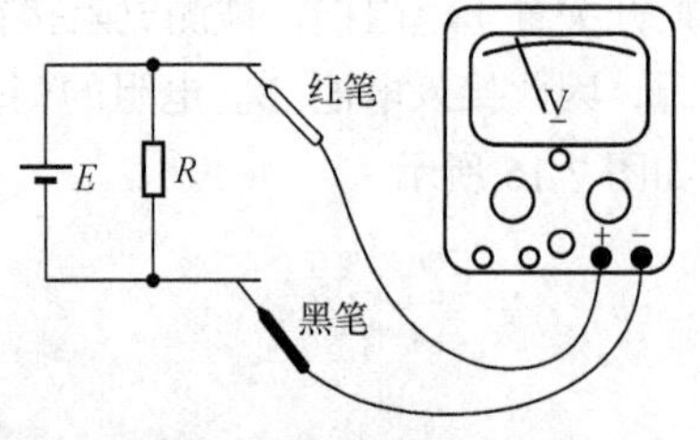

图 7-17　万用表测直流电压

② 红表笔接被测电压的正极，黑表笔接被测电压的负极，两表笔并接在被测线路两端，如果不知道极性，将转换开关置于直流电压的最大处，然后将一根表笔接被测一端，另一表笔迅速碰一下另一端，观察指针偏转，若正偏，则接法正确；若反偏，则应调换表笔接法。

③ 根据指针稳定时的位置及所选量程正确读数。

4. 测量直流电流

① 用万用表测量直流时，用直流电流挡，量程选择 mA 或μA 挡，两表笔串接于测量电路中，如图 7-18 所示。

② 红表笔接电源正极，黑表笔接电源负极。如果极性不知，则将转换开关置于 mA 挡的最大处，然后将一根表笔固定一端，另一表笔迅速碰一下另一端，观察指针偏转方向。若正偏，则接法正确；若反偏，则应调换表笔接法。

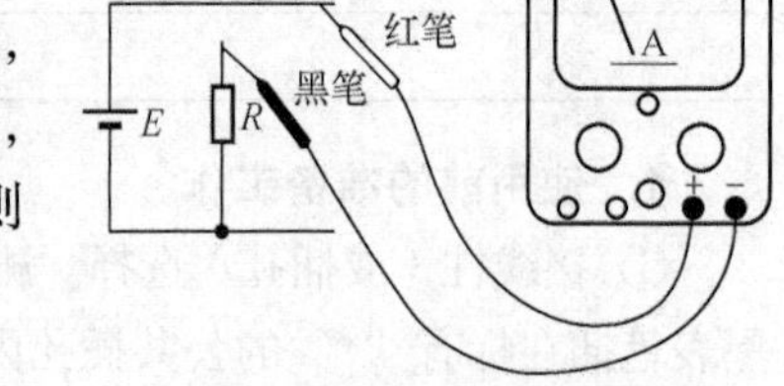

图 7-18　万用表测直流电流

③ 万用表量程为 mA 或 μA 挡，不能测大电流。

④ 根据指针稳定时的位置及所选量程正确读数。

5. 测量电阻

① 用万用表的电阻挡测量电阻，如图 7-19 所示。

② 测量前应将电路电源断开，如果有大电容，必须充分放电，切不可带电测量。

③ 测量电阻前，先进行电阻调零，即将红、黑两表笔短接，调节“Ω”旋钮，使指针对零；若指针调不到零，则表内电池电量不足，需更换。每更换一次量程都要重复调零一次。

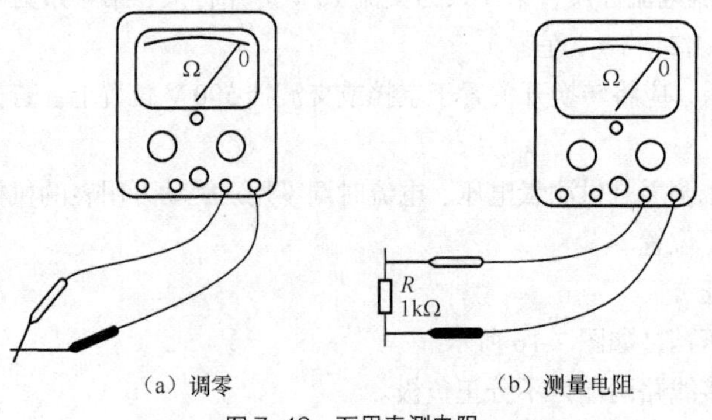

（a）调零　（b）测量电阻

图 7-19　万用表测电阻

④ 测量低电阻时尽量减少接触电阻，测量大电阻时，不要用手接触两表笔，以免人体电阻并

入影响精度。

⑤ 从表头指针显示的读数乘以所选量程的倍率数即为所测电阻的阻值。

7.6.4 数字式万用表的使用

数字万用表采用了集成电路模/数转换器和数显技术，将被测量的数值直接以数字形式显示出来。数字万用表显示清晰、直观，读数正确，与模拟万用表相比，其各项性能指标均有大幅度的提高。图 7-20 所示为数字万用表的外形图。

这里以 DT890 型数字万用表为例说明，其面板结构如图 7-21 所示。

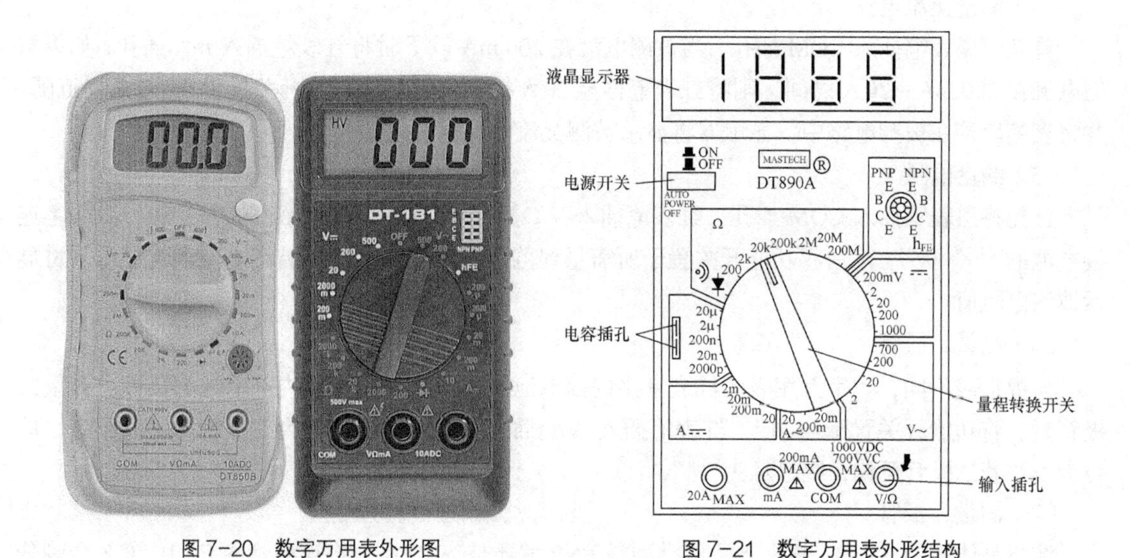

图 7-20 数字万用表外形图

图 7-21 数字万用表外形结构

1. 面板说明

（1）液晶显示器：数字式万用表的显示位置用$3\frac{1}{2}$位、$4\frac{1}{2}$位等表示，其中的“$\frac{1}{2}$位”指的是显示数的首位只能显示“0”或“1”两个数码，而其余各位都能够显示 0～9 这 10 个完整的十进制数码。最大指示为 1999 或−1999。当被测量超过最大指示值时，显示“1”或“−1”。

（2）电源开关：使用时将开关置于“ON”位置，使用完毕置于“OFF”位置。

（3）量程转换开关：用于选择功能和量程。根据被测的电量（电压、电流、电阻等）选择相应的功能位，按被测量程的大小选择合适的量程。

（4）输入插孔：将黑色测试笔插入“COM”插座。红色测试笔有 3 种插法：测量电压和电阻时插入“V/Ω”插座；测量小于 200 mA 的电流时插入“mA”插座；测量大于 200 mA 的电流时插入“20 A”插座。

2. 数字式万用表的使用说明

将 POWER 按钮按下后，首先检查 9 V 电池的容量，如果电池电量不足，则显示屏左上方会出现“←”符号，需要更换电池后再使用。

（1）测量直流电压

首先将黑表笔插入 COM 插孔，红表笔插入 V/Ω插孔，然后将功能开关置于 DCV 量程范围，并将表笔并接在被测电压两端，在显示电压读数时，同时会指示出红表笔的极性，如果显示器只显示“1”，表示过量程，功能开关应置于更高量程。

（2）测量交流电压

首先将黑色表笔插入 COM 插孔，红色表笔插入 V/Ω插孔，然后将功能开关置于 ACV 量程范围，并将表笔并接在被测负载或信号源上，显示器将显示被测电压值。

（3）测量直流电流

首先将黑表笔插入 COM 插孔，当被测电流在 200 mA 以下时将红表笔插入 mA 插孔；如果被测电流在 200 mA ~ 20 A 之间，则将红表笔移至 20 A 插孔。然后将功能开关置于 DCA 量程范围，并将表笔串接在被测电路中，在显示电流读数时，同时会指示出红表笔的极性。

（4）测量交流电流

首先将黑表笔插入 COM 插孔，当被测电流在 200 mA 以下时将红表笔插入 mA 插孔；如果被测电流在 200 mA ~ 20 A 之间，则将红表笔移至 20 A 插孔。然后将功能开关置于 ACA 量程范围，并将表笔串接在被测电路中，显示器将显示被测交流电流值。

（5）测量电阻

首先将黑表笔插入 COM 插孔，红表笔插入 V/Ω插孔（红表笔连接电池的“+”极，黑表笔连接电池的“−”极）。然后将功能开关置于所需量程范围，将测试笔跨接被测电阻上，显示器将显示被测电阻值。

（6）测量二极管

与模拟表不同，数字万用表的红表笔接内部电池的正极，黑表笔接内部电池的负极。测量二极管时，将功能开关置于 →|— 挡，红表笔插入 V/Ω插孔，这时的显示值为二极管的正向压降，单位为 V；若二极管反偏，则显示为“1”。

（7）测量三极管

测量晶体管的 h_{FE} 时，根据被测管类型是 PNP 型还是 NPN 型，将被测管的 E、B、C 3 个脚分别插入面板对应的晶体三极管插孔内。要注意的是，测量的 h_{FE} 只是一个近似值。

（8）检查线路通断

将万用表的转换开关拨至蜂鸣器位置，红表笔插入 V/Ω插孔。若被测线路电阻低于 20 Ω，蜂鸣器发声，说明电路导通，反之则不通。

测量完毕，应立即关闭电源；若长期不用，则应取出电池，以免漏电。

本章小结

电工仪表的误差分为基本误差和附加误差两种，用绝对误差、相对误差和引用误差表示。一般使用最大引用误差来表示仪表的准确度等级。电工测量的误差分为 3 类：系统误差、偶然误差和疏失误差。采用合适的方法可消除测量误差。

电流表和电压表的结构是由表头和电阻串、并联组成的，原理是测量机构的偏转角与被测量成正比。测量直流电流、电压通常采用磁电式电流、电压表。测量交流电流、电压主要采用电磁式电流、电压表。可采用万用表测量交、直流电流、电压。

万用表的使用包括使用前的准备和使用中的注意事项。

思考与练习题

一、填空题

1. 直读式仪表按工作原理分有________、________、________、________等。

2. 磁电式仪表主要用于测量________。

3. 兆欧表是专门用来检测电气设备、供电线路________的指示仪表。

4. 电气设备和供电线路绝缘材料的好坏对其正常运行和安全供电有着重大影响，绝缘材料性能的重要标志是检测________的大小。

5. 选用兆欧表，主要是选择兆欧表的电压及其________。

6. 兆欧表测量范围的选用原则是，不要使测量范围过多地超出被测绝缘电阻的数值，以免读数时产生________。

7. 测量绝缘电阻前，应对设备和线路________，以免设备或线路的电容放电危及人身安全和损坏兆欧表。

二、选择题

1. 功率表上读出的读数是（　　）。

A. 无功功率　　B. 视在功率　　C. 复功率　　D. 有功功率

2. 准确度为 1.0 级、量程为 250 V 的电压表，它的最大基本误差为（　　）。

A. ±2.5 V　　B. ±0.25 V　　C. ±25 V

3. 普通功率表在接线时，电压线圈和电流线圈的关系是（　　）。

A. 电压线圈必须接在电流线圈的前面　　B. 电压线圈必须接在电流线圈的后面

C. 视具体情况而定

4. 用二表法测三相电路功率仅适用于（　　）。

A. 对称三相负载电路　　B. 不对称三相负载电路

C. 三相三线制电路

5. 只能测量直流电的电工仪表是（　　）。

A. 磁电式仪表　　B. 电磁式仪表　　C. 电动式仪表

6. 用准确度为 2.5 级、量程为 10 A 的电流表在正常条件下测得电路的电流为 5 A 时，可能产生的最大相对误差为（　　）。

A. 2.5%　　B. 5%　　C. 10%

7. 由于制造工艺技术不精确所造成的电工仪表误差称为（　　）。

A. 绝对误差　　B. 相对误差　　C. 基本误差

8. 用兆欧表测量电动机绕组等设备的绝缘电阻时，必须将被测电气设备（　　）。

A. 与电源脱离　　B. 与电源接通　　C. 接地

三、判断题

1. 数字万用表无论测量什么，均要事先经过变换器转化为直流电压量。（　　）

2. 摇动兆欧表时，一般规定的转速是 100 r/min。（　　）

3. 万用表的欧姆挡也可用来测量电气设备的绝缘电阻。(　　)

4. 磁电式仪表一般用来测量直流电压和电流。(　　)

5. 电度表属于磁电式仪表结构。(　　)

6. 电工仪表测量时的准确度与电表的量程选择无关。(　　)

7. 理想电压表的内阻无穷大，理想电流表的内阻为零。(　　)

8. 电流表需要扩大的量程越大，其分流器上的电阻应选择越小。(　　)

9. 通常选用指针式万用表检测二极管和三极管。(　　)

10. 兆欧表和其他仪表的最大不同点就是兆欧表本身带有高压电源。(　　)

四、问答题

1. 电动式仪表的工作原理是什么?

2. 二表法（瓦特表）的接线规则是什么?

3. 电工仪表的准确度是如何定义的? 共分为哪几级?

4. 试述使用MF500型万用表测量电阻的操作过程。

5. 用兆欧表测量设备的绝缘电阻时各端子应如何连接?

6. 使用兆欧表测量绝缘电阻时应注意哪些问题?

五、计算题

1. 有一台50 Hz、110 V的电气设备，其工作电流小于2 A。用规格为$U_N = 150$ V，$I_N = 2$ A，$\cos\varphi = 0.5$、刻度为150格的功率表测得的功率为100 W，则其读数为多少格?

2. 某磁电式仪表的表头额定电流为50 μA，内阻为1 kΩ，将它并联一个电阻为0.1001Ω的分流器后，所制成的毫安表的量程是多少?

3. 一个量程为30 A的电流表，其最大基本误差为±0.45 A。用该表测量20 A的电流时，其相对误差为2%，求该表的准确度为多少级?

4. 某待测电压为8 V，现用0.5级量程为0～30 V和1.0级量程为0～10 V的两个电压表来测量，使用哪个电压表测量更准确?

模块八

电气安全技术

电能是一种方便的能源，它的广泛应用形成了人类近代史上第二次技术革命。有力地推动了人类社会的发展，给人类创造了巨大的财富。电能与我们的生活息息相关，对于电能及其电气设备使用不合理、安装不妥当，维修不及时或违反电气操作规程等，可能会造成停电停产，损坏设备，火灾，甚至造成人身伤亡等更加严重的事故。

一个普通的电能使用者应该具备安全用电的基本常识，这样才能安全的使用这种清洁、高效的能源。如果你是一位和电气相关的从业者，除了认识和掌握电的性能、客观规律外，还要掌握比较全面的安全用电的知识和安全用电措施。

8.1 人体触电的基本概念

8.1.1 人体触电种类和方式

在供电、用电过程中，操作人员必须特别注意用电安全。稍有麻痹或疏忽，就可能造成触电事故，甚至引起火灾或爆炸，造成极大的损失。

人体直接接触或过分接近带电体时引起局部受伤或死亡的现象称为触电。

1．触电种类

（1）电击

电击是指电流通过人体时对人体的内部伤害。表现为肌肉抽搐，内部组织损伤，造成发热、发麻、神经麻痹等，严重时将引起昏迷、窒息，甚至死亡。

（2）电伤

电伤是指电流的热效应、化学效应、机械效应以及电流本身作用对人体外部伤害。常见电伤有电灼伤、电烙伤和皮肤金属化等。

电击和电伤的特征和危害如表 8-1 所示。

表 8-1　　电击和电伤的特征与危害

名称		特征	说明与危害
电击		常会给人体留下较明显的特征，包括电标、电纹、电流斑。电标是在电流出入口处所产生的革状或炭化标记，电纹是电流通过皮肤表面，在其出入口间产生的树枝状不规则的发红线条，电流斑则是指电流在皮肤表面出入口处所产生的大小溃疡	电击是触电事故中最危险的一种，会致使人体产生痉挛、刺痛、灼热感、昏迷、心室颤动或停跳、呼吸困难、心跳停止等现象
电伤	电灼伤	接触灼伤：是发生在高压触电事故时，电流通过人体皮肤的出入口造成的灼伤 电弧灼伤：是在误操作或过分接近高压带电体时，产生电弧放电，出现的高温电弧造成的灼伤	高温电弧会把皮肤烧伤，致使皮肤发红、起泡或烧焦和组织破坏；电弧还会使眼睛受到严重伤害
	电烙印	由电流的化学效应和机械效应引起，通常在人体与带电体有良好接触的情况下发生。电烙印有时在触电后并不立即出现，而是隔一段时间后才出现	皮肤表面将留下与被接触带电体形状相似的肿块痕迹。电烙印一般不会发炎或化脓，但往往造成局部麻木和失去知觉
	皮肤金属化	由于极高的电弧温度使周围的金属熔化、蒸发并飞溅到皮肤表层，使皮肤表面变得粗糙坚硬，其色泽与金属种类有关，如灰黄色（铅）、绿色（紫铜）、蓝绿色（黄铜）等	金属化后的皮肤经过一段时间后会自行脱落，一般不会留下不良后果

2. 人体触电方式

（1）单相触电

单相触电是指人体的某一部分接触带电体的同时，另一部分又与大地或中性线相接，如图 8-1 所示。

（2）两相触电

两相触电是指人体的不同部分同时接触两相电源时造成的触电，如图 8-2 所示。人体所承受的线电压将比单相触电时要高，危险性更大。

（3）跨步电压触电

雷电流入地或电力线（特别是高压线）断散到地时，会在导线接地点及周围形成强电场。当人体跨进这个区域，两脚之间出现的电位差称为跨步电压，该区域内的触电称为跨步电压触电，如图 8-3 所示。

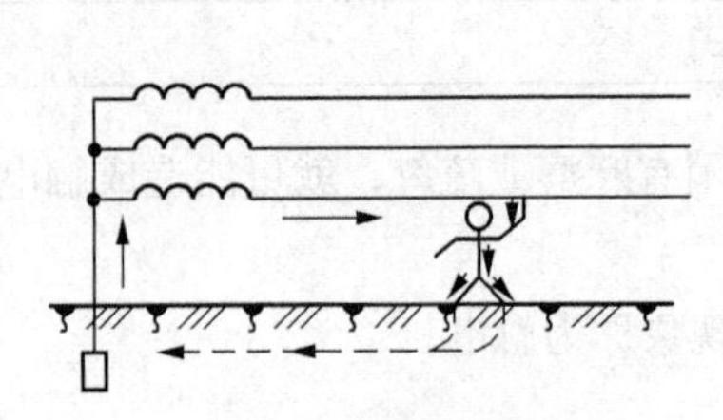
图 8-1　单相触电图

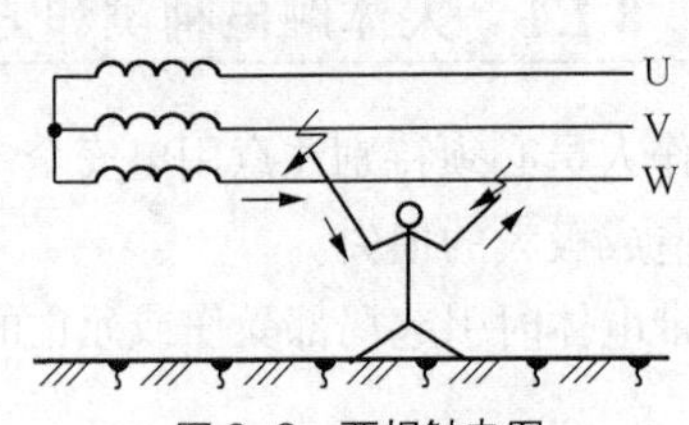

图 8-2　两相触电图

图 8-3　跨步电压触电

此外还有悬浮电路上的触电、感应电压触电和剩余电荷触电等形式。

8.1.2　电流伤害人体的主要因素

（1）电流的大小

通过人体的电流越大，对人体的伤害越严重。不同大小的电流通过人体时的反应如表 8-2 所示。

（2）电压的高低

人体接触的电压越高，流过人体的电流越大，对人体的伤害越严重。

表 8-2　　不同大小的电流通过人体时的反应

电流（mA）	交流电（50Hz）	直流电
0.6～1.5	手指开始感觉发麻	无感觉
2～3	手指感觉强烈发麻	无感觉
5～7	手指肌肉感觉痉挛	手指感觉灼热和刺痛
8～10	手指关节与手掌感觉痛，手已难于脱离电源，但尚能摆脱	手指感觉灼热，较 5～7mA 时更强
20～25	手指感觉剧痛，迅速麻痹，不能摆脱电源，呼吸困难	灼热感很强，手的肌肉痉挛
50～80	呼吸麻痹，心室开始震颤	强烈灼痛，手的肌肉痉挛，呼吸困难
90～100	呼吸麻痹，持续 3s 或更长时间后心脏麻痹或心房停止跳动	呼吸麻痹
>500	延续 1s 以上有死亡危险	呼吸麻痹，心室颤动，心跳停止

（3）电流频率的高低

40～60Hz 的交流电最危险。随着频率的增高，危险性将降低。

（4）通电时间的长短

通电时间越长，人体电阻降低，通过人体的电流将增加，触电危险也增加。技术上常用触电电流与触电持续时间的乘积（电击能量）来衡量电流对人体的伤害程度。若电击能量超过 150mA·s 时，触电者就有生命危险。

（5）电流通过人体的路径

如图 8-4 所示，电流通过头部可使人昏迷，通过脊髓可能导致瘫痪，通过心脏将造成心跳停止，血液循环中断。

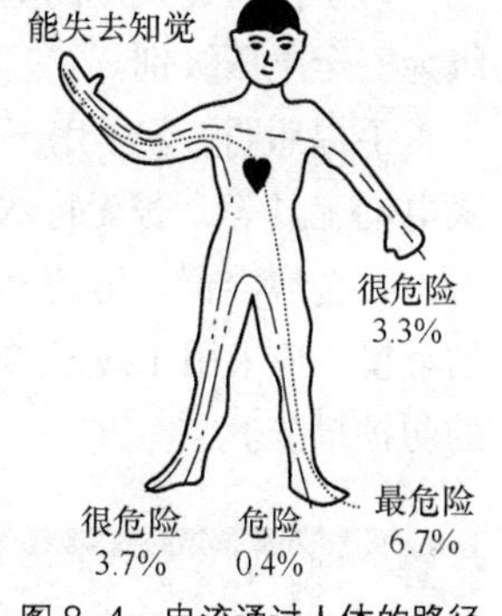

图 8-4　电流通过人体的路径

（6）人体状况

触电伤害程度与人的性别、健康状况、精神状态等有着密切的关系。

（7）人体电阻的大小

人体电阻越大，则遭受电流的伤害越轻。

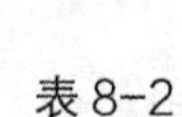

8.2　安全电压

触电时，人体所承受的电压越低，通过人体的电流就越小，触电伤害就越轻。当低到一定值以后，对人体就不会造成伤害。在不带任何防护设备的条件下，当人体接触带电体时，对各部分组织均不会造成伤害的电压值，叫做安全电压。安全电压值由人体允许电流和人体电阻的乘积决定。安全电压是否安全与人的现时状况、触电时间长短、工作环境、人与带电体的接触面积和接触压力等都有关系。

8.2.1　人体电阻

人体电阻包括体内电阻、皮肤电阻和皮肤电容。皮肤电容很小，可忽略不计，体内电阻基本上不受外界影响，差不多是定值，约 0.5kΩ。皮肤电阻占人体电阻的绝大部分。通常认为人体电阻为 1～2kΩ。但皮肤电阻随外界条件的不同可在很大范围内变化。

影响人体电阻的因素很多，除了皮肤厚薄外，皮肤潮湿、多汗、有损伤、带有导电粉尘，对带电体接触面大、接触压力大都将减小人体电阻。人体电阻还与接触电压有关，接触电压升高，人体电阻将按非线性规律下降。另外，人体电阻还会随电源频率的增加而降低。

8.2.2 人体允许电流

人体允许电流是指发生触电后触电者能自行摆脱电源、解除触电危害的最大电流。人体遭电击后可能延续的时间内不至于危及生命的电流。通常情况下人体的允许电流因性别而异，男性为 9mA，女性为 6mA。在装有防止触电的快速保护装置的场合，人体允许电流可按 30mA 考虑；在容易发生严重二次事故（再次触电、摔死、溺死）的场合，应按不至于引起强烈反应的 5mA 考虑。

8.2.3 安全电压标准值及适用场合

为了使通过人体的电流不超过安全电流值，我国规定工频有效值 12V、24V、36V 三个电压等级为安全电压级别。

手提照明灯具、用于危险环境和特别危险环境的局部照明灯、高度不足 2.5m 的照明灯及携带式电动工具等，若无特殊安全结构或安全措施，均应采用 12V 或 24V 安全电压。

在金属容器、隧道和矿井等工作地点狭窄、行动不便、湿度大，以及周围有大面积接地导体的环境，应采用 12V 安全电压。当电气设备采用 24V 以上的安全电压时，必须采取直接接触电击的防护措施。

8.3 触电原因及预防措施

8.3.1 常见触电原因

常见的触电原因有以下几种情况。

① 缺乏电气安全知识。

② 违反操作规程。

③ 电气设备不合格。

④ 维修不善。

⑤ 偶然因素。

8.3.2 触电事故的规律

（1）触电事故的季节性明显

统计资料表明，一年之中第二、三季度事故较多，6~9 月最集中。这与夏、秋季多雨、天气潮湿，降低了电气设备的绝缘性能有关。

（2）低压触电事故多于高压触电事故

由于低压设备多，低压电网广泛，人接触机会多，加上低压设备管理不严等原因出现低电压

触电事故较多的现象。

（3）单相触电事故多

单相触电事故占总触电事故的70%以上。

（4）发生在线路部位的触电事故较普遍

线路部位触电事故发生在变压器出口总干线上的少，发生在分支线上的多，发生在远离总开关线路部分的更为普遍。这是因为，人们在检修或接线时贪图方便，带电接线，而插头、开关、熔断器、接头等连接部位容易接触不良而发热，造成电气绝缘和机械强度下降，致使这些部位易发生触电事故。

（5）误操作触电事故较多

由于电气安全教育不够，电气安全措施不完备，致使受害者本人或他人误操作造成的触电事故较多。

8.3.3 预防触电的措施

1. 预防直接触电的措施

（1）绝缘措施

用绝缘材料将带电体封闭起来的措施。

（2）屏护措施

采用屏护装置将带电体与外界隔绝开来，以杜绝不安全因素的措施。

（3）间距措施

为了防止人体触及或过分接近带电体，避免车辆或其他设备碰撞或过分接近带电体，防止火灾、过电压及短路事故，为了操作的方便，在带电体与地面之间、带电体与带电体之间、带电体与其他设备之间均应保持一定的安全间距，叫作间距措施。

2. 预防间接触电的措施

（1）加强绝缘措施

对电气线路或设备采取双重绝缘。

（2）电气隔离措施

采用变压器或具有同等隔离作用的发电机，使电气线路和设备的带电部分处于悬浮状态叫作电气隔离措施。

（3）自动断电措施

在带电线路或设备上发生触电事故或其他事故（短路、过载、欠压等）时，在规定时间内能自动切断电源而起到保护作用的措施叫作自动断电措施。

① 尽量不带电作业，必须带电工作时，应使用各种安全防护工具。如使用绝缘棒、绝缘钳、戴绝缘手套、穿绝缘靴等，并设专人保护。

② 为电气设备装设保护接地装置，在电气设备的带电部位安装防护罩或将其装在不易触及的地点，或者采用连锁装置。

③ 对各种电气设备进行定期检查，如发现绝缘损坏、漏电或其他故障应及时处理，对于不能修复的设备，应予以更换。

④ 在不宜使用380/220V电压的场所，应使用12～36V的安全电压。

⑤ 使用、维护、检修电气设备时，应严格遵守有关操作规程。

⑥ 禁止非电工人员随意安装拆卸电气设备，更不得乱接电线。

⑦ 加强用电管理，建立健全的安全工作规程和制度，并严格执行。

⑧ 加强技术培训，普及安全用电知识，开展以预防为主的反事故演习。

8.4 触电急救

人触电以后，可能由于痉挛或失去知觉等原因而紧抓带电体，不能自行摆脱电源。触电急救最关键的因素是根据患者的现象首先能判断出发生了触电事故，然后按照适当的方法进行及时抢救，假如判断不正确当作生病抢救，施救者也容易发生触电事故。

1. 首先要尽快地使触电者脱离电源

（1）低压触电事故的急救（见图 8-5）

① 立即拔掉电源插头或断开触电地点附近开关。

② 如果电源开关远离触电地点，可用有绝缘柄的电工钳或干燥木柄的斧头分相切断电线，或将干木板等绝缘物塞入触电者身下，以隔断电流。

③ 电线搭落在触电者身上或被压在身下时，可用干燥的衣服、手套、绳索、木板、木棒等绝缘物作为工具，拉开触电者或挑开电线，使触电者脱离电源。

（2）高压触电事故的急救

① 立即通知有关部门停电。

② 戴上绝缘手套，穿上绝缘靴，用相应电压等级的绝缘工具断开电源。

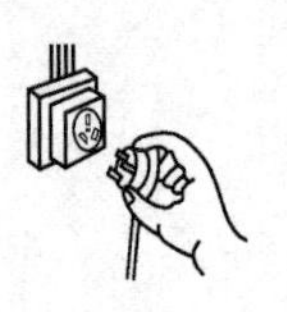

（a）拔掉电源插座

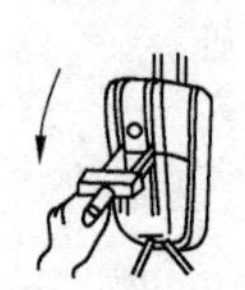

（b）断开开关

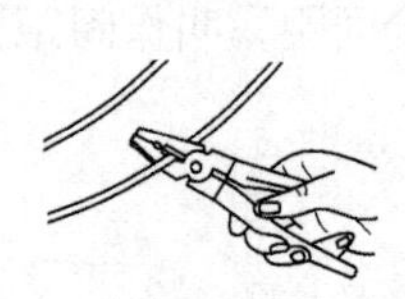

（c）剪断电源线

（d）将干木板塞入触电者身下

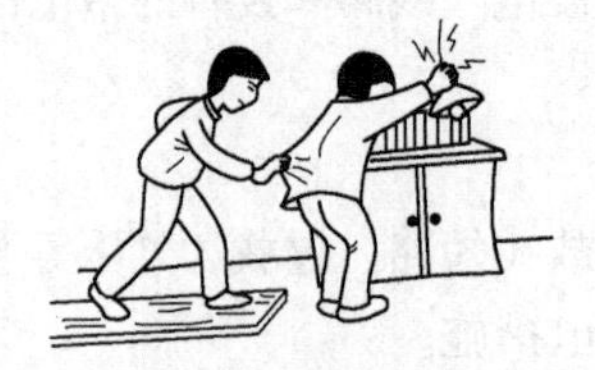

（e）将触电者拉离电源

（f）挑开触电者身上的电线

图 8-5　使触电者脱离电源的方法

③ 将裸金属线的一端可靠接地，另一端抛掷在线路上造成短路，迫使保护装置动作切断电源。

（3）脱离电源后的注意事项

① 救护人员不可以直接用手或其他金属及潮湿的物件作为救护工具，必须采用适当的绝缘工具且单手操作，以防止自身触电。

② 防止触电者脱离电源后可能造成的摔伤。

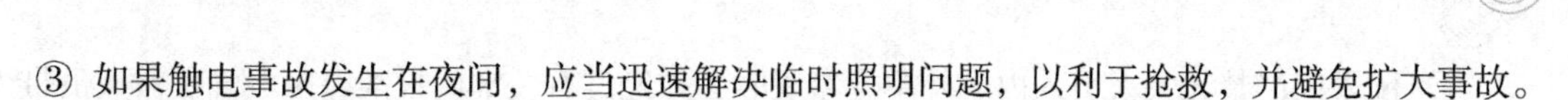

③ 如果触电事故发生在夜间，应当迅速解决临时照明问题，以利于抢救，并避免扩大事故。

2. 脱离电源后的救护

现场应用的主要救护方法是人工呼吸法和胸外心脏压挤法。

① 如果触电者伤势不重，神智清醒，但是有些心慌、四肢发麻、全身无力，或者在触电的过程中曾经昏迷，这时应当使触电者安静休息，不要走动，严密观察，并请医生前来诊治或送往医院。

② 如果触电者已失去知觉，但仍有心跳和呼吸，应当使触电者平卧，松开其衣领，以利于呼吸，如果天气寒冷，要注意保温，并立即请医生诊治或送医院。

③ 如果触电者呼吸停止或心脏停止跳动或两者都已停止时，应立即实行人工呼吸和胸外压挤法，并迅速请医生诊治或送往医院。

急救要尽快地进行，不能只等候医生的到来，在送往医院的途中也不能终止急救。

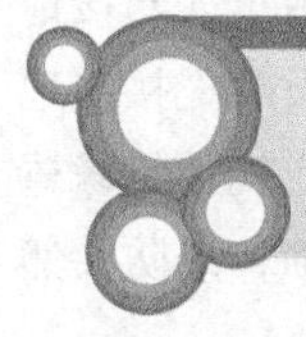

8.5 电工安全技术操作规程

8.5.1 电工安全工作的基本要求

电工安全工作的基本要求如下。

① 上岗时必须穿戴好规定的防护用品，一般不允许带电作业。

② 工作前详细检查所用工具是否安全可靠，了解场地环境情况，选好工作位置。

③ 认真、严格地执行“装得安全、拆得彻底、检查经常、修理及时”的规定。

④ 在线路、设备上工作时要切断电源并悬挂警告牌，验明无电后才能进行工作。

⑤ 不准无故拆除电器设备上的熔丝及过负荷继电器或限位开关等安全保护装置。

⑥ 机电设备安装或修理完工后在正式送电前，必须仔细检查绝缘电阻及接地装置和传动部分防护装置，使之符合安全要求。

⑦ 发生触电事故应立即断电，并采用安全、正确的方法对触电者进行解救和抢救。

⑧ 装接灯头时开关必须控制相线，临时线敷设时应先接地线，拆除时应先拆相线。

⑨ 使用电压高于 36V 的手电钻时，必须带好绝缘手套，穿好绝缘鞋。使用电烙铁时，安放位置不得有易燃物，不得靠近电气设备，用完后要及时拔掉插头。

⑩ 工作中拆除的电线要及时处理好，带电的线头须用绝缘带包扎好。

⑪ 高空作业时应系好安全带，扶梯脚应有防滑措施。

⑫ 登高作业时，工具、物品不准随便往下扔，必须装入工具带内吊送或传递。地面上的人员应戴好安全帽，并离开施工区 2m 以外。

⑬ 雷雨或大风天气时严禁在架空线路上工作。

⑭ 低压架空带电作业时不得同时接触两根线头，不得穿越未采取绝缘措施的导线。

⑮ 在带电的低压开关柜上工作时，应采取防止相间短路及接地等安全措施。

⑯ 电器着火时，应立即切断电源。未断电前，应用四氯化碳、二氧化碳或干沙灭火，严禁用水或普通酸碱泡沫灭火器灭火。

⑰ 配电间严禁无关人员入内。外单位参观时必须经过有关部门批准，由电气工作人员带入。

8.5.2 电气设备上工作的安全技术措施

（1）停电

将电气设备工作范围内各方进线电源都断开（切断电源时，还应切断少油断路器的操作电源），并采取防止误合闸的措施，而且每处至少应有一个明显的断开点，使工作人员在断电范围内工作，并与带电部分保持足够的安全距离。

（2）验电

为确保断电后的电气设备不带电，必须用合格的验电笔检验电气设备上有无电压，确认无电后才能工作。验电应在电气设备的两侧的各相分别进行。

（3）装设接地线

把电气设备的金属部分用导线同大地紧密地连接起来。当工作中突然来电时，由于人与接地线并联，电流全部从接地线经过，所以人不会触电。装设接地线必须两人进行。装设时先接接地端，后接导体端，必须接触良好。拆接地线的顺序与上述规定相反。装拆接地线均应使用绝缘棒或戴绝缘手套。接地线应挂在工作人员看得见的地方，但不得挂设在工作人员的跟前，以防突然来电时烧伤工作人员。

（4）悬挂标示牌，装设遮栏

线路上有人工作，应在线路开关和刀闸的操作把手上悬挂“禁止合闸，有人工作！”的标示牌；在高压设备内工作，安全距离不够时，应设临时遮栏；在室内高压设备上工作，应在工作地点两旁间隔和对面间隔的遮栏上和禁止通行的过道上悬挂“止步，高压危险！”的标示牌。“禁止合闸”表示运行中设备不许合闸，与“禁止合闸，有人工作！”不能混用。

8.5.3 电气设备安全运行措施

要使电气设备安全运行，可采取如下几点措施。

① 必须严格遵守操作规程，合上电源时，先合上隔离开关，再合上负荷开关；分断电源时，先断开负荷开关，再断开隔离开关。

② 电气设备一般不能受潮，在潮湿场合使用时，要有防雨水和防潮措施。电气设备工作时会发热，应有良好的通风散热条件和防火措施；对于有裸露带电体的设备，特别是高压设备，应有防止小动物窜入造成短路事故的措施。

③ 所有电气设备的金属外壳应有可靠的保护接地措施。电气设备应有短路保护、过载保护、欠压和失压保护等保护措施。

④ 凡有可能被雷击的电气设备，都要安装防雷措施。

⑤ 需要切断故障区域电源时，要尽量缩小停电范围，尽量避免越级切断电源。

⑥ 对于出现故障的电气设备、装置和线路，必须及时进行检修，以保证人身和设备的安全。

8.5.4 电气设备火灾

1. 电器火灾产生的原因

引起电器火灾的原因如表 8-3 所示。

表 8-3　　引起电器火灾的原因

原因	引发方式
过载	过载是指电气设备或导线的功率和电流超过了其额定值。过载使导体中的电能转变成热能，当导体和绝缘物局部过热，达到一定温度时，就会引起火灾
短路电弧和火花	短路是电气设备最严重的一种故障状态，短路时，在短路点或导线连接松弛的接头处会产生电弧或火花。电弧温度高达 6000℃以上，可以引燃它本身的绝缘材料，还可将它附近的可燃材料蒸气和粉尘引燃
接触不良	接触不良，会形成局部过热，形成潜在的引燃源
烘烤	电热器具（电炉、电熨斗等）照明灯泡在正常通电的状态下，相当于一个火源或高温热源。当其安装不当或长期通电无人监护管理时，就可能使附近的可燃物受高温而起火
摩擦	发电机和电动机等旋转型电气设备的轴承出现润滑不良产生干磨发热或者虽然润滑正常但高速旋转等情况，都会引起火灾

2. 火灾的种类

火灾的种类依据我国国家标准（GB4351）的规定可以分为 5 类。

① 普通火灾（A 类）：由木材、纸张、棉布、塑胶等固体物质引起的火灾。

② 油类火灾（B 类）：由可燃性液体及固体油脂物体引起的火灾，如汽油、石油、煤油等。

③ 气体火灾（C 类）：由可燃气体燃烧、爆炸引起的火灾，如天然气、煤气等。

④ 金属火灾（D 类）：由钾、钠、镁、锂及禁水物质引起的火灾。

⑤ 电器火灾：由电路线或设备引起的火灾。

3. 电器火灾的预防和紧急处理

（1）预防方法

① 经常检查电器设备的运行情况。接头是否松动，有无电火花产生；电器设备的过载、短路保护装置性能是否可靠；设备绝缘是否良好等。

② 按场所的危险等级正确地选择、安装、使用和维护电器设备及电气线路，正确采用各种保护措施。

③ 在线路设计上，应充分考虑负载容量及合理的过载能力。

④ 在用电上，禁止过度超载及乱接、乱搭电源线。

⑤ 对于需要在监护下使用的电气设备，应做到“人去停用”。

⑥ 对于易引起火灾的场所，应注意加强防火，配置防火器材。

（2）电器火灾的紧急处理

首先切断电源，同时拨打火警电话 119 报警，然后根据着火电器设备选择合适的灭火器灭火（干粉、二氧化碳或“1211”灭火器），也可用干燥的黄沙灭火。

① 拉闸时用绝缘工具操作，因为火灾发生后，开关设备由于受潮和烟熏绝缘能力会降低。

② 高压下切断电源时应先操作断路器后操作隔离开关，低压下应先操作电磁启动器后操作刀开关，以免引起弧光短路。

③ 切断电源的地点要选择适当，防止切断电源后影响灭火工作。

④ 不同相的电线应在不同的部位剪断，以免造成短路。剪断空中的电线时，剪断位置应选择在电源方向的支持物附近，以防止电线剪断后断落下来造成接地短路或触电事故。

本章小结

安全用电是每一位电工人员和电气操作人员必须掌握的基本知识。本章主要从人体触电的有关知识、安全电压标准等级、预防触电的措施和触电急救、电工安全技术操作规程等几个方面讲述安全用电常识，使大家能够了解电气事故发生的原因，积极预防触电事故发生，掌握触电急救方法以及在发生电气火灾后能采取正确的方法灭火。

思考与练习题

1. 人体触电有哪几种类型？有哪几种方式？
2. 电流伤害人体与哪些因素有关？
3. 什么叫作安全电压？安全电压的 3 个等级是什么？试述各自的适用场合。
4. 在电气操作和日常用电中，常采用哪些预防触电的措施？
5. 有人触电时，可用哪些方法使触电者尽快脱离电源？
6. 口对口人工呼吸法在什么情况下使用？试述其动作要领。
7. 胸外心脏压挤法在什么情况下使用？
8. 电气设备上工作的安全技术措施是什么？
9. 电器火灾产生的原因是什么？简述电器火灾的紧急处理措施。

附录

实验

实验一　仪器仪表的使用

一、实验目的

1. 认识常用的电工仪器仪表。
2. 学会正确使用常用的电工仪器仪表。

二、实验原理

常用的电工测量仪表按被测量物理量的类型可分为电流表、电压表、电阻表及功率表等；按工作原理分为磁电式、整流式、电磁式和电动式几大类；按照电流的种类可分为直流仪表、交流仪表和交直流两用仪表。

1. 电压表

（1）电压表的图形符号为-Ⓥ-，文字符号为PV，电压表有直流、交流之分。

（2）直流电压表的标记是“−”或“DC”，接线端有“+”、“−”。

（3）交流电压表的标记是“～”或“AC”。

（4）电压表按测量范围分为微伏表、毫伏表和伏特表。

（5）电压表在使用时一定要并联接入被测电路。

电压表面板如附图1-1所示。

2. 电流表

（1）电流表的图形符号为-Ⓐ-，文字符号为PA，电流表有直流、交流之分，标记符号与电压表相同。

（2）电流表按测量范围分为微安表、毫安表和安培表。

（3）电流表一定要串联接入被测电路。

电流表面板如附图1-2所示。

3. **万用表。**

万用表又叫繁用表或多用表，它具有多种用途、多种量程、携带方便等优点，在电工维修和测试中广泛使用。

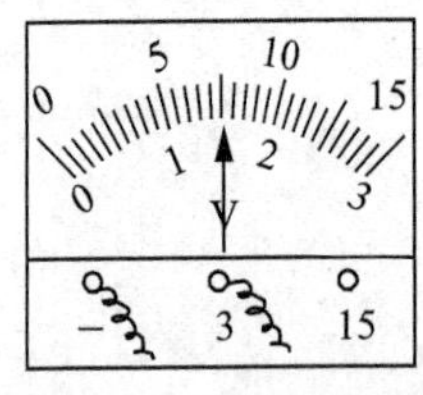

附图 1-1　电压表面板

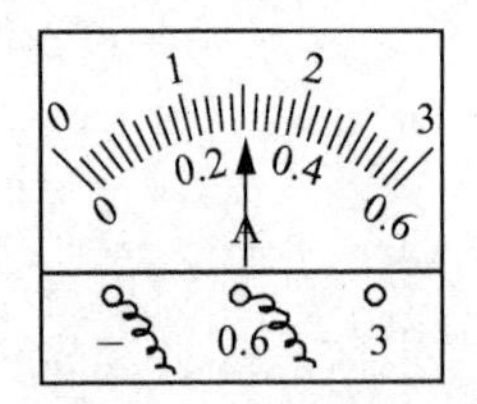

附图 1-2　电流表面板

一般万用表可以测量直流电流、直流电压、交流电压、电阻等量，有的还可以测量交流电流和电容、电感等。

万用表有指针式和数字式两类，分别如附图 1-3 和附图 1-4 所示。

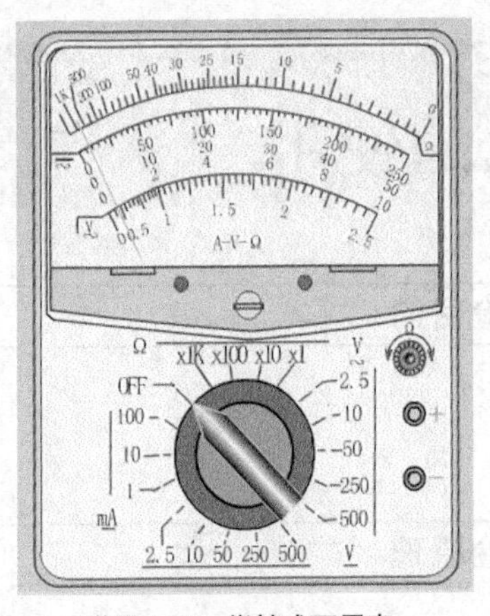

附图 1-3　指针式万用表

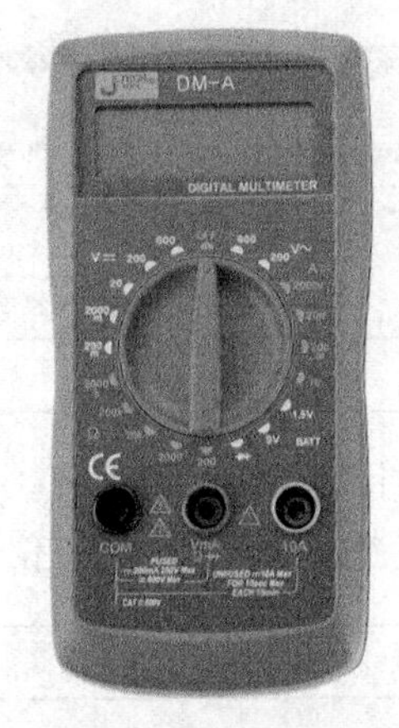

附图 1-4　数字式万用表

（1）指针式万用表主要由表壳、表头、机械调零旋钮、欧姆调零旋钮、选择开关（量程选择开关）、表笔插孔和表笔等组成。

（2）数字万用表是一种多功能、多量程的数字显示仪表。采用大规模集成电路和液晶数码显示技术，使其具有体积小、重量轻、精度高、数码显示清晰等优点。一般情况下数字万用表除可测量交直流电压、电流、电阻功能外，还可以测量晶体管、电容等，并且具有自动回零、过量程指示、极性选择等特点。

三、实验内容

1. 使用电流表测量电路中的电流。
2. 使用电压表测量电路中的电压。
3. 使用万用表测量电压和电流。

四、实验器材

1. 直流稳压电源 1 台。
2. 电流表 1 台。

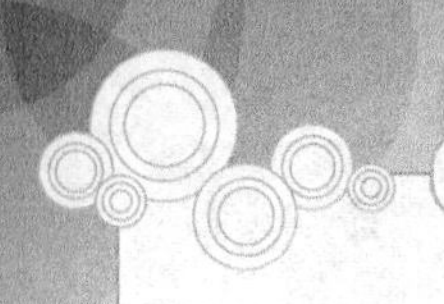

3. 电压表 1 台。

4. 数字（或指针式）万用表两块。

5. 信号发生器 1 台。

五、实验步骤

1. 使用电流表

按照附图 1-5 所示将电流表串联到电路中，记录测试数据。

使用电流表要注意以下几点。

（1）选择合适的量程。电流表选用的量程一般应为被测电流值的 1.5 ~ 2 倍，如果被测电流为 50A 以上可采用电流互感器以扩大量程。

（2）注意电流的极性。电流表的“+”接线柱接电源正极或靠近电源正极的一端，“−”接线柱接电源负极或靠近电源负极的一端，如附图 1-5 所示。

（3）电流表要串联在待测电路中。

（4）千万不能直接将电流表接到电源的两端。

2. 使用电压表

按照附图 1-6 所示将电压表并联到电路中，记录测试数据。

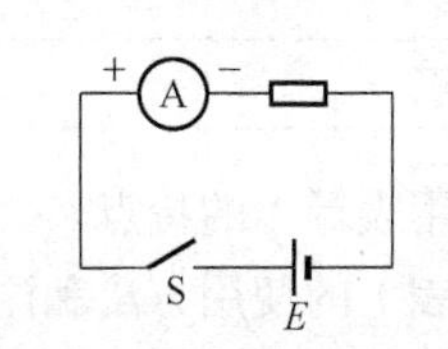

附图 1-5 电流表接线图

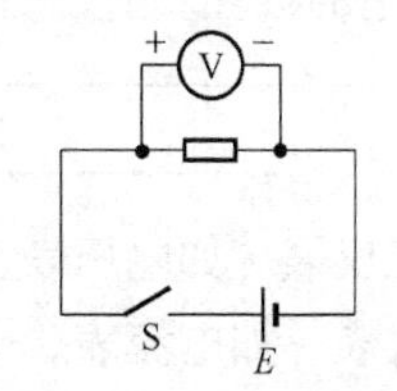

附图 1-6 电压表接线图

使用电压表时要注意以下几点。

（1）选择合适的量程。

（2）注意电压的极性。电压表的“+”接线柱接电源正极或靠近电源正极的一端，“−”接线柱接电源负极或靠近电源负极的一端，如附图 1-6 所示。

（3）电压表要并联在待测电路中。

3. 使用万用表

操作前要注意以下几点。

① 将“ON-OFF”开关于“ON”位置，如果电池电压不足，显示屏上将有低压显示，这时应更换一个新电池后再使用。

② 测试之前，将功能开关置于需要的量程。

（1）电压测量。

① 将黑色表笔插入“COM”插孔，红色表笔插入“V/Ω”插孔，如附图 1-7 所示。

② 测直流电压时，将功能开关置于直流电压量程范围，如附图 1-7 所示，并将测试表笔连接到待测电源或负载上，同时便可读出显示值，红色表笔所接端的极性将同时显示于显示屏上。

要注意以下内容。

① 如果被测电压范围未知，则首先将功能开关置于最大量程后，视情况降至合适量程。

② 如果只显示“1”，则表示超量程，此时功能开关应置于更高量程。

（2）电流测量。

① 将黑色表笔插入 COM 插孔，红色表笔根据待测量电流的大小，插入到合适的电流插孔，例如，当测量最大值为 120A 的电流时，红色表笔插入 10A 插孔，如附图 1-8 所示。

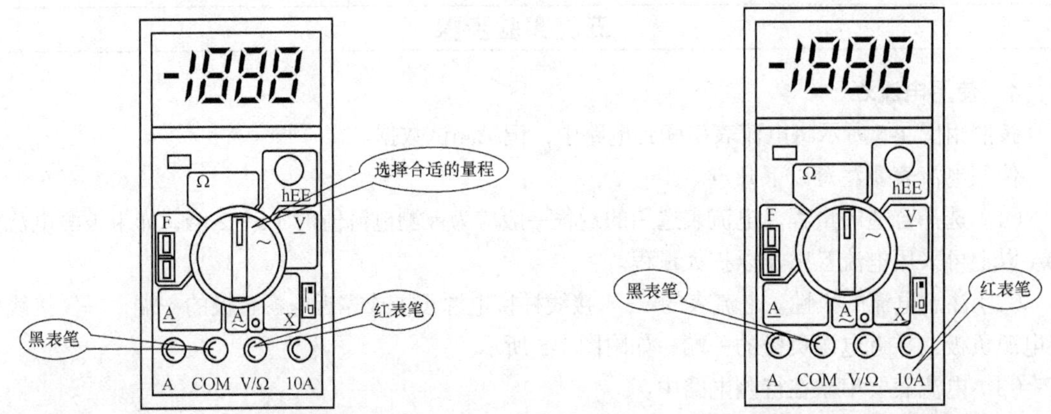

附图 1-7 使用万用表测量电压　　附图 1-8 使用万用表测量电流

② 将功能开关置于直流电流的合适量程，且将表笔与待测负载串联接入电路，电流值即时显示并同时显示出红色表笔的极性。

六、预习要求

1. 了解常用的电工仪表（如电压表、电流表、万用表等）的特点。

2. 掌握常用电工仪表（如电流表、电压表和万用表）的使用方法和注意事项等。

3. 阅读有关直流电源、信号发生器、电流表、电压表、万用表及实验系统等常用仪器使用说明书。

4. 制定本实训有关数据记录表格。

七、实验报告

1. 阐述常用的电工仪表（如电压表、电流表、万用表等）的特点、使用方法及注意事项。

2. 写出学校实验室所提供的各种仪器设备，并填入附表 1-1。

附表 1-1　各种仪器设备

序号	名称	符号	规格	数量
1				
2				
3				
4				

3. 写出本次实训所用仪器的型号、名称及各自作用。

4. 填写实训过程测量的各种数据。

八、注意事项

1. 注意电流表、电压表和万用表的极性。

2. 万用表的红表笔切忌插错位置，特别是不要插在电流插孔来测量电压信号，否则会损坏万用表。

3. 在使用万用表测量时，不能在测量的同时换档，否则易烧坏万用表，应先断开表笔换档后再测量。

4. 万用表使用完毕，应将转换开关置于最大交流电压档。长期不用，还应将电池取出。

实验二　电阻的认识和测量

一、实验目的

1. 认识各种类型的电阻，能够准确读取其参数。
2. 掌握使用万用表测量电阻的方法和注意事项。
3. 掌握使用伏安法测量电阻的方法。

二、实验原理

电阻的种类很多，结构、规格也各有差异，按其阻值是否可调可分为固定电阻和可调电阻；按其构造和材料特性可分成线绕电阻和非线绕电阻，非线绕电阻又可分为膜式和实芯式两种；根据用途电阻可分为通用电阻、高阻电阻、高压电阻、高频电阻和精密电阻等。

附图 2-1 所示为常见电阻的外形，其中碳膜电阻、金属膜电阻和线绕电阻都是固定电阻，其表示符号为—R—，滑线变阻器和电位器都是可调电阻，其表示符号为A—B。

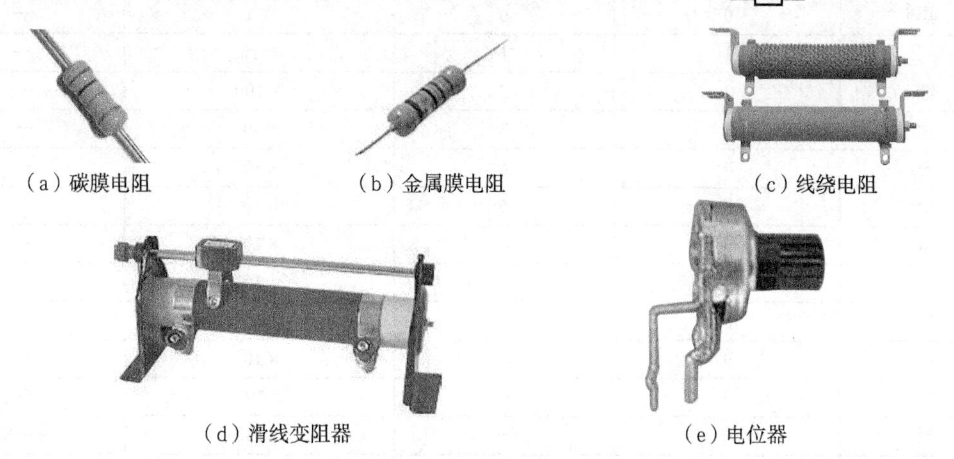

（a）碳膜电阻　（b）金属膜电阻　（c）线绕电阻　（d）滑线变阻器　（e）电位器

附图 2-1　常见电阻的外形

对于电阻人们最关心的就是其阻值大小，称为标称电阻值。另外，在电阻的生产过程中，由于技术原因实际电阻值与标称电阻值之间难免存在偏差，因而规定了一个允许的偏差参数，也称为精度。常用电阻的允许偏差分别为±5%、±10%、±20%，对应的精度等级分别为Ⅰ、Ⅱ、Ⅲ级。

标称电阻值和允许偏差的表示方法有如下 3 种。

1. 直接法

直接法即直接在电阻上标注该电阻的标称阻值和允许偏差，附图 2-2 所示表示电阻阻值 50kΩ，

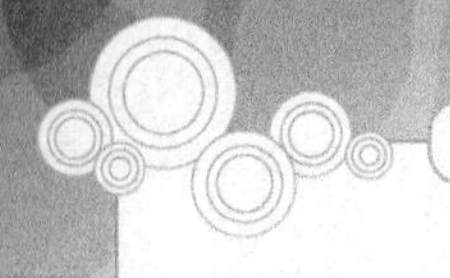

允许偏差为±10%。

2. 文字表示法

文字表示法即字母和数字符号用规律的组合来表示标称电阻值，如附图 2-3 所示，K 为符号位（K、M、G），表示电阻值的数量级别，5K7 中的 K 表示电阻值的单位为 kΩ（千欧），符号前面的数字表示电阻值整数部分的大小，符号位后面的数字表示小数点后面的数值，即该电阻的阻值为 5.7kΩ。文字符号法一般在大功率电阻器上应用较多，具有识读方便、直观的特点。

50kΩ Ⅱ

附图 2-2 直接标称的电阻

5K7

附图 2-3 文字表示的电阻

3. 色环表示法

色环表示法又称色码带表示法，这样表示的电阻上有 3 个或 3 个以上的色环（色码带）。最靠近电阻一端的第 1 条色环的颜色表示第 1 位数字；第 2 条色环的颜色表示第 2 位数字；第 3 条色环的颜色表示倍率（乘数）；第 4 条色环的颜色表示允许误差，如附图 2-4 所示，其含义如附表 2-1 所示。如果有 5 条色环，则第 1 条、第 2 条、第 3 条色环表示第 1 位、第 2 位、第 3 位数，第 4 条表示倍率（乘数），第 5 条表示允许误差。

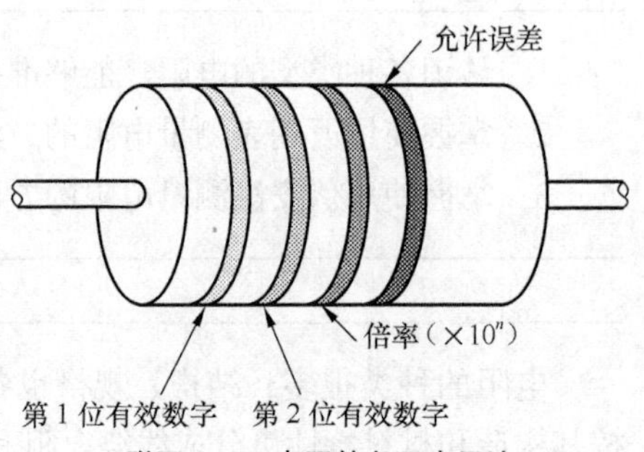

附图 2-4 电阻的色环表示法

附表 2-1 电阻色环表示各位含义

颜色	第 1 条色环	第 2 条色环	第 3 条色环（倍率）	第 4 条色环
黑	0	0	×1	—
棕	1	1	×10	—
红	2	2	×100	—
橙	3	3	$\times 10^3$	—
黄	4	4	$\times 10^4$	—
绿	5	5	$\times 10^5$	—
蓝	6	6	$\times 10^6$	—
紫	7	7	$\times 10^7$	—
灰	8	8	$\times 10^8$	—
白	9	9	$\times 10^9$	—
金	—	—	$\times 10^{-1}$	±5%
银	—	—	$\times 10^{-2}$	±10%
无色	—	—	—	±20%

若某一电阻器最靠近某一端的色码带按顺序排列分别为红、紫、橙、金色，则查表可知该电阻器的阻值为 27kΩ，允许误差为±5%。

除了阻值和容许偏差，表征电阻的主要特性参数还包括额定功率和最高工作电压等。

三、实验内容

1. 读取电阻的阻值和容许偏差。

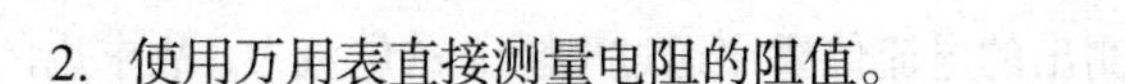

2. 使用万用表直接测量电阻的阻值。

3. 使用伏安法测量电阻的阻值。

四、实验器材

1. 色环表示的各种阻值的电阻若干。

2. 数字（或指针式）万用表 1 台。

3. 电压表 1 台。

4. 电流表 1 台。

5. 直流稳压电源 1 台。

五、实验步骤

1. 读取一个色环表示的电阻的阻值和允许偏差，说明各色环的含义。

2. 使用万用表对以上电阻进行阻值测量，并与你读取的阻值进行对比，计算允许偏差。

3. 使用万用表测量电阻的步骤如下。

① 将黑色表笔插入 COM 插孔，红色表笔插入 V/Ω插孔，如附图 2-5 所示。

② 将功能开关置于合适的 Ω 量程，即可将测试表笔连接到待测电阻上。

要注意以下内容。

a. 如果被测电阻值超出所选择量程的最大值，将显示“1”表示过量程，应该选择更高量程，对于大于 1MΩ或更高的电阻，读数要经几秒钟后才能稳定，这是正常的。

b. 当检查线路内部阻抗时，要保证被测线路所有电源移开，所有电容放电。

c. 200MΩ量程，表笔短路时读数约为 1.0，测电阻量时应从读数中减去。如测量 100MΩ时，若显示为 101.0，则 1.0 应被减去。

4. 使用伏安法测量电阻的阻值。根据部分电路欧姆定律，可以先测出电阻两端的电压，再测量通过电阻的电流，然后计算出电阻的阻值，这种方法叫做伏安法。

用伏安法测电阻时，由于电压表和电流表本身具有内阻，接入到电路后会改变被测电路的电压和电流，给测量结果带来误差，即使使用万用表也一样。

用伏安法测电阻时有外接法和内接法，如附图 2-6 所示。

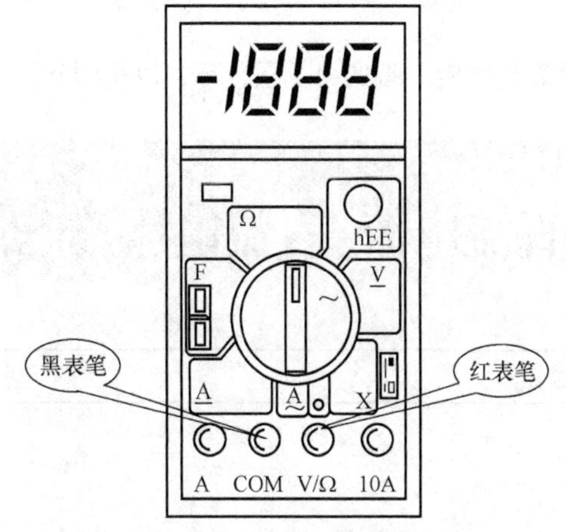

附图 2-5　使用万用表测量电阻

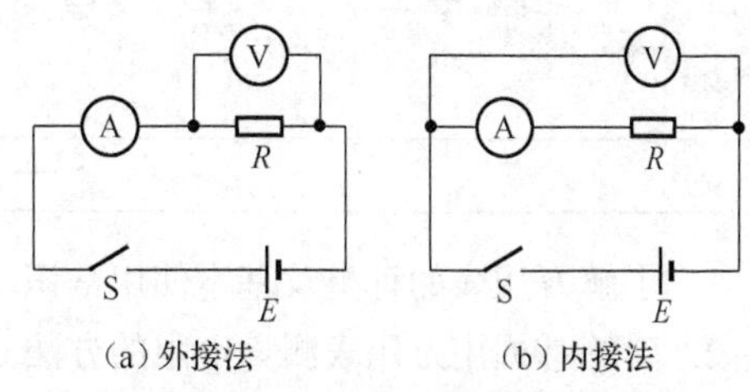

（a）外接法　（b）内接法

附图 2-6　伏安法测电阻的两种接法

① 外接法：由于电压表的分流，电流表测出的电流值要比通过电阻 R 的电流大，故求出的电阻值要比真实值小。测量小电阻时采用外接法。

② 内接法：由于电流表的分压，电压表测出的电压值要比电阻 R 两端的电压大，故求出的电阻值比真实值大。测量大电阻时采用内接法。

5. 比较外接法和内接法的测量结果，填入附表 2-2。

附表 2-2　　测量结果

电阻	外接法			内接法		
	电压表（V）	电流表（A）	电阻值（Ω）	电压表（V）	电流表（A）	电阻值（Ω）
R_1						
R_2						
R_3						
R_4						

六、预习要求

1. 掌握使用万用表测量电压、电流和电阻的方法。
2. 掌握各种表示方法的电阻的阻值和允许偏差的读取方法。
3. 阅读万用表等常用仪器使用说明书。
4. 制定本实验有关数据记录表格。

七、实验报告

1. 阐述万用表测量电压、电流和电阻的使用方法及注意事项。
2. 阐述读取各种表示方法的电阻的阻值和允许偏差。
3. 记录实训过程中的相关数据。

八、注意事项

1. 使用万用表测量电路中的电阻阻值时，一定要断开电路。
2. 在使用万用表测量时，不能在测量的同时换档，否则易烧坏万用表；应先断开表笔换档后再测量。
3. 在读取色环表示的电阻阻值时，一定要看清最靠近电阻一端的第 1 条色环，以免引起误读。

实验三　用万用表测量直流电流、直流电压及电位

一、实验目的

1. 了解万用表的种类及基本使用常识。
2. 熟练掌握用万用表测量电阻的方法。
3. 熟练掌握直流稳压电源的使用。

4. 熟练掌握用万用表测量直流电流、电压及电位的方法。

二、实验器材

MF500 型万用表，直流稳压电源。

三、实验步骤及内容

1. 指针式万用表的使用方法。由于万用表的种类很多，在使用前要做好测量的准备工作。

（1）熟悉转换开关、旋钮、插孔等的作用，检查表盘符号，“Π”表示水平放置，“⊥”表示垂直使用。

（2）了解刻度盘上每条刻度线所对应的被测电量。

（3）检查红色和黑色两根表笔所接的位置是否正确，红表笔插入“+”插孔，黑表笔插入“−”插孔，有些万用表另有交、直流 2500V 高压测量端，在测量高压时黑表笔不动，将红表笔插入高压插口。

（4）机械调零。旋动万用表面板上的机械零位调整螺钉，使指针对准刻度盘左端的“0”位置。

2. 万用表测量电阻的方法。

（1）测量电阻的步骤。

① 将红表笔接万用表的“+”插孔，黑表笔接万用表的“*”或“−”插孔。

② 选择合适的挡位，即欧姆挡，选择合适的倍率。

③ 将红、黑表笔短接，看指针是否指零，如果不指零，可以通过调整调零按钮使指针指零，如附图 3-1（a）所示。

④ 取下待测电阻（10kΩ），将红、黑表笔并联在电阻两端（不能带电测电阻）。

⑤ 观察示数是否在表的中值附近。选用量程时，使指针尽可能在刻度盘的 1/2 ~ 2/3 区域内，如附图 3-1（b）所示。

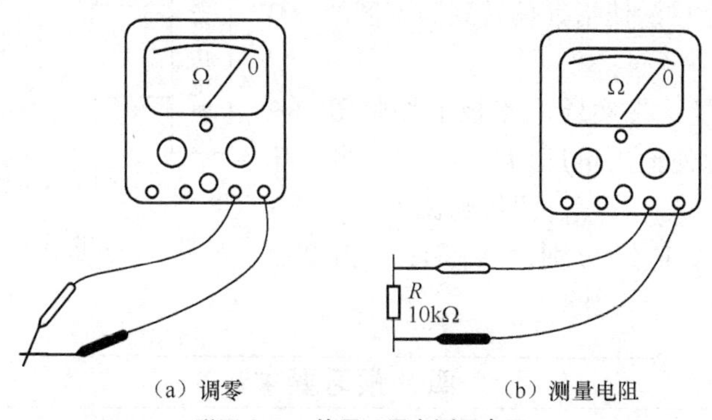

（a）调零　　（b）测量电阻

附图 3-1　使用万用表测量电阻

（2）注意事项。

① 调零时，手指不要触摸表笔的金属部分。

② 每换一次倍率挡，都要重新进行调零，以保证测量准确。

③ 使待测电阻脱离电源部分。

④ 读数时，要使表盘示数乘以倍率。

（3）用几个固定电阻器练习电阻值的测试。

3. 万用表测量直流电压的方法。

（1）测量直流电压的步骤。

① 将红表笔接万用表的“+”插孔，黑表笔接万用表的“*”或“–”插孔。

② 将万用表调到合适的直流电压挡，选择合适的量程。

③ 将万用表的两表笔和被测电路或负载并联，并使红表笔接到高电位处，黑表笔接到低电位处，即让电流从红表笔流入，从黑表笔流出。

万用表测量交流电压方法与测量直流电压的基本相同，只是要注意转换开关应置交流电压挡的位置。

（2）注意事项。在测量直流电压时，若表笔接反，表头指针会反方向偏转，容易撞弯指针；故测量时应采用试接触方法，若发现反偏，立即对调表笔。

4. 万用表测直流电流的方法。

（1）测量直流电流的步骤。

① 将红表笔接万用表的“+”极，黑表笔接万用表的“–”极。

② 将万用表调到合适的挡位，即直流电流挡，选择合适的量程。

③ 将万用表的两表笔和被测电路或负载串联，并使红表笔接到高电位处，黑表笔接到低电位处，即让电流从红表笔流入，从黑表笔流出。

万用表测量交流电流方法与测量直流电流的基本相同，只是要注意转换开关应置交流电流挡的位置。

（2）注意事项。

① 在测量直流电流时，若表笔接反，表头指针会反方向偏转，容易撞弯指针；故测量时应采用试接触方法，若发现反偏，立即对调表笔。

② 如果不知道被测电流的大小，应先选择最高量程挡，然后逐渐减小到合适的量程。

③ 量程的选择应尽量使指针偏转到满刻度的 2/3 左右。

5. 直流电路测量。在实验电路板上按附图 3-2 接线，调节稳压电源使输出电压为 U=20V，接上开关后，测量电压 U_{AB}、U_{AC}、U_{AD}；测量电流 I_1、I_2、I_3；测量电位 V_A、V_B、V_C、V_D（分别设 A、B、C 为参考点）。

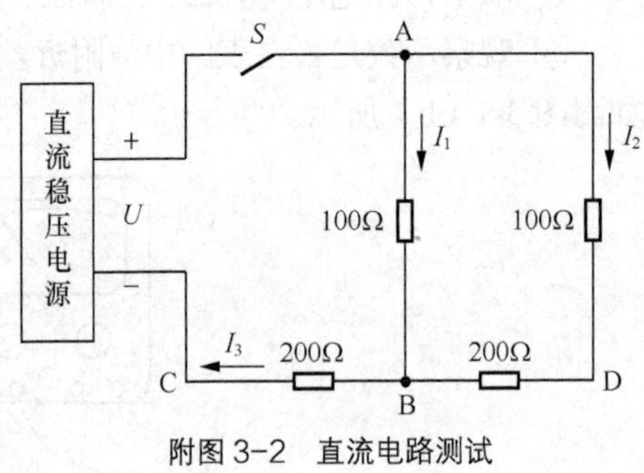

附图 3–2　直流电路测试

四、预习要求

1. 了解万用表的面板结构。
2. 了解万用表的使用方法。

五、实验报告

1. 要求学生自己设计表格，将上述要求测试的内容及数据记入表中。
2. 简述训练过程，总结本次实验的收获和体会。

六、评分标准

成绩考核标准如附表 3-1 所示。

附表 3-1　　成绩考核标准

序号	主要内容	考核要求	评分标准	配分	扣分	得分
1	万用表选择和检查	能正确选用量程和判断万用表的好坏	万用表选择不正确扣 10 分 万用表检查方法不正确和漏测扣 10 分	20		
2	连线	能正确连接电路	接错一处扣 15 分	15		
3	操作方法	操作方法正确	每错一处扣 15 分	15		
4	读数	能正确读出仪表示数	不能进行正确读数扣 20 分 （读数的方法不正确扣 10～20 分； 读数结果不正确扣 10～20 分）	40		
5	安全、文明生产	能保证人身和设备安全	违反安全、文明生产规程扣 5～10 分	10		
备注			合计	100		
			教师签字	年　月　日		

实验四　基尔霍夫定律的验证

一、实验目的

1. 掌握用万用表测量交流电流、电压的方法。
2. 理解并验证基尔霍夫定律。

二、实验原理

1. 在任一瞬时，流入任意一个节点的电流之和必定等于从该节点流出的电流之和，即

$$\sum I_{入} = \sum I_{出}$$

这就是基尔霍夫电流定律，简写为 KCL。

若规定流入节点的电流为正，流出节点的电流为负，则 $\sum I = 0$

2. 任何时刻沿着任意回路绕行一周，各电路元件上电压降的代数和恒等于零，即

$$\sum U = 0$$

这就是基尔霍夫电压定律，简写为 KVL。电压参考方向与回路绕行方向一致时取正号，相反时取负号。

三、实验器材

实验所需器材如附表 4-1 所示。

附表 4-1 实验器材

序号	名称	规格	数量
1	实验台	—	1块
2	稳压电源（双路）	12V	1台
3	直流电流表	1~100mA	1个
4	直流电压表（或万用表）	0~15V	1个
5	电阻器	100Ω、1/4W	1只
6	电阻器	200Ω、1/4W	1只
7	电阻器	300Ω、1/4W	1只

四、实验内容及步骤

1. 在实验板上按附图 4-1 连接好电路。

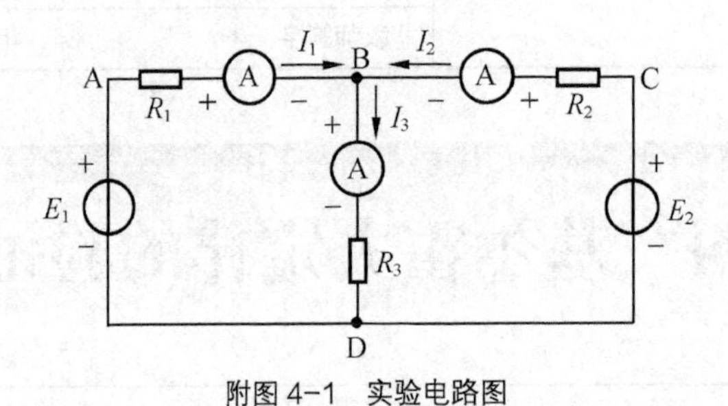

附图 4-1 实验电路图

2. 调节稳压电源，使其双路输出电源电压按附表 4-2 设置好后，切断电源待用。

3. 经过教师检查后接通电源，用万用表测量电阻两端的电压及各支路电流，并将结果填入附表 4-2 中。

4. 重复步骤 2 和步骤 3。

附表 4-2 实验结果

E_1/V	E_2/V	I_1/mA	I_2/mA	I_3/mA	U_{AB}/V	U_{BD}/V	U_{CB}/V
12	12						
9	12						
12	10						

五、实验报告

1. 根据附图 4-1 先计算各支路电流 I_1、I_2、I_3，并与电流表读数比较，核对在节点 B 处是否满足 $\sum I_{入} = \sum I_{出}$，验证基尔霍夫第一定律的正确性。

2. 根据回路电压定律，对回路 ABDA 和回路 CBDC 的电压进行计算，并与测量值比较，验证基尔霍夫第二定律的正确性，即 $\sum IR = \sum E$。

3. 分析误差产生的原因。

实验五　戴维南定理的验证

一、实验目的

1. 用实验验证戴维南定理，加深对戴维南定理的理解。
2. 掌握线性有源二端网络参数（开路电压、等效内阻）的测定方法。
3. 验证负载获得最大功率的条件。

二、实验原理

戴维南定理：对外部电路来说，任何一个线性有源二端网络，都可以用一个等效电压源模型来代替。等效电压源的电动势 E 等于该线性有源二端网络的开路电压 U_{OC}，其内阻 R_0 等于将该有源二端网络变成无源二端网络后的等效输入电阻。

实验测试电路如附图 5-1（a）所示，其中附图 5-1（b）为附图 5-1（a）的戴维南等效电路（虚线框所示的有源二端网络等效）。由附图 5-1（c）可计算有源二端网络的开路电压 U_{OC}，由附图 5-1（d）可计算有源二端网络的等效电阻 R_0。

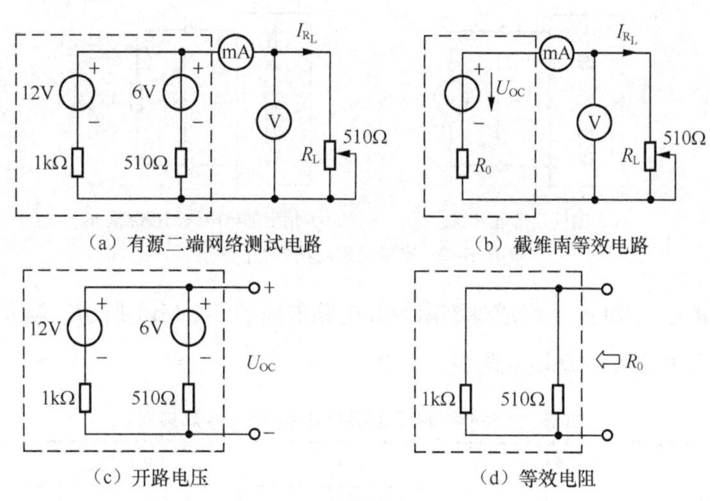

附图 5-1　戴维南定理实验测试电路

三、实验器材

实验所需器材如附表 5-1 所示。

附表 5-1　实验器材

序号	名称	规格	数量
1	实验台	—	1 台
2	稳压电源	0～24V	1 台

续表

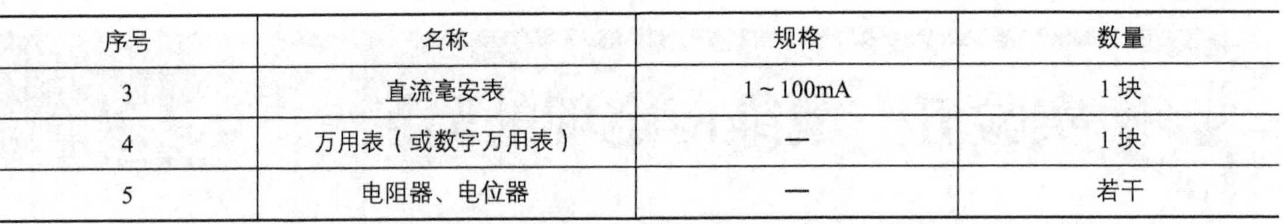

序号	名称	规格	数量
3	直流毫安表	1～100mA	1 块
4	万用表（或数字万用表）	—	1 块
5	电阻器、电位器	—	若干

四、实验内容及步骤

1. 按附图 5-1（a）连接电路。检查无误后调节 R_L 的大小，测出多组负载电压 U 和电流 I 数据填入附表 5-2 中。

2. 用附加电阻法间，先测有源二端网络的开路电压 U_{OC}，计算其等效电阻 R_0。

（1）当电压表的内阻远大于有源二端网络的等效电阻 R_0 时，可直接用电压表测量开路电压 U_{OC}，如附图 5-2（a）所示。

（2）测出开路电压 U_{OC} 后，在端口处接入已知负载电阻 R_L，并测出其上的电压 U_{R_L}，如附图 5-2（b）所示。因为 $U_{R_L}=\dfrac{U_{OC}}{R_0+R_L}R_L$，则等效电阻为

$$R_0=(\frac{U_{OC}}{U_{R_L}}-1)R_L$$

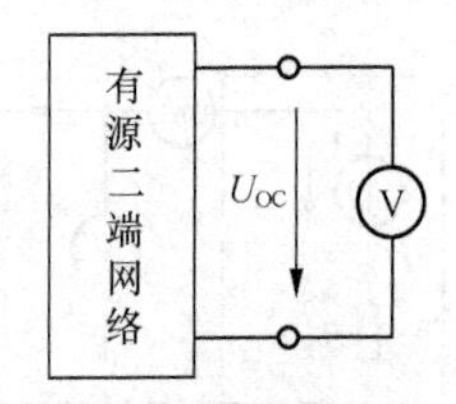

（a）测试开路电压 U_{OC}

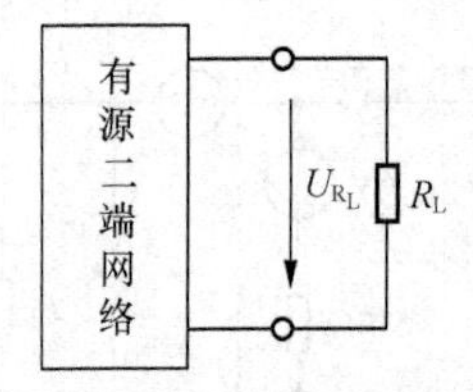

（b）用附加电阻法间接测量 R_0

附图 5-2　有源二端网络参数的测定

3. 根据测出的 U_{OC} 和 R_0，组成戴维南等效电路如附图 5-1（b）所示。调节电位器 R_L，测出多组负载电压 U' 和电流 I' 数据填入附表 5-2 中。

附表 5-2　　有源二端网络/戴维南等效电路外特性测量数据

		R（Ω）						
附图 5-1（a）实验测试电路	I /A							
	U /V							
附图 5-1（b）戴维南等效电路	I' /A							
	U' /V							

比较附图 5-1（a）所示与附图 5-1（b）所示的测量值，并给出结论。

4. 改变附图 5-1（b）中电阻 R_L 的值（围绕 R_0 阻值左右），则得到 R_L 上的电流 I_{R_L} 的一组数据，由 $P=I^2_{R_L}R_L$ 计算 R_L 上获得的功率，并填入附表 5-3 中。

附表 5-3　负载获得最大功率的测量数据

R_L/Ω				
I_{R_L}/mA				
P/W				

五、实验注意事项

1. 应根据现有实验室的设备条件选用有关的仪器、仪表及元器件。
2. 接线时要注意电流表的正、负极，正确选择电流表的量程。
3. 改接线路前，要关掉电源。

六、实验报告

1. 应用戴维南定理计算如附图 5-1（a）所示的有源二端网络的等效电动势 $E_0=U_{OC}$ 和内阻 R_0，将计算结果与实验结果进行比较。
2. 根据附表 5-2 的结果，在同一坐标系中画出两条外特性曲线，作比较并分析误差原因。

实验六　验证楞次定律

一、实验目的

1. 掌握检流计的使用方法。
2. 理解并验证楞次定律。

二、基础知识

楞次定律：当线圈的磁通发生变化时，线圈中产生的感应电动势总是使感应电流的磁通阻碍原磁通的变化。也就是说，当线圈的磁通增加时，感应电流产生的磁通与原来的磁通方向相反，以反抗原有磁通的增加；当线圈的磁通减少时，感应电流产生的磁通与原来磁通的方向相同，以补偿原有磁通的减少。

楞次定律明确了以下两点。

1. 产生感应电动势的条件是线圈的磁通必须变化。
2. 感应电动势的方向总是阻碍原磁通的变化。

楞次定律揭示了确定感应电动势方向的普遍规律。

三、实验内容

搭建附图 6-1 所示的验证楞次定律的电路。

改变电路中线圈的磁通，观察检流计的指针变化情况，验证楞次定律。

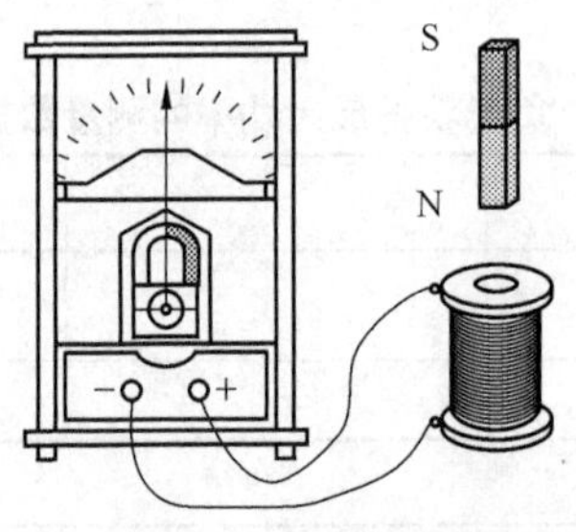

附图 6-1　楞次定律实验

四、实验器材

1. 检流计 1 只。
2. 永久磁铁 1 只。
3. 线圈装置 1 套。

五、实验步骤

根据实验室的仪器设备和各种器材搭建实验电路。

将永久磁铁插入到线圈中，观察检流计指针的变化情况，分析产生这种现象的原因。

将磁铁从线圈中抽出，观察检流计指针的变化，分析产生这种现象的原因。

将磁铁放在线圈中不动，观察检流计指针的变化，说明原因。

六、预习要求

1. 掌握楞次定律的基本内容。
2. 掌握各种仪表（如检流计等）的使用方法和注意事项。
3. 制定本实验有关数据记录表格。

七、实验报告

1. 写出楞次定律的内容。
2. 记录实验过程的数据及实验现象并进行分析。
3. 写出本实验的收获体会。

八、实验注意事项

电磁铁不要用力吸合到铁等金属上，避免撞坏磁铁。

实验七　三相负载的连接

一、实验目的

1. 熟悉并掌握三相负载的星形、三角形连接方法。
2. 理解三相负载星形连接、三角形连接时线电压与相电压、线电流与相电流之间的关系。
3. 深刻理解三相四线制中线的作用。

4. 理解三相调压器的作用及使用方法。

5. 进一步熟悉交流电压表及交流电流表或数字万用表的使用方法。

二、实验原理

1. 三相负载星形连接电路如附图 7-1（a）所示，三角形连接电路如附图 7-1（b）所示。

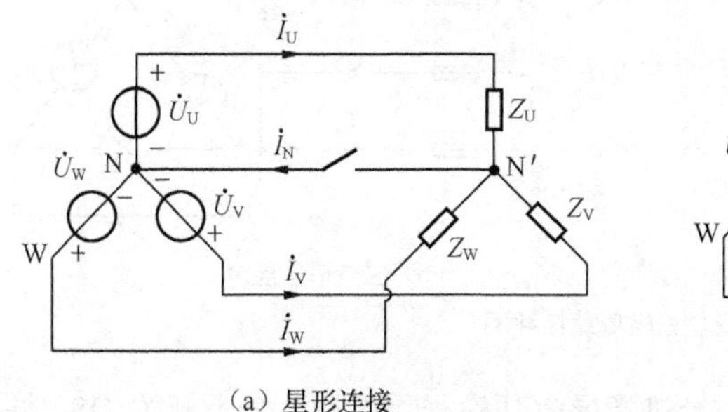

（a）星形连接

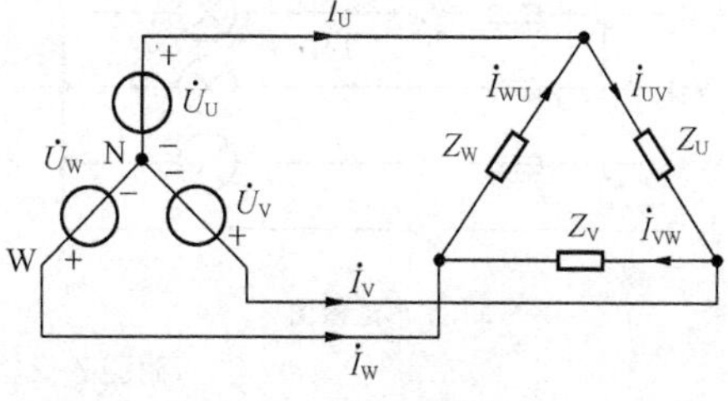

（b）三角形连接

附图 7-1 三相负载的连接（原理电路图）

2. 三相负载星形连接时的电路特点

当三相负载的额定电压等于电源的相电压时，负载应作星形连接。电路具有如下特点。

（1）三相对称负载 $U_{相}=\sqrt{3}U_{线}$， $I_{相}=I_{线}$， $\dot{I}_N=\dot{I}_U+\dot{I}_V+\dot{I}_W=0$

（2）三相不对称负载有中性线时能正常工作。

$$U_{相}=\sqrt{3}U_{线}，\ I_{相}=I_{线}，\ \dot{I}_N=\dot{I}_U+\dot{I}_V+\dot{I}_W\neq 0$$

（3）在三相四线制供电系统中，三相负载对称且为星形连接时，可以省去中性线；三相负载不对称且为星形连接时，中性线不能省掉。

3. 三相负载三角形连接时的电路特点

当三相负载的额定电压等于电源的线电压时，负载应作三角形连接。不论负载是否对称，每相负载均承受对称相电压。电路具有如下特点。

（1）三相对称负载 $U_{相}=U_{线}$， $I_{相}=\sqrt{3}I_{线}$， $I_{线}=\dfrac{U_{相}}{Z}$

（2）三相不对称负载 $U_{相}=U_{线}$， $I_{相}\neq\sqrt{3}I_{线}$

三、实验器材

实验仪器、设备如附表 7-1 所示。

附表 7-1　　实验仪器、设备

序号	名称	规格	数量
1	三相调压器	0～380 V	1 台
2	三相负载灯板	220 V、25 W	1 块
3	交流电压表（数字万用表）	500 V	1 只
4	交流电流表	500 mA	多只

四、实验内容与步骤

1. 三相负载的星形连接

（1）按如附图 7-2（a）所示连接电路。

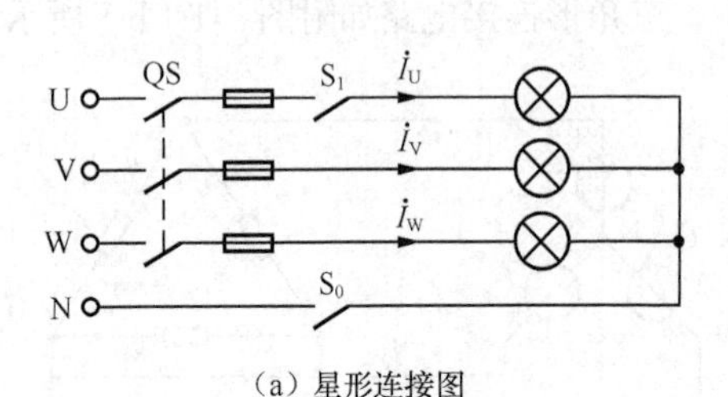

（a）星形连接图

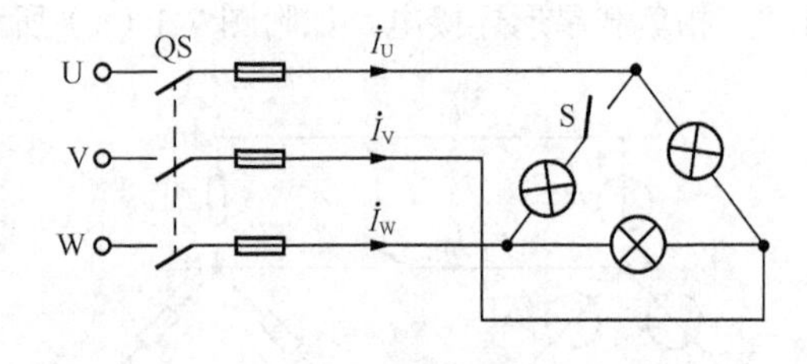

（b）三角形连接图

附图 7-2 三相负载接线图

（2）每次测量前将调压器输出调至 0V，经过指导教师检查无误后，合上开关 QS，再将电源线电压逐渐增大至 380V，使负载相电压$U_{相}=220\text{ V}$。分别测量下列情况下负载的线电压、相电压、线电流、相电流及中线电流，将测量结果记入附表 7-2 中。

① 负载对称，有中线（开关 S_1、S_0 均闭合）。

② 负载对称，无中线（开关 S_1 闭合、S_0 断开）。

③ 负载不对称，有中线（开关 S_1 断开、开关 S_0 闭合）。

④ 负载不对称，无中线（开关 S_1、S_0 均断开）。

⑤ U 相负载断开（开关 S_1 断开），有中线（开关 S_0 闭合）。

⑥ U 相负载断开（开关 S_1 断开），无中线（开关 S_0 断开），其中其余两相灯泡的亮度及电流有无变化。

⑦ U 相负载短路，无中线（开关 S_0 断开），观察其余两相灯泡的亮度变化与电流变化情况。

2. 三相负载的三角形连接

（1）按如附图 7-2（b）所示连接电路。

（2）每次测量前将调压器输出线电压调至 0V，经过指导教师检查无误后，合上开关 QS，将调压器输出线电压逐渐增大至 220 V，即 $U_P=220\text{ V}$。分别测量下列情况下负载的线电压、相电压、线电流和相电流，将测量结果记入附表 7-3 中。

① 负载对称（开关 S 闭合）。

② W 相负载断开（开关 S 断开）。

五、实验注意事项

1. 实验过程中必须注意人身安全和设备安全。

2. 每次测量前经过指导教师检查无误后，将调压器旋柄逐渐调大至负载的额定值。

3. 每次改变接线，均需将三相调压器旋柄调回零位，再断开三相电源，以确保人身安全。

六、实验报告

1. 比较附表 7-2 中的实验数据，说明以下几个问题。

（1）三相对称负载星形连接时线电压与相电压的关系，三相不对称负载星形连接时中线对相

电压的影响。

（2）为什么中性线上不能安装开关、熔断器，并且中性线本身强度要好，接头处应连接牢固？总结中线的作用。

（3）分析三相负载作星形连接时的使用场合。

附表 7-2　　　　负载星形连接测量数据

		负载对称		负载不对称		故障情况		
		有中线	无中线	有中线	无中线	U 相开路（有中线）	U 相开路（无中线）	U 相短路（无中线）
线电压	U_{UV}							
	U_{VW}							
	U_{WU}							
相电压	U_U							
	U_V							
	U_W							
相电流	I_U							
	I_V							
	I_W							
中线电流	I_N							

2. 比较附表 7-3 中的实验数据，说明以下几个问题。

（1）三相对称负载三角形连接时线电流与相电流的关系。

（2）三相不对称负载三角形连接时各相电压是否对称？

（3）分析三相负载作三角形连接时的使用场合。

附表 7-3　　　　负载三角形连接测量数据

	电压/V			线电流/A			相电流/A		
	U_{UV}	U_{VW}	U_{WU}	I_U	I_V	I_W	I_{UV}	I_{VW}	I_{WU}
负载对称									
一相负载开路									